Leitfäden der angewandten Informatik

Bauknecht/Zehnder: **Grundzüge der Datenverarbeitung**
Methoden und Konzepte für die Anwendungen
3. Aufl. 293 Seiten. DM 34,—

Beth / Heß / Wirl: **Kryptographie**
205 Seiten. Kart. DM 25,80

Bunke: **Modellgesteuerte Bildanalyse**
309 Seiten. Geb. DM 48,—

Craemer: **Mathematisches Modellieren dynamischer Vorgänge**
288 Seiten. Kart. DM 36,—

Frevert: **Echtzeit-Praxis mit PEARL**
2. Aufl. 216 Seiten. Kart. DM 34,—

Gorny/Viereck: **Interaktive grafische Datenverarbeitung**
256 Seiten. Geb. DM 52,—

Hofmann: **Betriebssysteme: Grundkonzepte und Modellvorstellungen**
253 Seiten. Kart. DM 34,—

Holtkamp: **Angepaßte Rechnerarchitektur**
233 Seiten. DM 38,—

Hultzsch: **Prozeßdatenverarbeitung**
216 Seiten. Kart. DM 25,80

Kästner: **Architektur und Organisation digitaler Rechenanlagen**
224 Seiten. Kart. DM 25,80

Kleine Büning/Schmitgen: **PROLOG**
304 Seiten. Kart. DM 34,—

Meier: **Methoden der grafischen und geometrischen Datenverarbeitung**
224 Seiten. Kart. DM 34,—

Mresse: **Information Retrieval — Eine Einführung**
280 Seiten. Kart. DM 38,—

Müller: **Entscheidungsunterstützende Endbenutzersysteme**
253 Seiten. Kart. DM 28,80

Mußtopf / Winter: **Mikroprozessor-Systeme**
Trends in Hardware und Software
302 Seiten. Kart. DM 32,—

Nebel: **CAD-Entwurfskontrolle in der Mikroelektronik**
211 Seiten. Kart. DM 32,—

Retti et al.: **Artificial Intelligence — Eine Einführung**
2. Aufl. X, 228 Seiten. Kart. DM 34,—

Schicker: **Datenübertragung und Rechnernetze**
2. Aufl. 242 Seiten. Kart. DM 32,—

Schmidt et al.: **Digitalschaltungen mit Mikroprozessoren**
2. Aufl. 208 Seiten. Kart. DM 25,80

Schmidt et al.: **Mikroprogrammierbare Schnittstellen**
223 Seiten. Kart. DM 34,—

Schneider: **Problemorientierte Programmiersprachen**
226 Seiten. Kart. DM 25,80

Schreiner: **Systemprogrammierung in UNIX**
Teil 1: Werkzeuge. 315 Seiten. Kart. DM 48,—
Teil 2: Techniken. 408 Seiten. Kart. DM 58,—

Fortsetzung auf der 3. Umschlagseite

Leitfäden der angewandten Informatik

L. Frevert
Echtzeit-Praxis mit PEARL

Leitfäden der angewandten Informatik

Unter beratender Mitwirkung von

Prof. Dr. Hans-Jürgen Appelrath, Oldenburg
Dr. Hans-Werner Hein, St. Augustin
Prof. Dr. Rolf Pfeifer, Zürich
Dr. Johannes Retti, Wien
Prof. Dr. Michael M. Richter, Kaiserslautern

Herausgegeben von

Prof. Dr. Lutz Richter, Zürich
Prof. Dr. Wolffried Stucky, Karlsruhe

Die Bände dieser Reihe sind allen Methoden und Ergebnissen der Informatik gewidmet, die für die praktische Anwendung von Bedeutung sind. Besonderer Wert wird dabei auf die Darstellung dieser Methoden und Ergebnisse in einer allgemein verständlichen, dennoch exakten und präzisen Form gelegt. Die Reihe soll einerseits dem Fachmann eines anderen Gebietes, der sich mit Problemen der Datenverarbeitung beschäftigen muß, selbst aber keine Fachinformatik-Ausbildung besitzt, das für seine Praxis relevante Informatikwissen vermitteln; andererseits soll dem Informatiker, der auf einem dieser Anwendungsgebiete tätig werden will, ein Überblick über die Anwendungen der Informatikmethoden in diesem Gebiet gegeben werden. Für Praktiker, wie Programmierer, Systemanalytiker, Organisatoren und andere, stellen die Bände Hilfsmittel zur Lösung von Problemen der täglichen Praxis bereit; darüber hinaus sind die Veröffentlichungen zur Weiterbildung gedacht.

Echtzeit-Praxis mit PEARL

Von Dr. rer. nat. Leberecht Frevert
Professor an der Fachhochschule Bielefeld

2., durchgesehene Auflage

Mit zahlreichen Figuren, Tabellen und Beispielen

Springer Fachmedien Wiesbaden GmbH 1987

Prof. Dr. rer. nat. Leberecht Frevert

1933 geboren in Bückeburg. Von 1953 bis 1959 Physik-Studium in Göttingen.
1962 Promotion. Bis 1967 Assistent am II. Physikalischen Institut bei Prof. Dr.
A. Flammersfeld. 1967 bis 1972 im Forschungsvorhaben „Systemanalyse kern-
physikalischer Experimente" am Hahn-Meitner-Institut für Kernforschung,
Berlin. Gleichzeitig 1969 bis 1972 Mitarbeit bei der Entwicklung von PEARL.
1972 bis 1975 Projektbevollmächtigter im Projekt „Prozeßlenkung mit DV-An-
lagen" im Kernforschungszentrum Karlsruhe; Koordination von Forschungs-
und Entwicklungsvorhaben in Industrie und Instituten, die vom BMFT geför-
dert wurden. Seit 1975 Professor für Prozeßdatenverarbeitung im Fachbereich
Elektrotechnik der Fachhochschule Bielefeld.

CIP-Kurztitelaufnahme der Deutschen Bibliothek

Frevert, Leberecht:
Echtzeit-Praxis mit PEARL / von Leberecht Frevert. – 2., durchges. Aufl. – Stuttgart: Teubner,
1987.
   (Leitfäden der angewandten Informatik)

   ISBN 978-3-519-12475-7   ISBN 978-3-322-96759-6 (eBook)
   DOI 10.1007/978-3-322-96759-6

Gesamtherstellung: Zechnersche Buchdruckerei GmbH, Speyer
Umschlaggestaltung: W. Koch, Sindelfingen

Vorwort

PEARL wird in Werbeprospekten "Die Sprache der Prozeßrechner" genannt. Daß es sich um eine ganz besondere Programmiersprache handelt, soll auch der Name andeuten, der jedoch nichts mit Perlen zu tun hat, sondern nur die Abkürzung von "Process and Experiment Automation Realtime Language" ist. PEARL ist eine Echtzeit-Programmiersprache für die Automatisierung technischer Prozesse. Für diesen Zweck gab es 1969 keine geeignete Sprache - deshalb wurde PEARL mit starker Förderung durch die Bundesregierung entwickelt und genormt. Es gab eine ganze Menge Ziele dabei - unter anderem auch die Anwendbarkeit der Sprache durch ganz normale Ingenieure, die Automatisierungsprogramme selbst schreiben und fremde Programme so weit verstehen wollen, daß sie sie notfalls auch verbessern können.

PEARL ist zwar eine Prozeß-Programmiersprache, kann aber auch sehr gut für die Lösung ganz normaler Datenverarbeitungs-Probleme eingesetzt werden. Weil PEARL die Möglichkeit bietet, neue Datensätze einzulesen, während gleichzeitig alte verarbeitet und Ergebnisse ausgegeben werden, laufen entsprechend geschriebene Programme unter Umständen viel schneller als bei Benutzung von Sprachen, die keine Parallelarbeit kennen. Full PEARL ist für technisch-wissenschaftliche Rechnungen eine der mächtigsten Sprachen überhaupt. Dieses Buch hier handelt jedoch vom ebenfalls genormten Subset Basis-PEARL mit einigen Erweiterungen, die sich für die Durchführung sehr großer Projekte als vorteilhaft herausgestellt haben; sie liegen aber alle im Rahmen von Full PEARL.

Leser, die PASCAL kennen, werden schnell merken, daß sich die beiden Sprachen in vielem ziemlich ähnlich sind. Das ist kein Wunder, denn sie sind beide zur gleichen Zeit unter ähnlichen Konzepten entstanden. Deshalb ist PEARL für den Anfänger-Unterricht ebenfalls gut geeignet. PEARL hat einen umfangreicheren Ein/Ausgabe-Teil und insbesondere Sprachmittel für die Echtzeit- und Parallelverarbeitung.

PEARL wird seit über zehn Jahren in der Industrie eingesetzt und hat sich sowohl in sehr umfangreichen Vorhaben als auch auf

Mikroprozessoren bewährt. Es gibt PEARL auf einer ständig steigenden Anzahl von Rechnertypen; trotzdem ist PEARL aber immer noch viel weniger bekannt als andere Programmiersprachen. Das ist eigentlich schade, denn PEARL wurde von Praktikern für Praktiker entwickelt und enthält deshalb bewährte Konzepte und vor allem Eigenschaften, die man bei der Entwicklung großer Anwendungsprogramme braucht - zum Beispiel die Möglichkeit, Programme wartungsfreundlich aus einzeln kompilierbaren Teilen aufzubauen.

Einer der Gründe für den geringen Bekanntheitsgrad ist, daß PEARL anfänglich nur auf Prozeßrechnern lief, die ein PEARL-Echtzeit-Betriebssystem hatten. Seit einiger Zeit gibt es jedoch auch für Personal Computer und Einplatinenrechner preiswerte PEARL-Systeme, so daß PEARL in steigendem Umfang auch für kleine Automatisierungsaufgaben auf Mikroprozessoren Verwendung findet.

Dieses Buch hier ist für Anfänger gedacht, die noch keine andere Programmiersprache kennen und PEARL als erste Sprache lernen wollen. Deshalb muß hier gleich gesagt werden, daß es ein Irrtum wäre zu glauben, man könne programmieren, wenn man eine Programmiersprache beherrscht. Programmieren besteht hauptsächlich daraus, Programme vernünftig zu entwerfen, und das kann man im Prinzip auch tun, ohne eine Programmiersprache zu kennen. Das Hinschreiben der Programme in einer Programmiersprache ist eine Angelegenheit, die erst ziemlich spät im Verlauf der Programm-Entwicklung kommen sollte. Allerdings sollte man beim Entwerfen schon daran denken, welche Sprache man für die Kodierung verwenden kann, damit das Endergebnis wirklich aus einem Guß ist.

Anfänger sollten nicht den Fehler machen, dieses Buch Absatz für Absatz zu "büffeln"; Programmiersprachen wie PEARL sind so aufgebaut, daß man manche vorn beschriebenen Einzelheiten erst richtig verstehen kann, wenn man die ganze Sprache in groben Zügen kennt. Sie sollten die Beispiele selbst ausprobieren; sie laufen ohne Prozeß-Peripherie, und bei den meisten brauchen nur wenige Zeilen ergänzt oder geändert zu werden, um das nächste zu erhalten.

Bad Salzuflen, im August 1987   Leberecht Frevert

Inhalt

1 Die Struktur von PEARL-Programmen

"Vor langer, langer Zeit, als FORTRAN gerade erfunden war und die Programmierer noch glaubten, sie könnten fehlerlose Programme schreiben...."; so werden Computermärchen beginnen. Heute gilt die Regel: "Jedes Programm enthält mindestens noch einen Fehler." Programme kosten mehr als die Rechner, auf denen sie laufen sollen; deshalb kann sich niemand mehr leisten, seine Software wegzuwerfen und neu zu schreiben, wenn er einen billigeren und trotzdem leistungsfähigeren neuen Rechner kauft. Wir wissen, daß die Wartung von Programmen oft das Zehnfache dessen kostet, was für die Entwicklung der Erst-Version ausgegeben wurde. All dies sind Gründe, mehr Wert auf verständlichen Entwurf, gute Struktur und Übertragbarkeit von Programmen zu legen, als auf ausgefuchste Algorithmen. Deshalb beginnen wir hier nicht damit, wie man Progamme schreibt, sondern wie man ihnen Struktur geben kann.

1.1 Module

PEARL ist eine Programmiersprache, die die Entwicklung sehr umfangreicher Programme unterstützt. PEARL-Programme können deshalb in sogenannte Module aufgeteilt werden, die einzeln in die Maschinensprache des Computers übersetzt - kompiliert - und getestet werden können. Dadurch können viele Programmierer gleichzeitig an einem Programm arbeiten.

Wir werden später sehen, daß die Aufteilung eines PEARL-Programmes in Module auch dazu dienen kann, seine Wartbarkeit zu erhöhen. Erfahrene Programmierer wissen, daß sich Fehler oft erst nach langer Zeit beim Dauerbetrieb eines Programmes herausstellen und dann beseitigt werden müssen. Wenn eine solche Änderung auch andere Stellen im Programm beeinflußt, besteht die Gefahr, daß zwar der alte Fehler beseitigt wird, aber dafür neue Fehler in das Programm eingebaut werden. Deshalb werden wir Programme so gliedern, daß wir die Auswirkungen späterer Verbesserungen genau übersehen können. Das werden wir dadurch erreichen, daß wir die Programme in "schwarze Kästen" aufteilen - Programmteile, auf die andere Programmteile nur über genau definierte Mechanismen ein-

wirken können und die deshalb nicht ungewollt von außen in ihrer
Arbeit beeinträchtigt werden können. Als Nebeneffekt hat das
außerdem den Vorteil, daß wir bei kleinen Verbesserungen nicht
das ganze Programm, sondern nur den fehlerhaften Modul neu
übersetzen müssen und so viel Zeit sparen.

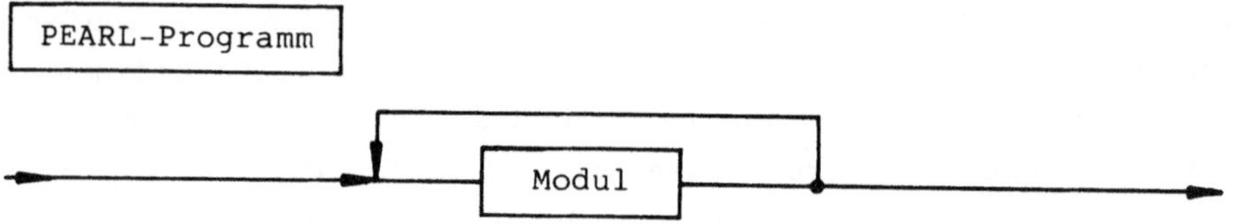

Figur 1.1: Aufbau   eines   PEARL-Programmes   aus   Moduln,   dargestellt in einem Syntax-Graphen.

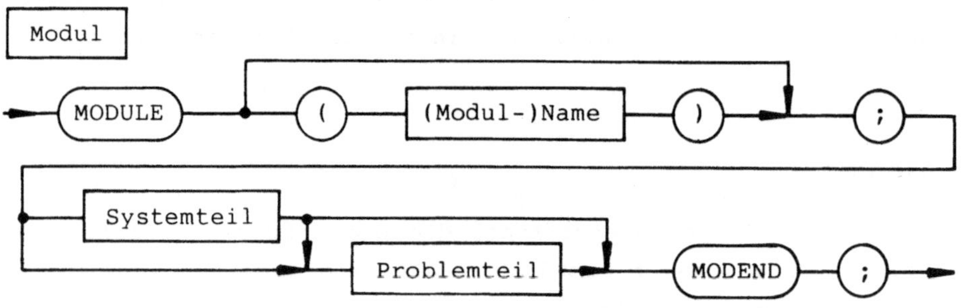

Figur 1.2: Bestandteile eines PEARL-Moduls

In Figur 1.1 sehen wir die Gliederung eines PEARL-Programmes in
Module als sogenannten Syntax-Graphen. Wir werden in Zukunft alle
Regeln über den Aufbau eines Programmes in solchen Zeichnungen
dargestellt sehen und davon ausgehen, daß wir einwandfreie Bestandteile eines Programmes erhalten, wenn wir die Graphen in
Richtung der Pfeile durchlaufen. In Figur 1.1 geht das entweder
von links nach rechts - dann bekommen wir ein Programm, das aus
einem einzigen Modul besteht - oder wir dürfen oberhalb des
Kästchens mit dem Wort Modul beliebig oft nach links zurückgehen
- dann ergibt sich ein Programm aus vielen Moduln.

Den Aufbau eines Moduls zeigt Figur 1.2. Wenn wir sie durchlaufen, stoßen wir zunächst auf das Wort MODULE, das in einem Kästchen mit rundem linken und rechten Rand steht. Derartige Wörter

und Zeichen versteht der Kompilierer, der ein PEARL-Programm in die Maschinensprache des jeweiligen Computers übersetzt, ohne weitere Erklärung. Man nennt diese Wörter und Zeichen Schlüssel-wörter oder End-Symbole. Sie sind sozusagen die Grundvokabeln unserer Programme; alle übrigen Wörter müssen wir dem Computer mit ihrer Hilfe erklären.

In dem Kästchen mit "Name" steht in Klammern, was benannt werden soll. Der Syntax-Graph zeigt, daß wir auch direkt von MODULE zum Semikolon gehen dürfen; Module brauchen laut Norm in Basis-PEARL keinen Namen zu haben.

Alles, was in einem Syntax-Graphen in eckigen Kästchen steht, muß mit weiteren Syntax-Graphen erklärt werden, bis diese schließlich nur noch End-Symbole enthalten. Wir wollen uns das jetzt an dem Begriff "Name" aus Figur 1.2 ansehen. Figur 1.3 zeigt, daß ein Name aus einem Buchstaben besteht, dem Buchstaben oder Ziffern folgen. "Buchstabe" und "Ziffer" müssen weiter erklärt werden. Das ist eine Fleißarbeit, die hier nur bei "Ziffer" durchgeführt ist, um das Prinzip zu zeigen (Figur 1.4); was ein Buchstabe ist, weiß schließlich jeder, wenn wir noch dazu sagen, daß wir mit "Buchstabe" die Großbuchstaben außer Ä, Ö und Ü meinen.

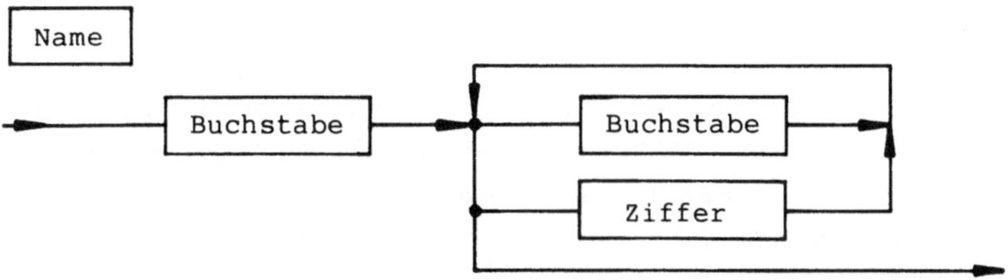

<u>Figur 1.3:</u> Syntax-Graph für Name

Figur 1.3 zeigt, daß Namen laut Norm beliebig lang sein dürfen; in der Praxis heißt das: so lang wie eine Programmzeile. Wir sollten aber kurz im Kompilierer-Handbuch nachschlagen; PEARL-Systeme für Mikro-Computer machen hier manchmal Einschränkungen.

Wir dürfen übrigens im Programm keine Namen verwenden, die wie Schlüsselwörter lauten; um Programme auf beliebige PEARL-Rechner

übertragbar zu machen, sollte man deshalb auch beim Programmieren
mit Basis-PEARL keine Namen bilden, die den zusätzlichen Schlüsselwörtern aus Full PEARL entsprechen. Eine vollständige Liste
der Schlüsselwörter steht im Anhang.

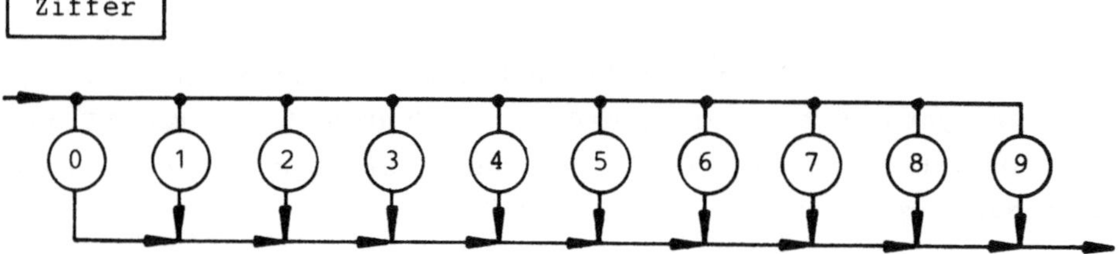

Figur 1.4: Syntax-Graph für Ziffer.

1.2 Funktion von System- und Problemteil

Wenn wir jetzt noch einmal zu dem Graphen 1.2 für Modul zurückgehen, sehen wir, daß ein Modul einen Systemteil oder einen Problemteil oder beides enthalten darf. Bei Basis-PEARL gibt es hier
allerdings die Einschränkung, daß ein Systemteil nur in einem
einzigen Modul eines Programmes vorkommen darf. Unsere Anfänger-
Programme werden zunächst aus nur einem Modul mit einem System-
und Problemteil bestehen.

An dieser Stelle sollten wir uns kurz damit beschäftigen, in
welchem Verhältnis Basis-PEARL (von dem dieses Buch im wesentli-
chen handelt) und Full PEARL zueinander stehen. Basis-PEARL ist
eine Untermenge (Subset) des vollen Sprachumfanges Full PEARL.
Beide sind in DIN 66253 genormt. PEARL-Kompilierer, die der Norm
entsprechen, müssen einen Sprachumfang verarbeiten können, der
mindestens demjenigen von Basis-PEARL entspricht und innerhalb
von Full PEARL liegt. Dadurch können in Basis-PEARL geschriebene
Programme ohne wesentliche Änderungen auf allen Computern eingesetzt werden, die PEARL verstehen. Der Umfang von Basis-PEARL
wurde so festgelegt, daß praktisch alle in Full PEARL lösbaren
Aufgaben auch in Basis-PEARL programmiert werden können, allerdings nicht so elegant und oft mit größeren Laufzeiten und mit
höherem Speicherbedarf für die Programme.

Doch zurück zum Systemteil. In ihm wird das Rechnersystem beschrieben; aus welchen einzelnen Geräten es besteht, und wie die Geräte zusammengeschaltet sind. Der Systemteil muß deshalb ganz genau auf den Rechner zugeschnitten sein, auf dem das Programm laufen soll. Er muß im allgemeinen geändert werden, wenn ein PEARL-Programm auf eine andere Anlage übernommen werden soll. Deshalb kopiert ihn ein PEARL-Anfänger am besten aus einem vorhandenen Programm. Den Anfang des Systemteils erkennt man dabei an dem Schlüsselwort SYSTEM, sein Ende an dem Schlüsselwort PROBLEM, mit dem der Problemteil beginnt.

In den Problemteilen steht dann, was der Rechner und die an ihn angeschlossenen Geräte machen sollen; die Problemteile sind weitgehend unabhängig davon, wie das Rechnersystem aufgebaut ist. Die Problemteile unserer Beispiele werden ohne große Änderungen auf allen Rechnern laufen, die PEARL-Kompilierer haben.

1.3 Schreibregeln

Wir wollen jetzt unser erstes PEARL-Programm schreiben, das fast nur Kommentare enthält (Beisp. 1.1).

```
MODULE (BEISP);                         /* evtl. Klammern weglassen */
/**********************************************************************
 * Programmbeispiel: Modul, der im System- und Problemteil         *
 * nur Kommentare enthält.                                         *
 * Version 1.1 / 16.5.84 / Frevert                                 *
 **********************************************************************/
  SYSTEM;                                    /* Systemteil       */
  PROBLEM;                                   /* Problemteil      */
MODEND;
```

Beisp. 1.1: Grundversion eines PEARL-Programmes

Ein Kommentar ist eine Erläuterung zum besseren Verständnis eines Programmes, die vom Kompilierer bei der Übersetzung ignoriert wird; damit er das tut, werden Kommentare in die beiden End-Symbole /* und */ eingeschlossen. Zwischen diesen beiden Symbolen dürfen beliebige Texte stehen, auch mit solchen Zeichen, die nicht zum Zeichensatz von PEARL gehören. Der erwähnte Zeichensatz besteht übrigens aus den Großbuchstaben, den Ziffern, dem Leer-

zeichen und den Zeichen + - * / ( ) : . , ; = ' und den spitzen
und den eckigen Klammern < >   [ ] .

Kommentare können im Programm überall dort stehen, wo wir Leerzeichen einstreuen dürfen. Figur 1.3 hat uns gezeigt, daß Namen
keine Leerzeichen und deshalb auch keine Kommentare enthalten
dürfen; dasselbe gilt für die PEARL-Endsymbole, die wir deshalb
nicht (wie in FORTRAN) gesperrt schreiben dürfen. Wir werden
Leerzeichen vor allem verwenden, um Programme durch Einrückungen
übersichtlicher zu machen.

Das Semikolon ist das Ende-Zeichen für PEARL-"Sätze". Die dürfen
sich über beliebig viele Zeilen erstrecken oder auch zu mehreren
in einer Zeile stehen. Unser Programm dürfte deshalb auch
        MODULE (BEISP);SYSTEM;PROBLEM;MODEND;
lauten. Wir werden später sehen, daß das Komma als Trennzeichen
bei der Aufzählung von Elementen in Listen verwendet wird. (Für
PASCAL-Kenner muß hier erwähnt werden, daß die PEARL-"Zeichenset-
zungs"-Regeln vergleichsweise einfacher sind).

Beim Schreiben unseres ersten Programmes haben wir die Regel
befolgt, daß man an den Anfang eines jeden Moduls wenigstens eine
ganz kurze Beschreibung, das Datum der letzten Änderung und den
Namen des Autors setzen sollte. Wir werden diese Grundversion
unseres Programmes allmählich zu einem richtigen Programm machen,
indem wir zunächst Kommentare in den leeren Problemteil schreiben, die dann nach rechts rücken und den zugehörigen PEARL-Code
links davor schreiben.

Wir wollen dieses Programm probeweise in eine Programmdatei ein-
tippen. Möglicherweise müssen wir dabei einen anderen Modulnamen
wählen; Dateiname und Modulname sollten nämlich übereinstimmen,
und es könnte sein, daß wir unsere Programmdatei aus betriebli-
chen Gründen nicht BEISP nennen dürfen. Beim Übersetzen können
wir dann ausprobieren, ob unser Kompilierer mit unserer Schreibweise des Modulnamens zufrieden ist; wenn nicht, müssen wir das
Handbuch oder einen erfahrenen Programmierer zu Rate ziehen, denn
leider halten sich Hersteller manchmal nicht ganz an die Norm.

1.4 Gliederung des Problemteils

Der Syntax-Graph für Problemteil (Figur 1.5) zeigt, daß ein Problemteil aus verschiedenen Klassen von Bestandteilen bestehen darf, die in der angegebenen Reihenfolge aufeinander folgen sollten, wenn sie vorhanden sind. Innerhalb einer Klasse dürfen gleichartige Bestandteile mehrfach vorkommen. Wir werden später auf die einzelnen Klassen eingehen und wollen hier nur kurz erwähnen, welchem Zweck sie dienen.

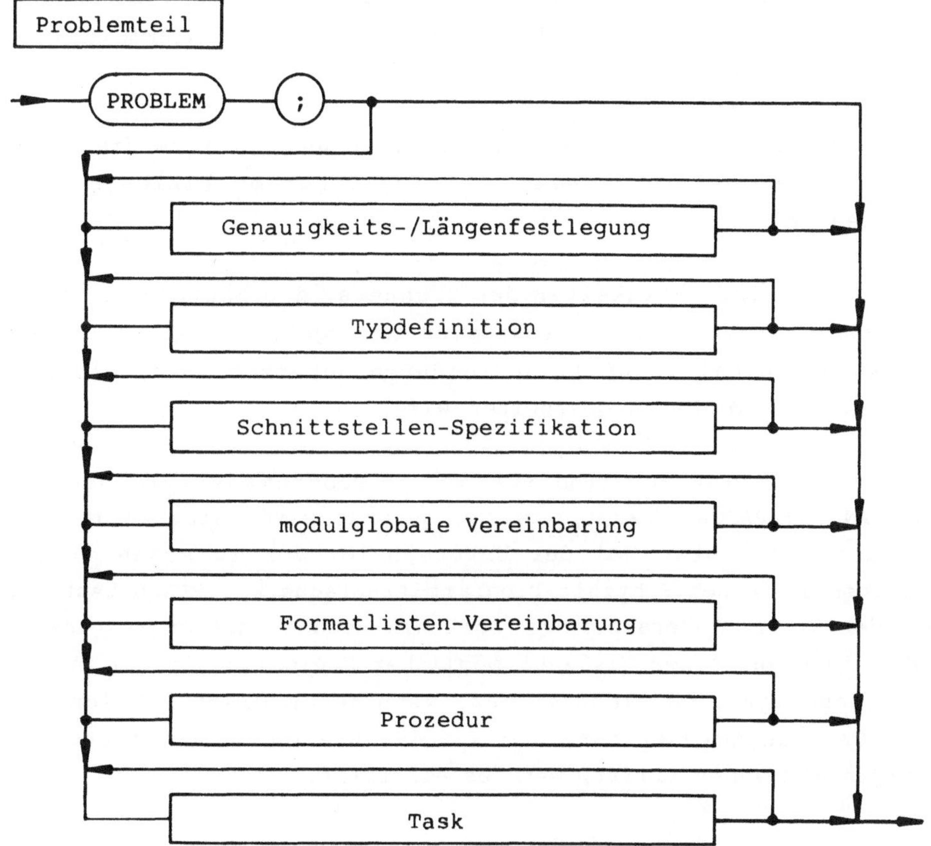

Figur 1.5: Problemteil

In den Genauigkeits-Festlegungen wird dem Rechner mitgeteilt, mit welcher Genauigkeit er Daten speichern und mit ihnen rechnen soll.

Mit Typdefinitionen können zusätzlich zu vorhandenen Datentypen
neue definiert werden (eine Möglichkeit, die über Basis-PEARL
hinausgeht).

In Schnittstellen-Spezifikationen werden solche Teile eines Programmes beschrieben, die nicht im jeweiligen Problemteil enthalten sind, damit der Rechner beim Zusammensetzen der einzeln
geschriebenen Module zu einem Programm nachprüfen kann, ob alles
richtig zusammenpaßt.

In modulglobalen Vereinbarungen wird festgelegt, wie Daten genannt werden, die im ganzen Modul oder im ganzen Programm bekannt
sein sollen.

In Format-Vereinbarungen wird angeben, in welcher Form die Daten
(z.B. in Tabellen) vorliegen, die das Programm einlesen oder
ausgeben soll.

Prozeduren sind Tätigkeiten des Rechners, die häufiger an verschiedenen Stellen eines Programmes durchgeführt werden müssen
und sich von Fall zu Fall nur dadurch unterscheiden, daß mit
anderen Daten-Objekten gearbeitet wird.

Die Tasks schließlich sind das, was in Programmiersprachen wie
FORTRAN und PASCAL "Hauptprogramm" genannt wird. Hier zeigt sich
für uns zum ersten Mal der Unterschied, der zwischen diesen
Sprachen und einer Echtzeit-Programmiersprache wie PEARL besteht:
bei der Echtzeit-Verarbeitung soll ein Rechner sofort reagieren,
wenn eines aus einer Vielzahl möglicher Ereignisse in der Außen-
welt geschieht. Das kann er nur, wenn jedem dieser Ereignisse
eine Task zugeordnet ist, die auf das Ereignis wartet und die
nötigen Maßnahmen trifft, wenn es eintrifft.

1.4.1 <u>Blöcke</u>

Tasks und Prozeduren sind sehr ähnlich aufgebaut; sie stellen
Blöcke dar, die sich nur durch ihren Anfang unterscheiden (Figuren 1.6 und 1.7). Die Blockrümpfe sind bei allen Blockarten
gleich aufgebaut (Figur 1.8). In den Anweisungen wird dem Computer gesagt, was er tun soll; in den blocklokalen Vereinbarungen
werden die Daten beschrieben, mit denen die Anweisungen arbeiten.

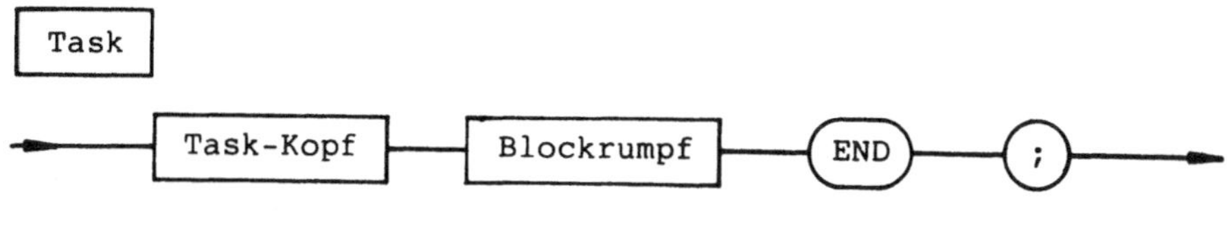

Figur 1.6: Task

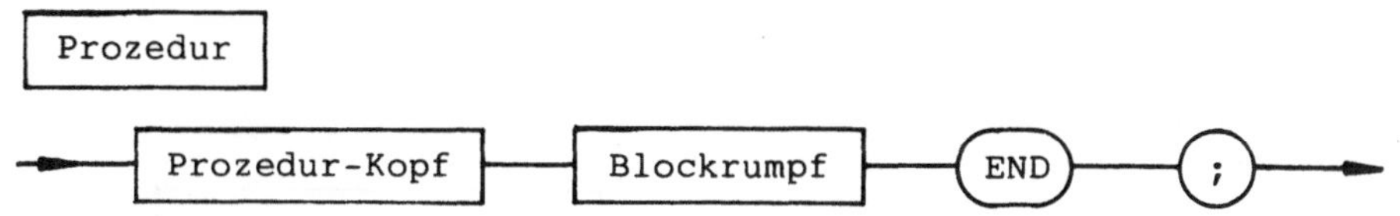

Figur 1.7: Prozedur

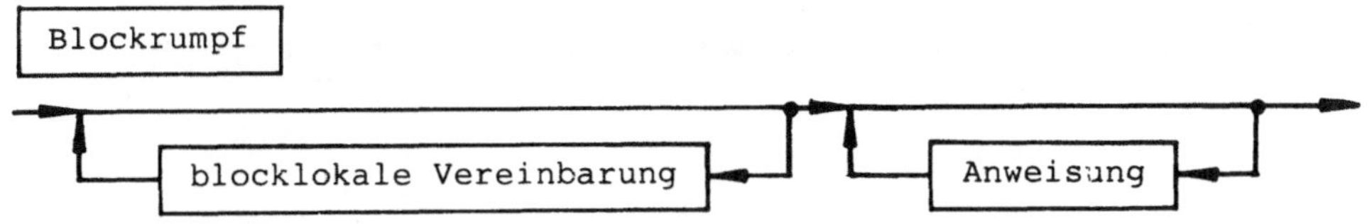

Figur 1.8: Blockrumpf

Es gibt in PEARL noch zwei andere Sorten von Blöcken, nämlich
Begin- und Wiederholungsblöcke (Figuren 1.9 und 1.10). Sie gehören formal zu den Anweisungen; deshalb können sie sowohl in Tasks
als auch in Prozeduren enthalten sein, außerdem aber auch in
Begin- und Wiederholungsblöcken, die deshalb ineinander geschach-
telt werden können. Wir haben hier das erste Beispiel dafür, daß
ein Sprachbestandteil auch einen gleichartigen Bestandteil enthalten darf; man bezeichnet das als Rekursion.

Um unser erstes kleines Programm schreiben zu können, benötigen wir noch eine weitere kurze Regel: wir müssen wissen, wie man einen Task-Kopf schreibt (Figur 1.11).

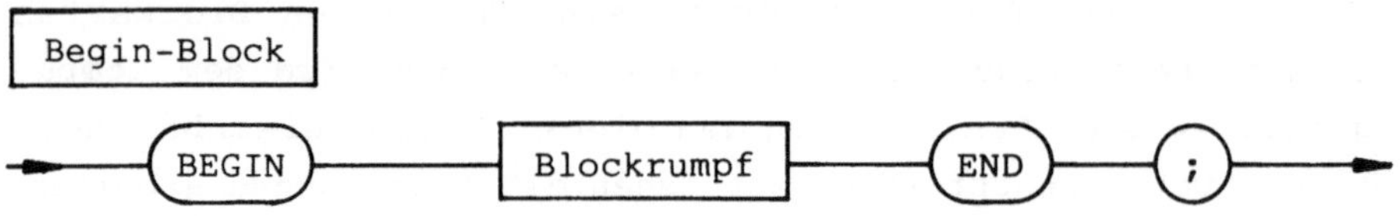

Figur 1.9: Begin-Block

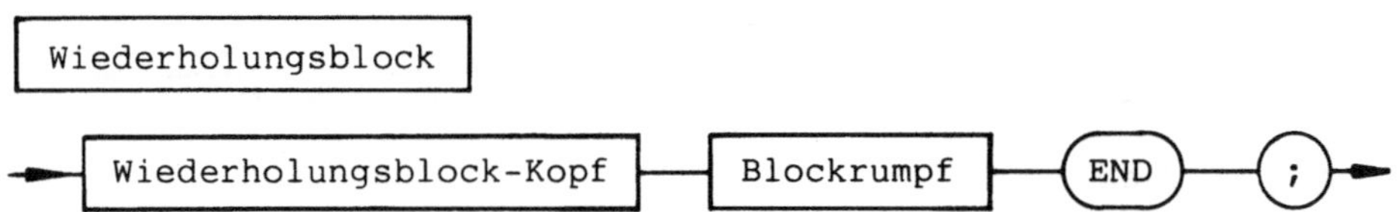

Figur 1.10: Wiederholungsblock

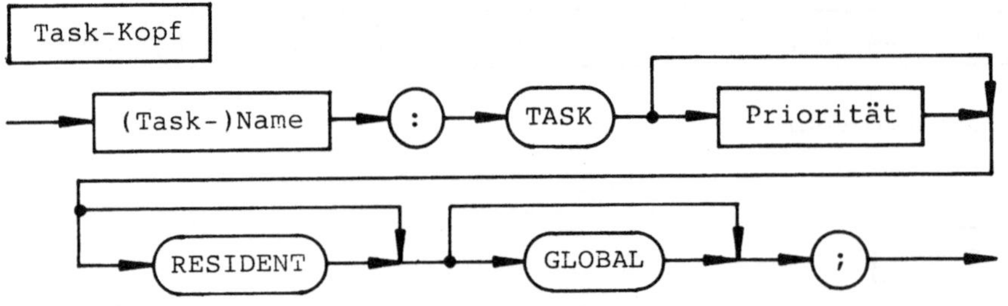

Figur 1.11: Task-Kopf

Was es dabei mit "Priorität" auf sich hat, werden wir in Kapitel 6.5 lernen. Das Schlüsselwort RESIDENT bedeutet, daß der Computer das betreffende Objekt möglichst dauernd im Hauptspeicher halten und es nicht auf den Massenspeicher auslagern soll, wenn es im Augenblick nicht gebraucht wird; ob er das wirklich tut, hängt vom jeweiligen PEARL-System ab.

Dem Schlüsselwort GLOBAL begegnen wir hier auch zum ersten Mal; Objekte mit dieser Eigenschaft sind auch außerhalb des jeweiligen Moduls bekannt. Sie bieten damit die Möglichkeit, daß Module gegenseitig Informationen austauschen.

Wir können jetzt weiter an unserem Programmbeispiel schreiben,
indem wir in den Problemteil eine Task tun. Deren unbekannte
Bestandteile fügen wir wieder als Kommentare ein. Dabei wollen
wir uns den Luxus leisten, wenigstens einen Begin-Block als
Anweisung zu nehmen. Wir gehen wieder systematisch so vor, daß
wir die bisherigen Kommentare nach rechts rücken und links die
zugehörigen PEARL-Zeilen schreiben. Um das Programm dabei möglichst übersichtlich zu halten, rücken wir die Inhalte von Problemteil und Blöcken jeweils etwas weiter ein (Beisp. 1.2).

```
MODULE (BEISP);                          /* evtl. Klammern weglassen */
/*********************************************************************
 * Programmbeispiel: Modul, der lediglich eine Task mit          *
 * Kommentaren enthält.                                          *
 * Version 1.2 / 16.5.84 / Frevert                              *
 ********************************************************************/
  /* Systemteil */
  PROBLEM;                           /* Problemteil               */
   MAIN:TASK;
      /* Task-lokale Vereinbarungen */
      /* Anweisungen der Task */
      BEGIN;
        /* Block-lokale Vereinbarungen */
        /* Anweisungen des Blockes */
      END;
      /* Anweisungen der Task */
   END;
MODEND;
```

Beisp. 1.2: Modul mit Task und eingeschachteltem Begin-Block

1.4.2 Sichtbarkeitsregeln

Beim Aufbau großer Systeme hat es sich bewährt, sie in Untersy-
steme zu gliedern, die sich gegenseitig möglichst wenig beeinflussen. Bei Hardware-Systemen kann man das durch eine Aufteilung
in Einzelgeräte erreichen. Dabei gibt man jedem Gerät ein eigenes
Gehäuse, damit es nicht durch unbefugte Eingriffe von außen
verändert werden kann. Derartige Geräte sind für einen Benutzer
"schwarze Kästen"; wenn er mit einem derartigen schwarzen Kasten
arbeiten will, braucht er nur zu wissen, welche Funktion der
Kasten hat und wie er mit anderen Geräten zusammengeschaltet
werden muß. Über seinen inneren Aufbau braucht er dabei genau so
wenig Bescheid zu wissen, wie ein Kind über den inneren Aufbau

eines Fernsehers.

Blöcke sind wie Module ein Beispiel für "schwarze Kästen"; wie bei einem Haus, hinter dessen Fenster Gardinen hängen, kann man aus einem Block nur hinaus, aber nicht von außen hineinsehen. Das bedeutet, daß eine Task die Daten einer anderen Task oder einer Prozedur nicht sehen und verändern kann. Falls zwei Tasks Daten gemeinsam sehen wollen, um sie beide verwenden zu können, müssen die Daten außerhalb der Tasks in den modulglobalen Vereinbarungen aufgeführt sein (Figur 1.12).

```
┌──────────────────────────── Modul ────────────────────────────┐
│ DECLARE TEXT CHAR(30);                                         │
│   ┌──────────────────────── Prozedur ────────────────────┐     │
│   │ DECLARE ZAHL FIXED;                                   │     │
│   └───────────────────────────────────────────────────────┘    │
│   ┌────────────────────────── Task ──────────────────────┐     │
│   │ DECLARE ZAHL FIXED;                                   │     │
│   └───────────────────────────────────────────────────────┘    │
│   ┌────────────────────────── Task ──────────────────────┐     │
│   │ DECLARE ZAHL FLOAT;                                   │     │
│   │   ┌─────────────────── Begin-Block ─────────────┐     │     │
│   │   │ DECLARE TEXT CHAR(60);                       │     │     │
│   │   └──────────────────────────────────────────────┘     │     │
│   └───────────────────────────────────────────────────────┘    │
└────────────────────────────────────────────────────────────────┘
```

Figur 1.12: Sichtbarkeitsregeln; jede Task und die Prozedur sehen nur ihre eigene ZAHL; der CHAR(30)-TEXT ist in allen bekannt. Der Begin-Block kann nur mit der FLOAT-ZAHL und dem CHAR(60)-TEXT arbeiten; letzterer ist in der umschließenden Task unbekannt.

Aus dieser Halbdurchlässigkeit der Block-Begrenzungen folgt natürlich auch, daß in einem Block, der sich innerhalb einer Task befindet, die in der Task vereinbarten Daten gesehen und deshalb benutzt werden können; andererseits sind aber die in dem Block vereinbarten Daten in der umschließenden Task nicht sichtbar und können deshalb dort nicht verwendet werden.

Diese Regeln schützen Daten gegen ungewollte Veränderungen und haben außerdem den Vorteil, daß wir denselben Namen an verschiedenen Stellen für unterschiedliche Daten verwenden dürfen, etwa so, wie in den Häusern eines Ortes die Bezeichnung "Vater" für immer andere Personen benutzt wird.

Im allgemeinen können wir innerhalb eines Blockes mit allen blocklokalen Daten und mit Daten aus den modulglobalen Vereinbarungen arbeiten und zusätzlich mit denjenigen, die in den ihn umschließenden Blöcken vereinbart worden sind. Hierbei gibt es jedoch eine wichtige Ausnahme: Namen in einem inneren Block versperren den Blick auf gleichnamige Daten, die weiter außen vereinbart sind. Das dürfte uns bekannt vorkommen; ein Landwirt meint sein Ackerland, wenn er von "meinem Land" spricht, und nicht das Bundesland, in dem sein Hof liegt; wenn der Ministerpräsident dieses Landes "mein Land" sagt, meint er das Bundesland, und wenn ein Bundesminister auf einer internationalen Konferenz die Bezeichnung "mein Land" verwendet, bezieht er sich auf die Bundesrepublik.

1.5 Die Gliederung von Datenbeständen

Im vorigen Kapitel haben wir erwähnt, daß die Daten, mit denen die Tasks und Prozeduren in ihren Anweisungen arbeiten, in Vereinbarungen näher beschrieben werden müssen (Figur 1.13). In ihnen wird festgelegt, wie die Daten heißen sollen und um welche Art es sich handelt. Die Namen von Daten desselben Typs können dabei in einer Namenliste aufgeführt werden (Figur 1.14). Daten können Einzeldaten eines Grund-Datentyps sein; wir dürfen zusammengehörende Daten aber auch unter einem gemeinsamen Namen in sogenannten Verbunden oder in Matrizen zusammenfassen.

Daten, die im Programmverlauf verändert werden, wollen wir als Variable bezeichnen. Beim Schreiben von Programmen ist es in der Regel zweckmäßig, auch konstanten Daten Namen zu geben; derartige Daten werden mit dem Schlüsselwort INV (Abkürzung von invariable) vereinbart, um dem Computer mitzuteilen, daß sie nicht verändert werden dürfen. Bei benannten Konstanten muß man außerdem in der Vereinbarung die Werte als Anfangswerte angeben, selbstverständlich für alle in der Namenliste aufgeführten Objekte.

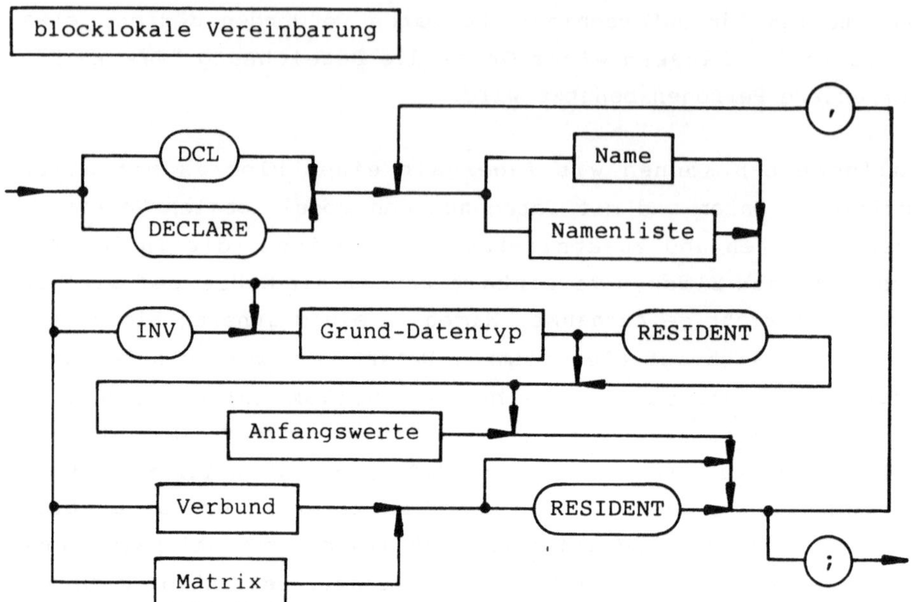

Figur 1.13: Blocklokale Vereinbarung

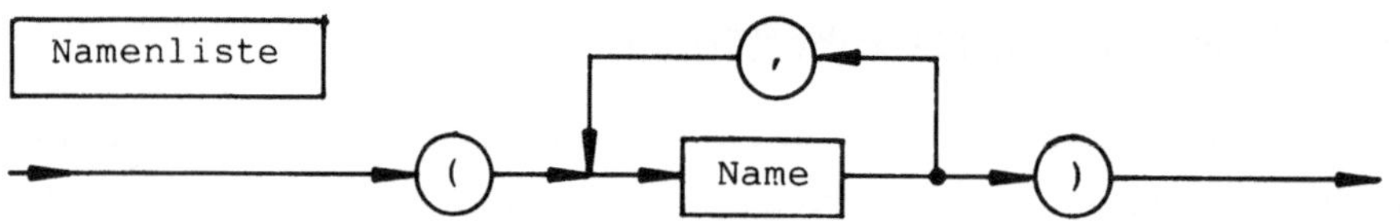

Figur 1.14: Namenliste

1.5.1 Grund-Datentypen

Figur 1.15 zeigt, welche Grund-Datentypen es in PEARL gibt. Der Datentyp FIXED dient zur Speicherung von ganzen Zahlen oder von solchen, bei denen man sich den Dezimalpunkt an fester Stelle denken kann; daher die Bezeichnung FIXED. Im Gegensatz dazu wandert bei den FLOAT-Zahlen die Stelle des Dezimalpunktes (im Englischen wird statt unseres Kommas ein Punkt geschrieben). Bei beiden Datentypen darf man die Genauigkeit angeben, mit der der Computer sie speichert; wir werden in Kapitel 1.5.2 näher darauf eingehen.

Daten vom Typ CHAR oder CHARACTER sind Ketten von Schriftzeichen;
sie können Texte, zum Beispiel von Meldungen, aufnehmen. In der
Längenangabe darf man notieren, wieviele Schriftzeichen ein CHAR-
Datum enthalten darf.

Daten vom Typ BIT dienen in der Prozeßdatenverarbeitung zum
Notieren von Zuständen, die zwei Werte annehmen können, zum
Beispiel eingeschaltet/ausgeschaltet. Man nennt solche zweiwerti-
gen Zustände auch binär (Bit ist die Abkürzung von binary digit).
In vielen Fällen ist es zweckmäßig, mehrere binäre Zustände in
einer Bitkette aneinanderzureihen, deren Länge man dann angeben
muß.

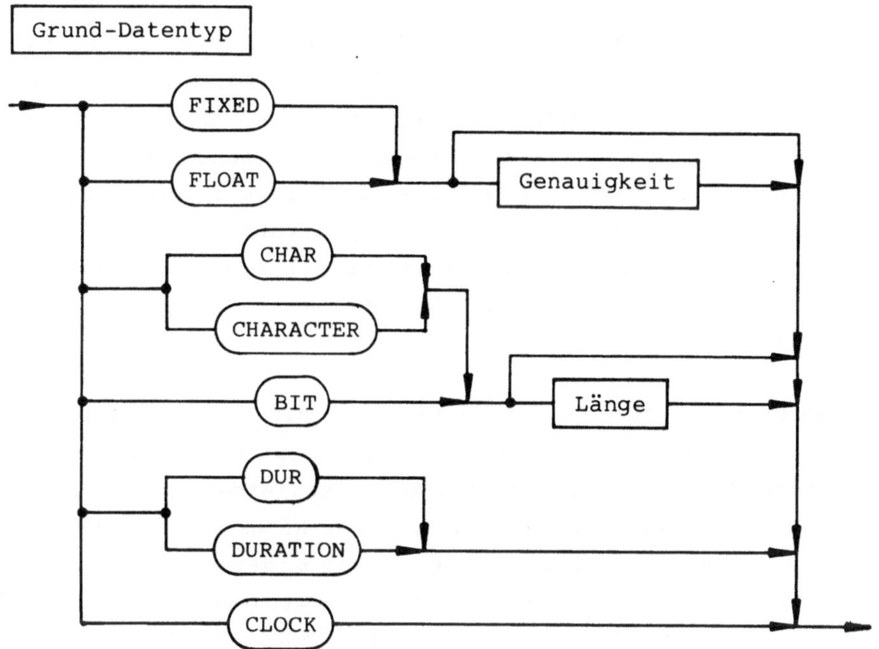

Figur 1.15: Grund-Datentyp

Wir werden in unseren Beispielen Bit(1)-Variable verwenden, um in
ihnen die Werte "wahr" und "falsch" als Ergebnisse von Ver-
gleichs-Aussagen zu speichern.

Typisch für die Echtzeit-Datenverarbeitung sind die Datentypen

DUR/DURATION und CLOCK; sie dienen zum Notieren von Zeitdauern und Uhrzeiten.

Beisp. 1.3 zeigt einige Beispiele für Vereinbarungen.

```
DECLARE ZAHL FLOAT, NUMMER FIXED;
DCL (SUMME,DIFFERENZ) FLOAT;
DECLARE MITTAGSZEIT CLOCK, ARBEITSDAUER DURATION;
DCL PROZESSZUSTAENDE BIT(16),
    MELDUNGSTEXT CHAR(40);
```

Beisp. 1.3: Beispiele für Vereinbarungen

1.5.2 Rechengenauigkeiten und Längen

Wir wissen aus Erfahrung, daß bei längeren Rechnungen die Genauigkeit des Endergebnisses wesentlich davon abhängt, mit wieviel Dezimalstellen Zwischenergebnisse notiert werden. Genau so ist es bei Rechnungen mit Computern; nur werden bei Prozeßrechnern keine Dezimalzahlen gespeichert, sondern Dualzahlen, weil deren einzelne Ziffern 0 und 1 sehr leicht durch die Zustände "leitend" oder "nichtleitend" je eines Transistors dargestellt werden können und weil ein Computer mit derartigen Dualzahlen besonders schnell rechnen kann.

Bei Prozeßrechnern ist es daher sinnvoller, die Rechengenauigkeit aus der Anzahl der Dualstellen anzugeben. Die Umrechnung in die entsprechende dezimale Rechengenauigkeit ist leicht: mit N Dualstellen können Zahlen notiert werden, deren höchster Wert (2**N)-1 ist (2**N steht für "2 hoch N"). Wenn man einen Rechner mit 16 Bit pro Speicherwort hat, kann man ein Bit zum Notieren des Vorzeichens benutzen (das kann ja nur zwei Werte + oder - annehmen, die in einem Bit notiert werden können); mit den restlichen 15 Bit kann man als höchste Zahl also (2**15)-1 oder 32767 darstellen. Wenn wir zählen oder die Nummer eines Tabellenplatzes berechnen müssen, reicht dieser Zahlenbereich im allgemeinen aus; für andere Rechnungen werden wir FLOAT-Zahlen nehmen.

FLOAT-Zahlen sind das, was bei Taschenrechnern auch "Zahlen in wissenschaftlicher Schreibweise" genannt wird. Dort bestehen sie

aus einem Dezimalbruch (der Mantisse) und der Anzahl der Zehner-
potenzen, mit der die Mantisse multipliziert werden muß (dem
Exponenten); bei Prozeßrechnern werden zur Erzielung höherer
Rechengeschwindigkeiten sowohl die Mantissen als auch die Exponenten (hier zur Basis 2) als Dualzahlen gespeichert. Dazu
braucht man auf einem 16-Bit-Rechner mindestens 2 Speicherworte;
um mit Zahlen bis zur Größenordnung 10**38 (entspricht 2**127)
arbeiten zu können, benötigt man nämlich 8 Bit für die Dual-
Exponenten und ihr Vorzeichen. Die übrigen 8 Bit und die 16 Bit
des anderen Rechnerwortes dienen dann als Mantisse mit 23 Dualstellen und als deren Vorzeichenbit.

23 Dualstellen entsprechen knapp 7 Dezimalstellen, sodaß ein 16-
Bit-Rechner mit zwei Rechnerworten für die FLOAT-Zahlendarstel-
lung nur eine Rechengenauigkeit hat, die der eines ganz billigen
Taschenrechners entspricht. Deshalb gibt es bei vielen Rechnern
die Möglichkeit, FLOAT-Rechnungen mit "doppelter Genauigkeit" zu
machen; dabei werden dann die Zahlen in mehr als zwei 16-Bit-
Worten gespeichert. Bei 32-Bit-Rechnern ergibt sich für FLOAT-
Zahlen in zwei Rechnerworten eine Genauigkeit von etwa 16 Dezimalstellen.

Es ist klar, daß es für die Richtigkeit eines Endergebnisses sehr
wesentlich ist, mit welcher Genauigkeit Zwischenresultate dargestellt werden können. Deshalb können Programme, die für 32-Bit-
Rechner geschrieben worden sind, völlig falsche Ergebnisse liefern, wenn wir sie auf 16-Bit-Rechnern einsetzen. Aus diesem
Grunde dürfen wir die Genauigkeiten in PEARL angeben, damit ein
anderer Rechner, auf dem unser Programm benutzt werden soll,
schon bei der Programm-Übersetzung prüfen kann, ob die geforderte
Genauigkeit überhaupt möglich ist.

Bei FIXED-Zahlen geben wir als Genauigkeit die Anzahl aller
Dualstellen (ohne Vorzeichen) an, bei FLOAT-Zahlen die Anzahl der
Mantissenstellen. Damit wir solche Angaben nicht in jeder Vereinbarung machen müssen, dürfen wir sie auch am Anfang des Problemteils in der Genauigkeits-/Längenfestlegung machen. Deren Syntax
zeigt Figur 1.19.

Die Angaben für Länge und Genauigkeit in Figur 1.15 haben dieselbe Form; wir können sie deshalb in einem gemeinsamen Graphen darstellen (Figur 1.16).

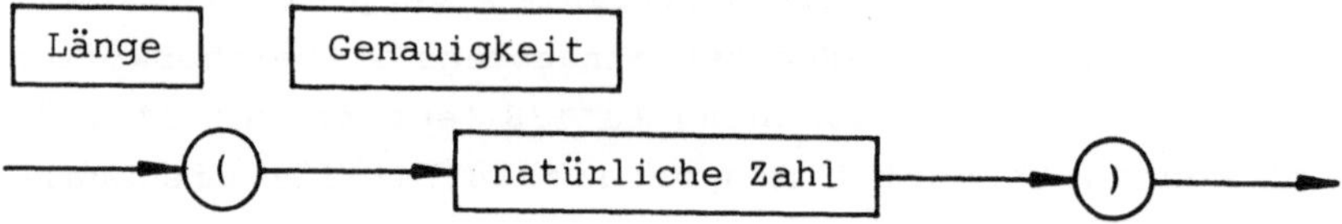

Figur 1.16: Länge und Genauigkeit

Figur 1.17 zeigt, was eine natürliche Zahl ist, nämlich eine ganze Zahl größer als Null; letztere ist ja nicht "natürlich", sondern eine der ersten Erfindungen der frühen Mathematiker. Wenn wir zu ihnen die Null hinzunehmen, bekommen wir die positiven ganzen Zahlen (Figur 1.18).

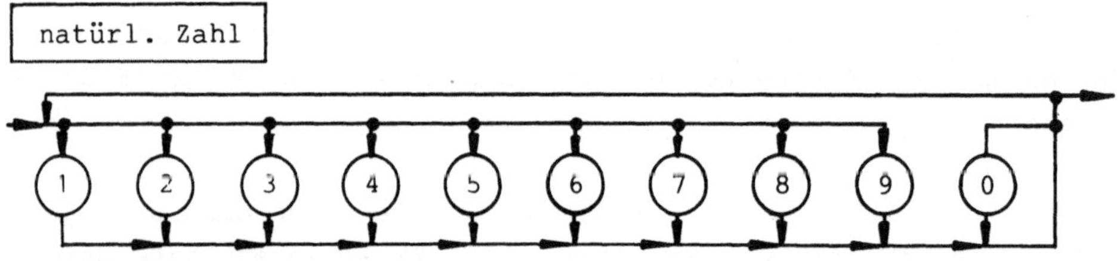

Figur 1.17: Natürliche Zahl

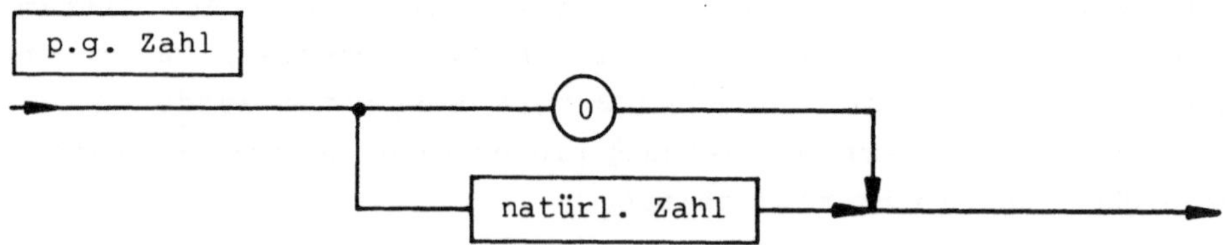

Figur 1.18: p.g. (positive ganze) Zahl

Wenn wir in einer Vereinbarung

        DCL ZUSTAND BIT;

schreiben, nimmt der Rechner normalerweise an, daß wir eine Bitkette der Länge 1 vereinbaren wollen. Falls jedoch am Anfang des Problemteils

```
        LENGTH BIT (16);
```

steht, wird ZUSTAND eine Bitkette von 16 Bit; analog ist es bei
Zeichenketten.

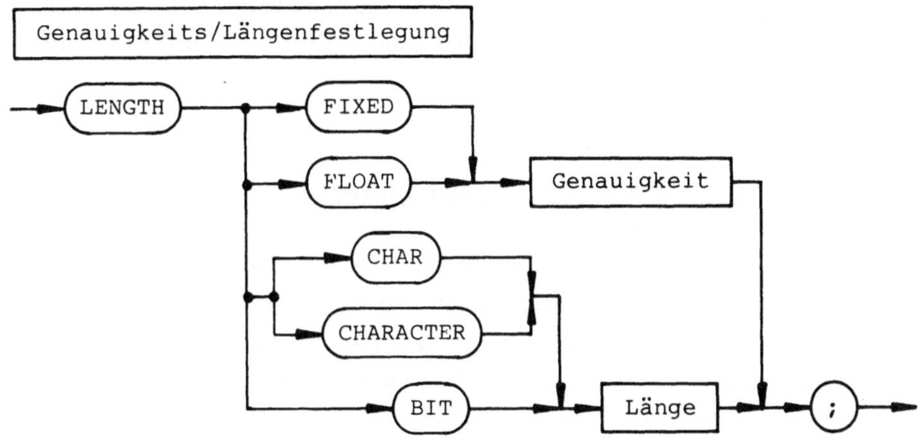

Figur 1.19: Genauigkeits/Längenfestlegung


```
MODULE (BEISP);                               /* evtl. Klammern weglassen */
/***************************************************************************
 * Programmbeispiel: Modul, der lediglich Genauigkeits-          *
 * Festlegungen und eine Task mit Vereinbarungen enthält         *
 * Version 1.3 / 16.5.84 / Frevert                               *
 ***************************************************************************/
  /* Systemteil */
  PROBLEM;                                /* Problemteil               */
   LENGTH FLOAT(23);                      /* Genauigkeits-Festlegungen */
   LENGTH FIXED(15);
   MAIN:TASK;                             /* Task-Kopf                 */
     DCL ZAHL FLOAT,                      /* Task-lokale               */
         TEXT CHAR(30);                   /* Vereinbarung              */
     /* Anweisungen der Task */
     BEGIN;
       DCL ZAHL FIXED;                    /* Block-lokale Vereinbarung */
       /* Anweisungen des Blockes */
     END;
     /* Anweisungen der Task */
   END;
MODEND;
```

Beisp. 1.4: PEARL-Programm mit Vereinbarungen

Wir können jetzt unser erstes Beispiel-Programm weiter vervollständigen, indem wir an den dafür vorbereiteten Stellen Variable

vereinbaren (Beisp. 1.4). Außerdem wollen wir vorsichtshalber
auch die Genauigkeiten der verwendeten Zahlentypen notieren.

An dem Beispiel können wir noch einmal die Sichtbarkeitsregeln
besprechen: in dem Begin-Block können wir sowohl mit der FIXED-
Variablen ZAHL als auch mit der CHAR-Variablen TEXT arbeiten;
außerhalb des Blockes sind für die Task nur die FLOAT-Variable
ZAHL und TEXT bekannt.

1.5.3 <u>Matrizen, Verbunde und selbstdefinierte Datentypen</u>

In Kapitel 1.5 wurde bereits erwähnt, daß in PEARL zusammengehörende Daten unter einem gemeinsamen Namen zusammengefaßt werden
dürfen. Größere Datenmengen des gleichen Typs organisiert man
zweckmäßigerweise in Matrizen, Daten verschiedenen Typs, die dasselbe Objekt beschreiben, in Verbunden. Figur 1.20 zeigt zunächst, wie Verbunde aufgebaut werden.

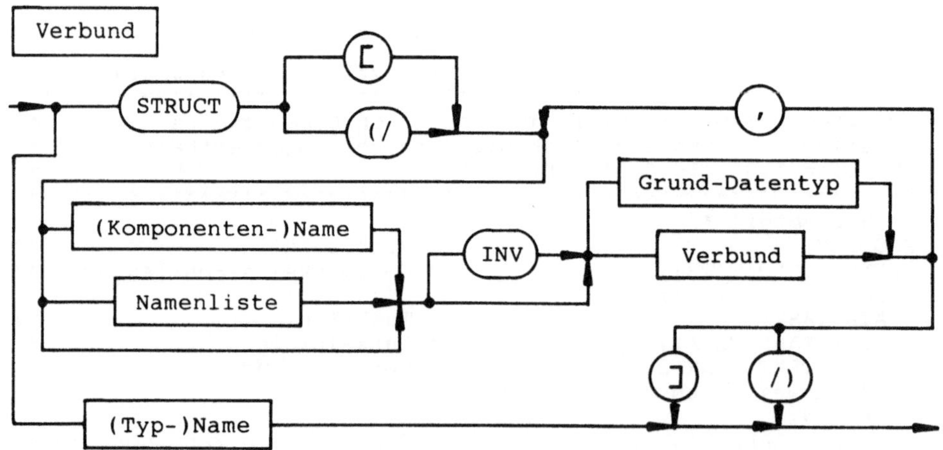

<u>Figur 1.20:</u> Verbund

Die Komponenten eines Verbundes bekommen jede einen Namen, wenn
wir einzeln mit ihnen arbeiten wollen; gleichartige Komponenten
können dabei in einer Namenliste aufgeführt werden. Die Komponenten selbst können aus Grund-Datentypen und Verbunden bestehen.
Zur Schreibvereinfachung darf man außerdem einen Verbund mit

einem Typnamen bezeichnen, der im Problemteil definiert werden muß; wir haben die Typdefinition in Kapitel 1.4 schon kurz erwähnt. Figur 1.22 zeigt, wie das gemacht werden muß. Im strikten Basis-PEARL gibt es übrigens keine Verbunde in Verbunden und keine Typdefinitionen.

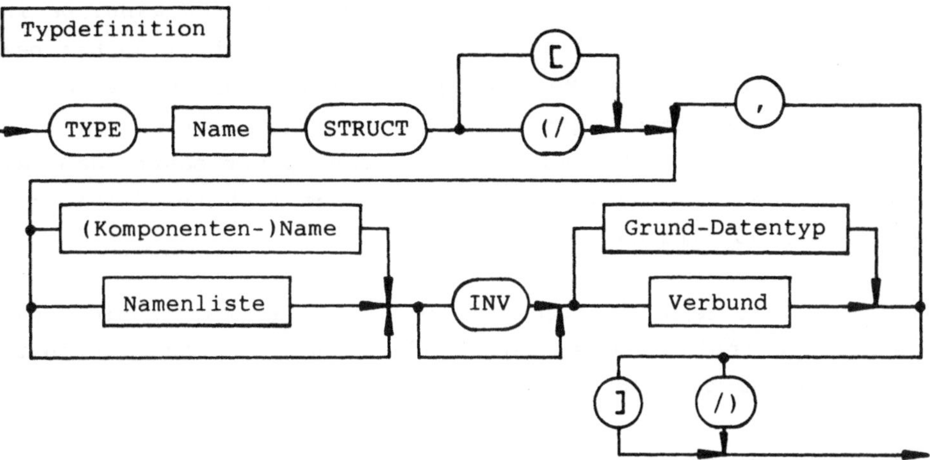

Figur 1.21: Typdefinition

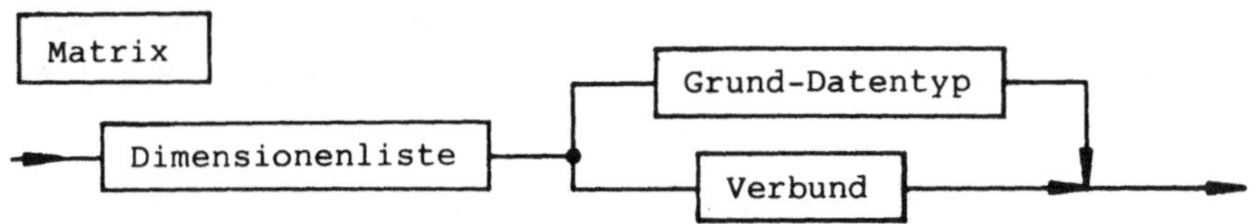

Figur 1.22: Matrix

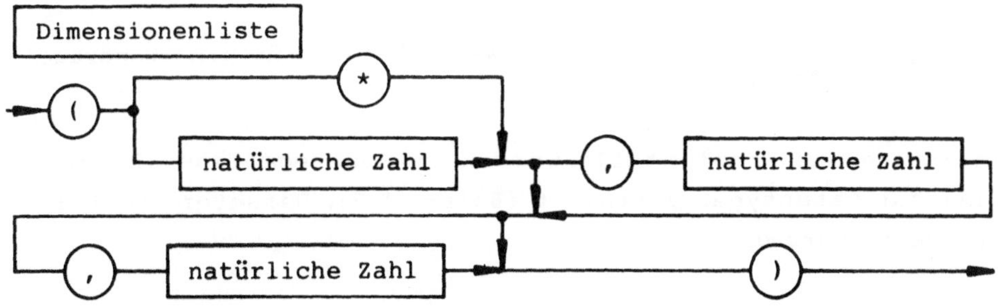

Figur 1.23: Dimensionenliste

Matrizen enthalten ein-, zwei- oder dreidimensionale Anordnungen
von Daten, die alle denselben Typ haben. Wir kennen solche Anordnungen aus der Mathematik; wenn sie eindimensional sind, werden
sie dort auch Vektoren genannt. In Full PEARL dürfen Matrizen
übrigens auch mehr als drei Dimensionen haben. Wir werden später
sehen, daß man wie in der Mathematik zu einem Einzeldatum aus
einer Matrix mit Hilfe von dessen Index zugreifen kann. Da in
Basis-PEARL die Index-Zählung stets mit 1 beginnt, brauchen bei
der Vereinbarung einer Matrix in der Dimensionenliste (Figur
1.23) nur die höchsten Indexwerte hingeschrieben zu werden, die
eine Matrix-Kante haben kann. Wir werden später sehen, daß bei
Datenstationen die erste Matrix-Kantenlänge auch unendlich groß
sein kann; das wird durch den * angegeben.

Wie Figur 1.22 zeigt, dürfen die Daten in einer Matrix nicht nur
aus Grund-Datentypen bestehen, sondern auch Verbunde dürfen zu
Matrizen zusammengefaßt werden.

Wir wollen uns hier wieder ein Beispiel ansehen: Ein Hochregallager-
ger soll aus 6 Regalen bestehen, die jedes 10 Zeilen hoch sind.
In jeder Regalzeile sollen 30 Fächer sein. In den Regalfächern
soll jeweils eine Anzahl von Artikel derselben Art gelagert sein;
jeder einzelne Artikel hat eine Bestellnummer und eine Bezeichnung; außerdem soll noch sein Gewicht registriert werden.

```
TYPE ARTIKEL      STRUCT (/ BESTELLNUMMER FIXED,
                          BEZEICHNUNG CHAR(20),
                          GEWICHT FLOAT          /);
TYPE LAGERFACH    STRUCT (/ ANZAHL FIXED,
                          ART ARTIKEL            /);
DECLARE HOCHREGALLAGER (6,10,30) LAGHERFACH;
```

Beisp. 1.5: Typdefinitionen und Vereinbarung für ein Hochregal-
            lager

Am Anfang des Problemteils werden im Hochregallager-Programm
zunächst Datentypen definiert (Beisp. 1.5). Darunter steht dann
die Vereinbarung.

1.5.4 <u>Anfangswerte und Konstanten-Schreibweisen</u>

In Kapitel 1.5 haben wir bei der Besprechung von Figur 1.13 erwähnt, daß man bei der Vereinbarung von Variablen auch deren Anfangswerte in einer Anfangswertliste notieren darf; bei Objekten, die den Zusatz INV tragen, muß man das sogar tun. (In Full PEARL dürfen auch Matrizen und Verbunde in Vereinbarungen mit Anfangswerten versehen werden; dort darf es daher auch unveränderliche - konstante - Matrizen und Verbunde geben.)

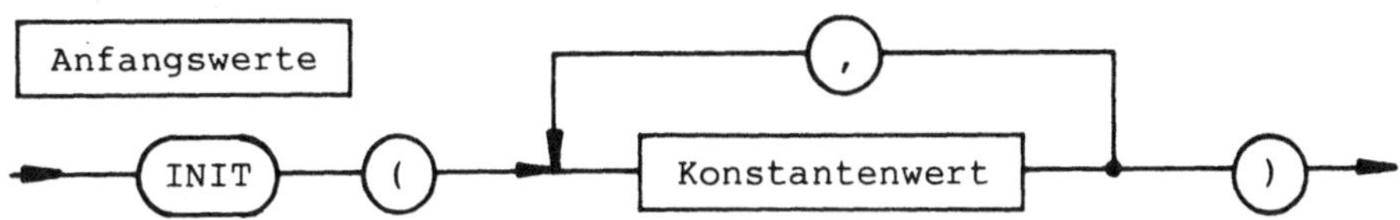

<u>Figur 1.24:</u> Anfangswerte

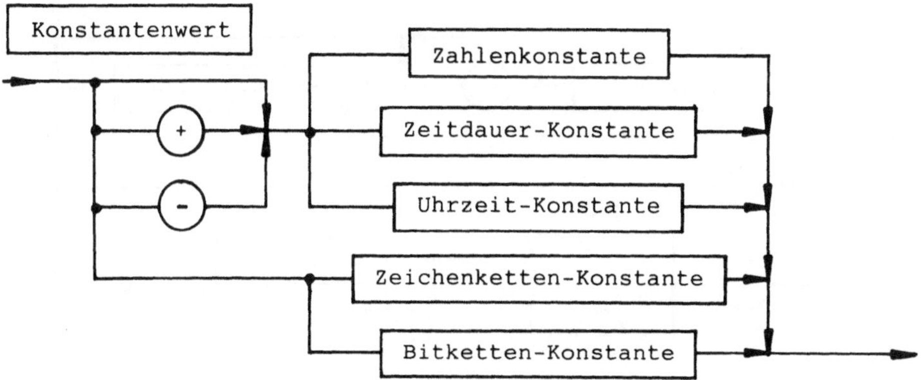

<u>Figur 1.25:</u> Konstantenwert

Figur 1.24 zeigt den Aufbau einer Anfangswertliste; in ihr kommt der Begriff Konstantenwert vor, dessen mögliche Formen in den Figuren 1.26 bis 1.30 dargestellt sind. Aus ihnen ergibt sich, daß wir Zahlenkonstanten als ganz normale ganze Zahlen mit Vorzeichen schreiben dürfen, wenn es sich um FIXED-Zahlen handeln soll; wir können sie aber außerdem als Dualzahlen nur unter Verwendung der Ziffern 0 und 1 schreiben, mit einem angehängten B, z. B. statt 8 auch 1000B. Die Vereinbarung der benannten Konstanten 10 lautet also:

          DCL ZEHN INV FIXED INIT(10);
Dezimalbrüche dürfen wir in der gewohnten Form notieren; wir
müssen nur statt des Dezimalkommas einen Punkt schreiben. Bei
"wissenschaftlicher Schreibweise" notieren wir hinter der Mantisse ein E und dann den Zehner-Exponenten. Die Zahl 123.4 können
wir deshalb auch 1.234E2 oder .1234E3 oder 0.1234E03 oder 1234.E-
1 oder 1234E-1 oder 123.4E00 schreiben. Wenn der Computer eine
solche Zahl mit einer besonderen Genauigkeit speichern soll,
müssen wir deren Angabe noch so hinzufügen, wie wir es in Kapitel
1.5.2 gelernt haben.

Die Basis e der natürlichen Logarithmen können wir also mit
          DCL E INV FLOAT INIT(2.71828);
vereinbaren.

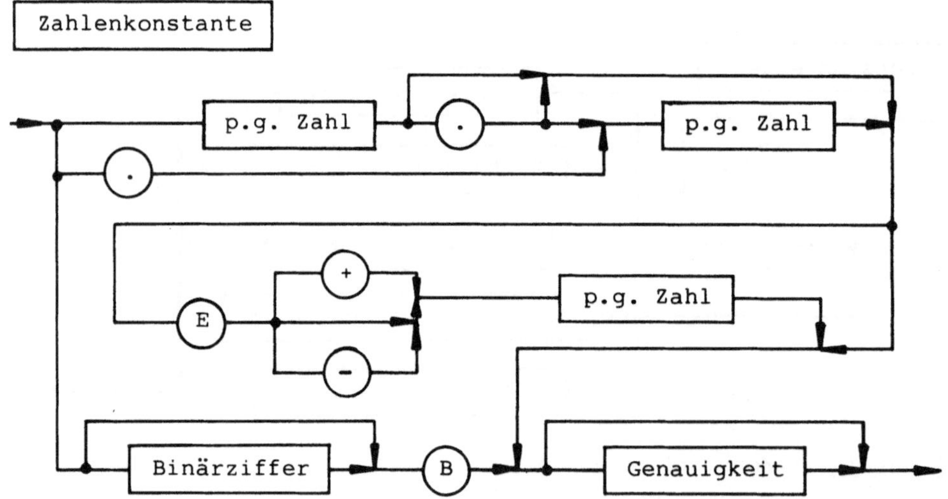

Figur 1.26: Zahlenkonstante

Zeichenketten werden einfach in Hochkommata eingeschlossen; wie
bei den Kommentaren dürfen sie alle möglichen Zeichen enthalten,
also auch Kleinbuchstaben; wenn in einer Zeichenketten-Konstante
ein Hochkomma vorkommen soll, schreiben wir stattdessen zwei:
'In diesem Satz ist ein Hochkomma '', gezählt als 1 Zeichen'.

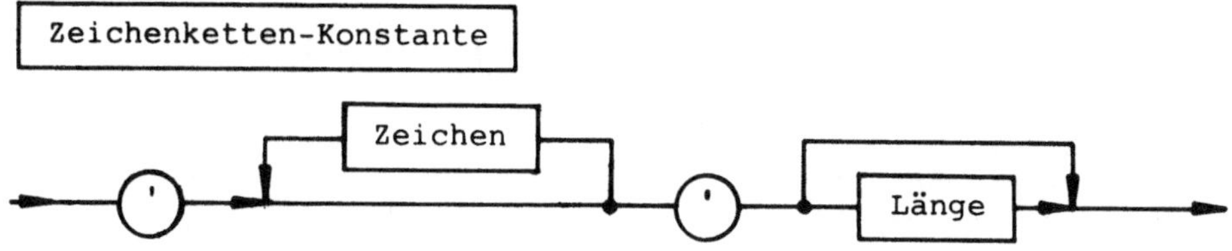

Figur 1.27: Zeichenketten-Konstante

Bitketten werden entweder mit den Dualziffern 0 und 1, mit Oktal-
ziffern 0 bis 8 oder mit Sedezimalziffern 0 bis F geschrieben (im
Sedezimalsystem mit der Basis 16 wird 1 2 3 4 5 6 7 8 9 A B C D E
F 10 .... gezählt, sodaß dort die Zahl 10 der dezimalen 16 entspricht.) Die beiden letzteren Möglichkeiten lassen eine abgekürzte Schreibweise von Bitketten zu, weil jeweils 3 bzw. 4
Dualstellen in einer Oktalstelle bzw. Sedezimalstelle zusammengefaßt werden können. Um dem Computer mitzuteilen, daß es sich bei
1234 nicht um eine Zahl, sondern um eine Bitketten-Konstante
handelt, wird die Ziffernfolge in Hochkommata eingeschlossen und
dahinter notiert, um welches Ziffernsystem es sich handelt. Wir
dürfen also statt '111111101101'B auch '7755'B3 und 'FED'B4
schreiben.

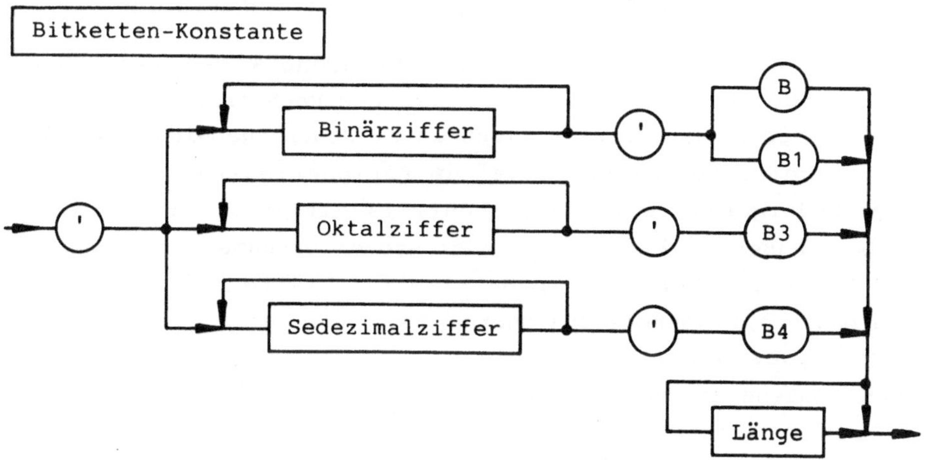

Figur 1.28: Bitketten-Konstante

Eine Zeitdauer wird in PEARL beispielsweise
        DCL VIERTELSTUNDE INV DURATION INIT (15 MIN);
vereinbart; die Mittagszeit hieße

```
DCL MITTAG INV CLOCK INIT(12:0:0);
```

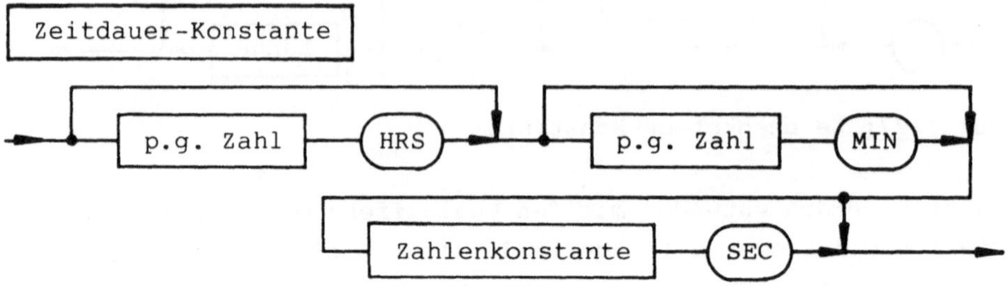

Figur 1.29: Zeitdauer-Konstante

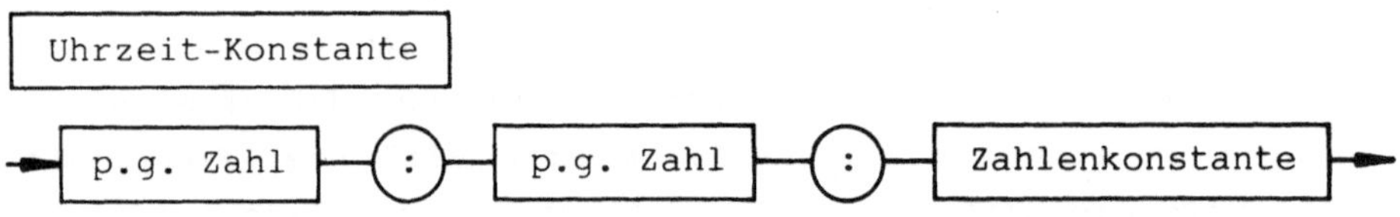

Figur 1.30: Uhrzeit-Konstante

1.6 Struktur und Eigenschaften von PEARL-Datenstationen

Alle Daten, die auf die bisher beschriebene Weise vereinbart
werden, befinden sich im Hauptspeicher des Rechners, wenn er mit
ihnen arbeitet. Wenn es sich nicht um Zwischenergebnisse handelt,
muß er ihre Werte vorher mit einem Peripheriegerät eingelesen
haben; Endergebnisse muß er, ebenfalls mit Peripheriegeräten,
ausgeben. Außerdem kann es bei sehr großen Datenmengen notwendig
sein, Zwischenergebnisse in Dateien auf Plattenspeichern oder
Magnetbändern zwischenzuspeichern. In PEARL werden alle Stellen
außerhalb des Hauptspeichers, die Daten liefern oder aufnehmen
können, Datenstationen genannt und mit dem Schlüsselwort DATION
(Abkürzung von data station) bezeichnet.

Datenstationen sind relativ komplizierte Gebilde; weil der Begriff alle möglichen Ein/Ausgabegeräte umfaßt, müssen in der
Beschreibung einer PEARL-Datenstation alle möglichen Eigenschaften solcher Geräte aufzählbar sein.

Innerhalb einer Datenstation werden die Daten in Matrizen mit bis zu drei Dimensionen gespeichert. Im Unterschied zu rechner-intern befindlichen Matrizen kann jedoch die Kantenlänge der höchsten Dimension unbegrenzt sein; ein Terminal kann ja unbegrenzt viele Schirmbildzeilen ausgeben, um nur ein Beispiel zu nennen.

Es gibt in PEARL drei grundsätzlich verschiedene Typen von Daten-stationen: Datenstationen für die Zwischenspeicherung von Daten in derselben Form, in der sie im Hauptspeicher des Rechners vorliegen, ALPHIC-Stationen, die die Daten in Form von Schrift-zeichen enthalten und BASIC-Stationen, die Prozeßdaten in Form von Spannungspegeln, Schalterstellungen usw. einlesen oder ausge-ben.

Normalerweise hat ein Rechner eine Anzahl von Peripheriegeräten, die dem PEARL-System bekannt sind; die Namen dieser System-Datenstationen werden vom PEARL-Programmierer im Systemteil seines Programmes festgelegt. Wie alle Objekte, die sich außer-halb des jeweiligen Problemteils befinden, müssen diese System-Datenstationen dann im Problemteil in Schnittstellen-Spezifika-tionen näher beschrieben werden.

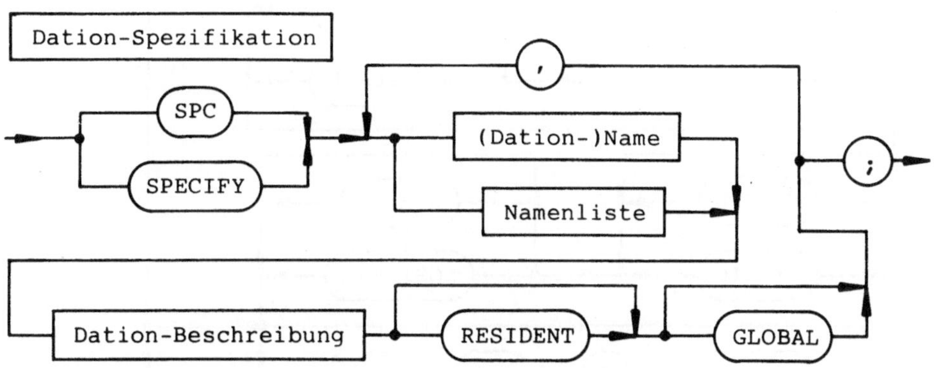

Figur 1.31: Dation-Spezifikation

Zwischen Spezifikationen und Vereinbarungen besteht ein grund-sätzlicher Unterschied: in Vereinbarungen wird dem Computer mit-geteilt, daß ein Objekt mit den vereinbarten Eigenschaften ge-schaffen werden soll; in Spezifikationen hingegen wird ein schon

vereinbartes Objekt lediglich so beschrieben, daß der Kompilierer
die richtige Verwendung des Objektes nachprüfen kann. Deshalb
müssen die Kantenlängen von mehrdimensionalen Objekten in der
Vereinbarung zahlenmäßig angegeben werden; in Spezifikationen
hingegen wird nur durch eine leere Dimensionenliste (Figur 1.33)
angedeutet, wieviele Dimensionen vorhanden sind.

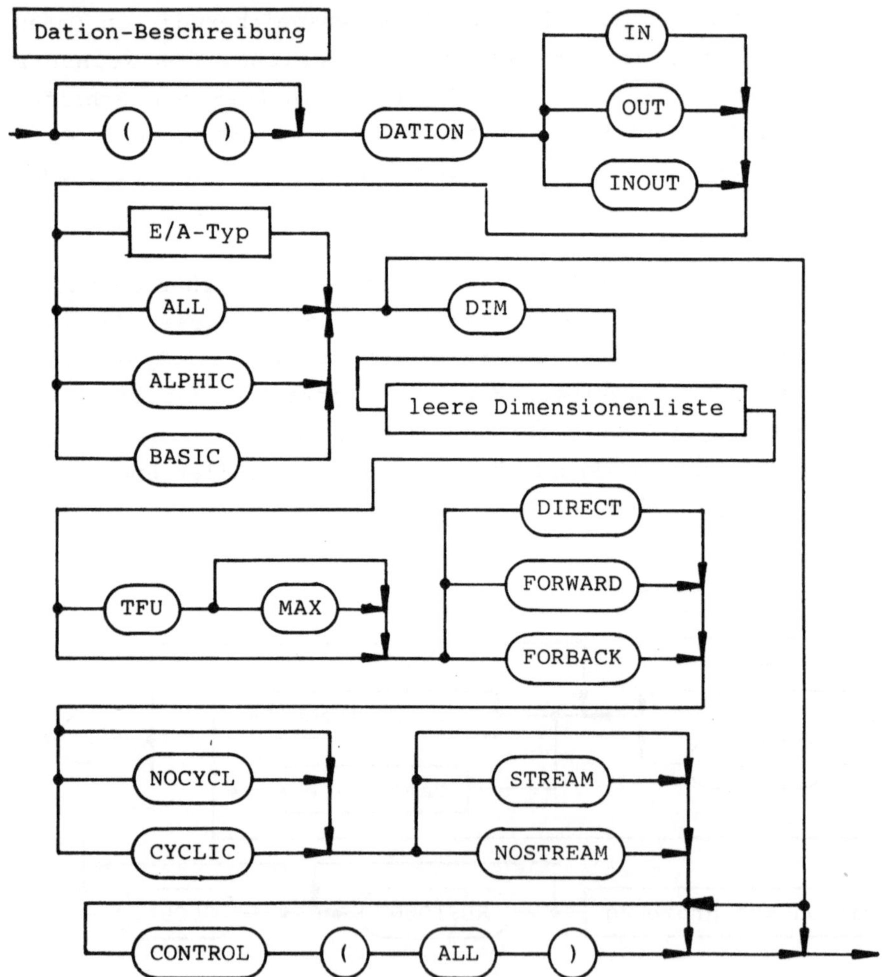

<u>Figur 1.32:</u> Dation-Beschreibung

Um unsere ersten Programme schreiben zu können, müssen wir wissen, wie man eine Dation-Spezifikation notiert. Ihre Syntax ist
in den Figuren 1.31 und 1.32 dargestellt (den Systemteil kopieren

wir am besten aus einem schon vorhandenen Programm).

Figur 1.34 zeigt, daß unter der Sammelbezeichnung E/A-Typ aus
Figur 1.32 außer den Grund-Datentypen auch Verbunde der Inhalt
eines Platzes in einer Datenstation sein können.

Datenstationen, die Daten in beliebiger Form aufnehmen können, z.
B. Plattenspeicher, werden mit Hilfe des Schlüsselwortes ALL
vereinbart. Wir werden in Kapitel 4.2 sehen, daß man bei Vor-
handensein solcher Datenstationen weitere, dem Rechnersystem
nicht von vornherein bekannte Datenstationen vereinbaren darf.

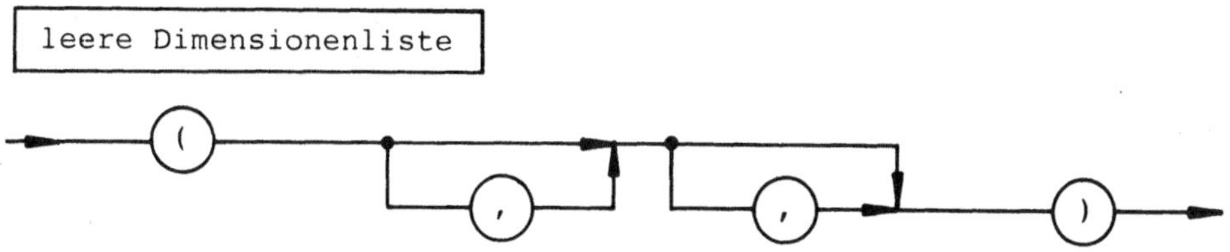

Figur 1.33: Leere Dimensionenliste

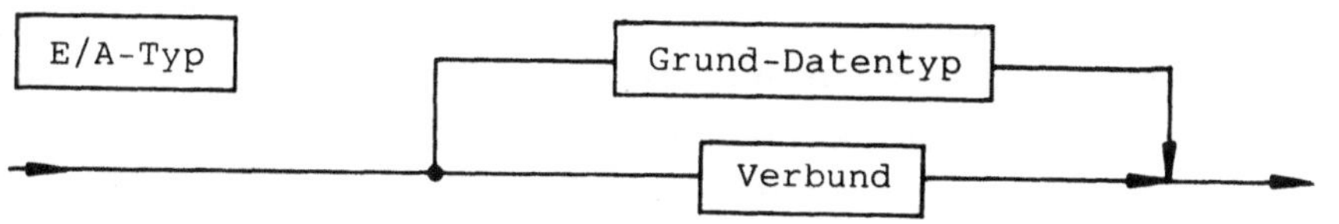

Figur 1.34: E/A-Typ

```
SPC TERMINAL DATION INOUT ALPHIC DIM (,) TFU MAX FORWARD NOCYCL
                                    STREAM CONTROL(ALL);
SPC THERMOELEMENTE () DATION IN BASIC;
SPC TERMINAL DATION INOUT ALPHIC DIM (,) TFU MAX FORWARD
                                    CONTROL(ALL);
```

Beisp. 1.6: Beispiele für Dation-Spezifikationen; die dritte ist
            der ersten gleichwertig, weil STREAM und NOCYCL
            Normalwerte sind

Am Anfang von Beisp. 1.6 steht die Vereinbarung eines Terminals:
Terminal ist der Name der Datenstation, die Daten in den Rechner
liefern oder herausgeben kann (INOUT). Diese Daten befinden sich
als Schriftzeichen (ALPHIC) in der Datenstation. Wir können sie
uns in einer zweidimensionalen Matrix vorstellen, bei der jeder

Matrixzeile einer Textzeile entspricht, in der die Einzelzeichen
jeweils eine Spalte belegen; die hinter DIM (Abkürzung für dimension) stehenden Klammern mit dem Komma - die leere Dimensionenliste - sagen das aus. Die wirklichen Dimensionen dieser Matrix,
insbesondere die maximale Zeilenlänge, sind außerhalb des Problemteils festgelegt; deshalb darf in der Spezifikation nur angedeutet werden, daß zwei Dimensionen vorhanden sind.

TFU MAX zeigt an, daß zwischen Rechner und Datenstation die
einzelnen Elemente einer Zeile nicht einzeln, sondern gemeinsam
übertragen werden, wobei die Zeilenlänge kürzer als die Maximal-
länge sein darf. In dem Terminal wird bei der Eingabe nur die
jeweils letzte Zeile gespeichert; ein Rückspulen wie bei einem
Magnetband, um eine alte Zeile wie bei einem Magnetband noch
einmal vom Computer lesen zu lassen, ist unmöglich; deshalb das
Schlüsselwort FORWARD in der Spezifikation. Bei einem Terminal
kann man auch nicht automatisch wieder am Anfang weiterlesen,
wenn das Ende der Daten erreicht ist, wie man es unter Umständen
bei Magnetband-Dateien tun möchte; deshalb NOCYCL. Schließlich
wird auf dem Terminal-Bildschirm automatisch in eine neue Zeile
geschrieben, wenn eine Zeile voll ist; die Daten "strömen" in die
Datenstation, ohne daß wir uns um Zeilengrenzen zu kümmern brauchen; deshalb STREAM. Schließlich will man bei ALPHIC-Datenstationen im allgemeinen die Ausgabe so gestalten, daß die Daten
sauber in Tabellen gedruckt werden; dazu muß man "alles steuern"
können (CONTROL(ALL)).

Nach dieser kurzen Beschreibung der Terminal-Eigenschaften dürften die übrigen Schlüsselwörter in Beisp. 1.6 ziemlich selbst-
erklärend sein; wir werden in Kapitel 4.2 jedoch noch genauer
auf die Eigenschaften von Datenstationen eingehen. An dieser
Stelle muß noch ein wichtiger Hinweis gemacht werden: aus Figur
1.32 ist ersichtlich, daß zwischen dem Namen und dem Schlüsselwort DATION ein Klammerpaar () stehen darf; derartige Datenstationen bestehen aus einer eindimensionalen Matrix von Einzelgerä-
ten. Beispiel 1.6 zeigt auch eine derartige Spezifikation.

Figur 1.32 zeigt außerdem, daß man nicht in jedem Fall alle
Angaben über den inneren Aufbau von Datenstationen zu machen

braucht. Weil in der dritten Spezifikation aus Beisp. 1.6 die
Angaben STREAM/NOSTREAM und NOCYCL/CYCLIC fehlen, wird ange-
nommen, daß es sich um die häufigste Art mit STREAM und NOCYCL
handelt.

Wir können unser Programmbeispiel jetzt weiter vervollständigen,
indem wir auch den Systemteil und die Spezifikation der Schnitt-
stelle zwischen Systemteil und Problemteil hineinschreiben. Dabei
vereinbaren wir im Systemteil, daß das systembekannte Gerät DIS
den Namen TERMINAL haben soll (Beisp. 1.7).

```
MODULE (BEISP);                              /* evtl. Klammern weglassen */
/***************************************************************************
 * Programmbeispiel: Modul, der noch keine Anweisungen              *
 * enthält                                                          *
 * Version 1.1 / 16.5.84 / Frevert                                  *
 ***************************************************************************/
  SYSTEM;                                 /* Systemteil              */
   TERMINAL:DIS<->SDVLS(2);               /* Dation-Benennung        */
  PROBLEM;                                /* Problemteil             */
   LENGTH FLOAT(23);                      /* Genauigkeits-Festlegungen */
   LENGTH FIXED(15);
   SPC TERMINAL DATION INOUT              /* Dation-Spezifikation    */
        ALPHIC DIM(,) TFU MAX
        FORWARD CONTROL(ALL);
   MAIN:TASK;                             /* Task-Kopf               */
     DCL ZAHL FLOAT                       /* Task-lokale             */
         TEXT CHAR(30);                   /* Vereinbarungen          */
     /* Anweisungen der Task */
     BEGIN;
        DCL ZAHL FIXED;                   /* Block-lokale Vereinbarung */
        /* Anweisungen des Blockes */
     END;
     /* Anweisungen der Task */
   END;/* Task MAIN */
MODEND;
```

<u>Beisp. 1.7:</u> PEARL-Programm mit Dation-Benennung im Systemteil und
            Dation-Spezifikation im Problemteil

2 Sprachmittel für Algorithmen

Algorithmus heißt auf Deutsch "methodisches Rechenverfahren". Algorithmen schreiben dem Rechner vor, welche Rechenoperationen er wann und wie oft durchführen soll, um eine Aufgabe zu lösen. Um Algorithmen entwickeln zu können, müssen wir deshalb die Vielfalt der Rechenoperationen kennen und wissen, wie wir das "Wann und wie oft" formulieren müssen. Noch wichtiger ist aber, daß wir lernen, sie methodisch zu entwerfen und sie so zu schreiben und zu beschreiben, daß sie auch von Fremden verstanden werden können; fremd sind uns nämlich auch unsere selbstgeschriebenen Algorithmen, wenn wir sie nach einem Jahr verbessern müssen.

2.1 Anweisungsarten

Wie bereits erwähnt wurde, dienen Anweisungen dazu, dem Computer mitzuteilen, was er machen soll. Figur 2.1 zeigt, daß Anweisungen mit davor gesetzten Namen markiert werden können; wir werden in Kapitel 2.6.3 lernen, wozu solche Sprungmarken dienen. Bis dahin wollen wir uns nur mit unmarkierten Anweisungen beschäftigen; Figur 2.2 zeigt uns, welche Arten es davon in PEARL gibt.

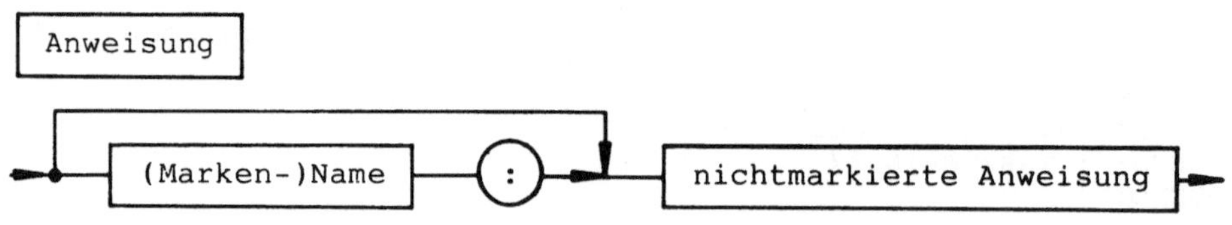

Figur 2.1: Anweisung

Den Begin-Block kennen wir schon. Durch Zuweisungen werden Variablenwerte geändert. Die Ablauf-Steueranweisungen befähigen den Computer, mal dieses oder mal jenes zu tun oder Programmstücke zu wiederholen. Mit Ein/Ausgabe-Anweisungen werden Datenwerte eingelesen oder ausgegeben. Prozedur-Aufrufe und Return-Anweisung werden wir in Kapitel 3 näher beschreiben, und die Echtzeit-Anweisungen dienen dazu, die Zusammenarbeit der Tasks in einem Programm zu steuern. Wir werden sie in Kapitel 6 abhandeln.

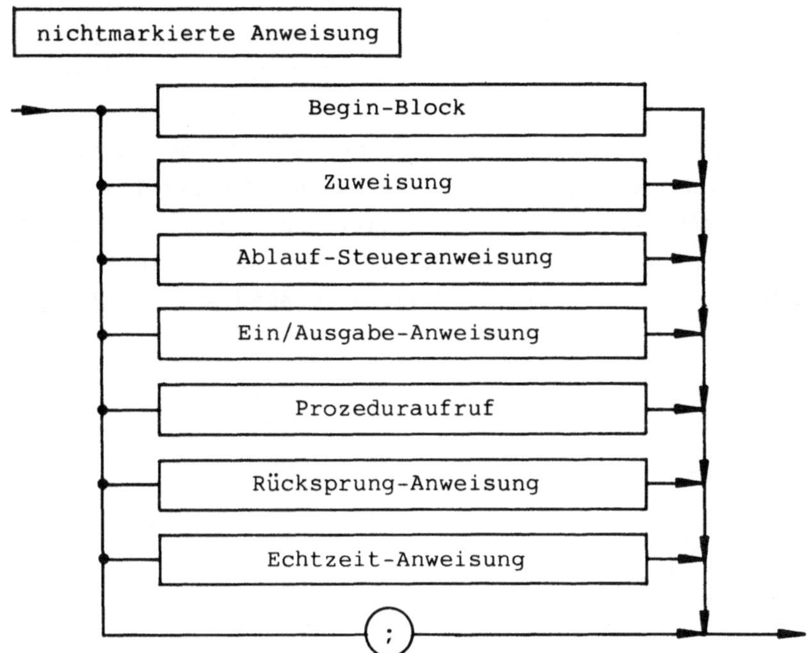

Figur 2.2: Nichtmarkierte Anweisung

Wie der Graph weiter zeigt, kann eine Anweisung aus nichts weiter als einem Semikolon bestehen; derartige Anweisungen wollen wir als Leeranweisungen bezeichnen.

2.2 Ein/Ausgabe-Anweisungen

Um möglichst bald ein richtiges Programm schreiben zu können, wollen wir mit den Ein/Ausgabe-Anweisungen beginnen. Ihre Syntax zeigt Figur 2.3; in ihr gibt es zunächst einmal die Schlüsselwörter OPEN und CLOSE, mit denen Datenstationen in ihren Anfangs- bzw. Endzustand versetzt werden; bei einem Magnetband wird durch OPEN beispielsweise auf den Datei-Anfang vorgespult und durch CLOSE eine Endemarke geschrieben.

Mit READ, GET und TAKE werden E/A-Objekte - Daten, die sich in einer Datenstation befinden - in den Hauptspeicher des Rechners geholt, mit WRITE, PUT und SEND zu einer Datenstation transportiert. Wir haben in Kapitel 1.5 gesehen, daß es drei verschiedene Typen von Datenstationen gibt; deshalb die verschiedenen Transport-Anweisungen. Vorerst werden wir nur ALPHIC-Datenstationen benutzen, mit denen Daten in gedruckter Form durch PUT und GET ausgegeben bzw. eingelesen werden, und dabei auch keine Formatlisten verwenden. TAKE und SEND werden uns dann in Kapitel 4.8 für die Ein/Ausgabe mit BASIC-Prozeßdatenstationen dienen; mit READ und WRITE macht der Computer Ein/Ausgaben von Daten, die in den Datenstationen in derselben Form gespeichert sind wie im Hauptspeicher.

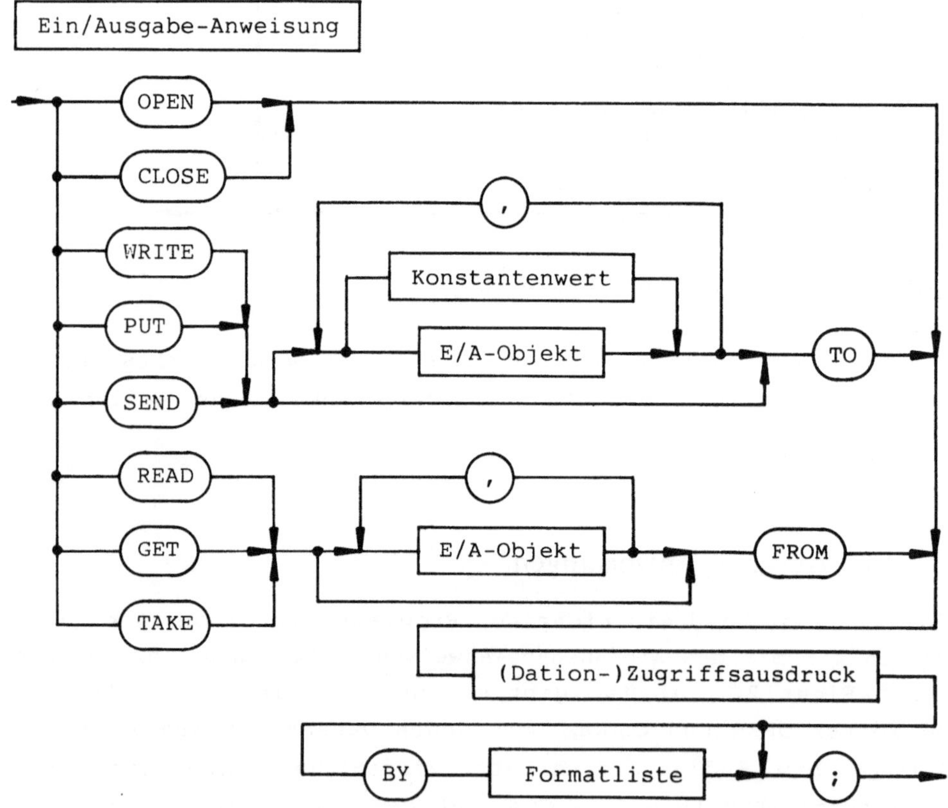

Figur 2.3: Ein/Ausgabe-Anweisung

Logischerweise können die Datenwerte, die der Computer mit GET, READ oder TAKE einliest, nur in irgendeiner Variablen landen. Die E/A-Objekte aus Figur 2.3 müssen deshalb einfache Variable oder

Teile von Verbunden oder Matrizen sein (Figur 2.4). In letzteren
Fällen müssen wir bestimmen, um welchen Teil es sich handeln
soll; wir werden in Kapitel 2.3 lernen, wie man das mit Zugriffs-
ausdrücken macht. Bei Matrizen aus einfachen Variablen dürfen wir
jedoch auch alle Werte mit einer einzigen Ein/Ausgabe-Anweisung
einlesen oder ausgeben, indem wir nur den Matrixnamen nennen.
Eine Matrix, die durch

      DCL MATRIX (3,4,5) FLOAT;

vereinbart worden ist, kann deshalb mit der Anweisung

      PUT MATRIX TO TERMINAL;

komplett ausgegeben werden; dabei werden zunächst die Werte in
der ersten Zeile der Reihe nach genommen, dann die der zweiten
Zeile, usw.. Viele PEARL-Systeme lassen es auch zu, ganze Verbunde auf die gleiche Weise einzulesen oder auszugeben, indem man
nur den Verbundnamen in der Ein/Ausgabe-Anweisung nennt; ob und
wie das gemacht wird, steht dann im Implementations-Handbuch.

Figur 2.3 zeigt, daß Ein/Ausgabe-Anweisungen auch die Form

      PUT VEKTOR(3:15) TO TERMINAL;

haben dürfen; mit derartigen Anweisungen werden Ausschnitte aus
Vektoren ausgegeben bzw. eingelesen.

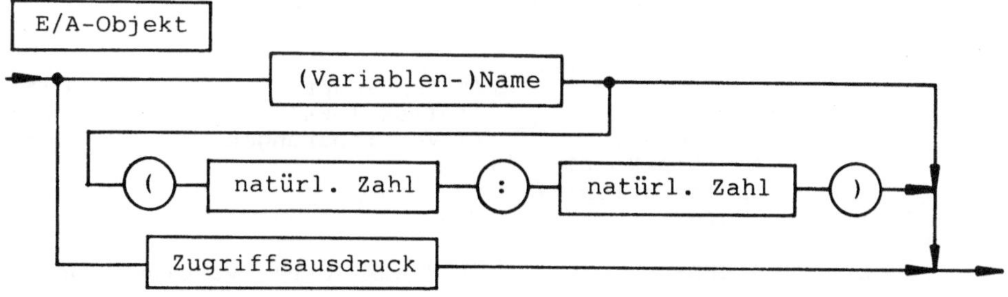

Figur 2.4: E/A-Objekt

Wir können jetzt in unserem kleinen Programm verschiedene Variablenwerte mit dem Terminal einlesen und zur Kontrolle ausgeben;
dabei soll gleichzeitig geprüft werden, ob die Sichtbarkeitsregeln aus Kapitel 1.4.2 von unserem PEARL-System befolgt werden.
Dazu machen wir aus TEXT eine Konstante mit einem entsprechenden
Anfangswert.

Bevor wir jedoch die PEARL-Anweisungen in das Programm einsetzen, wollen wir als Kommentar hinschreiben, was wir überhaupt machen wollen (Beisp. 2.1). Erst nachdem wir das Programm auf diese Weise entworfen haben, rücken wir im zweiten Schritt die Kommentare nach rechts und schreiben links den PEARL-Code (Beisp. 2.2). Wir sollten uns dieses Vorgehen, erst mit Hilfe von Kommentaren zu entwerfen, zur Regel machen, weil wir auf diese Weise ein Programm später leichter verstehen und verbessern können. Dadurch gewöhnen wir uns eine unter Programmierern weit verbreitete Unsitte gar nicht erst an, Programme ganz ohne Kommentare zu schreiben. Viele Programmierer fügen ihre Kommentare auch erst nachträglich hinzu, um damit den Eindruck zu erwecken, das Programm sei sehr sorgfältig geschrieben; erfahrungsgemäß sind solche nachträglich ergänzte Kommentare jedoch meist ziemlich nichtssagend.

```
MODULE (BEISP);                          /* evtl. Klammern weglassen */
/***********************************************************************
 * Programmbeispiel: Einlesen und Ausgeben von Zahlen               *
 * Version 1.1 / 16.5.84 / Frevert                                  *
 ***********************************************************************/
  SYSTEM;                                /* Systemteil              */
   TERMINAL:DIS<->SDVLS(2);              /* Dation-Benenng          */
  PROBLEM;                               /* Problemteil             */
   LENGTH FLOAT(23);                     /* Genauigkeits-Festlegungen */
   LENGTH FIXED(15);
   SPC TERMINAL DATION INOUT             /* Dation-Spezifikation    */
        ALPHIC DIM(,) TFU MAX
        FORWARD CONTROL(ALL);
   MAIN:TASK;                            /* Task-Kopf               */
     DCL ZAHL FLOAT,                     /* Task-lokale             */
         TEXT INV CHAR(30)               /* Vereinbarungen          */
           INIT('GIB ZAHL EIN: ');
     /* Eröffne Datenstation */
     /* Lies Zahl ein */
     BEGIN;
       DCL ZAHL FIXED,                   /* Block-lokale Vereinbarung */
       /* Lies Zahl ein */
       /* Gib Zahl aus */
     END;
     /* Gib Zahl aus */
     /* Schließe Datenstation */
   END;/* Task MAIN */
MODEND;
```

Beisp. 2.1: Programmentwurf

Zum Einlesen der Zahlen müssen wir erst einen Text auf dem Bildschirm ausgeben, mit dem der Computer sagt, was er erwartet; wenn

diese PUT-Anweisungen fehlen würden, bliebe das Programm an der
GET-Anweisung stehen; der Benutzer würde sich dann wundern, daß
nichts passiert, weil er wahrscheinlich nicht auf die Idee kommen
würden, daß er eine Zahl eingeben muß.

```
MODULE (BEISP);                          /* evtl. Klammern weglassen */
/*******************************************************************
 * Programmbeispiel: Einlesen und Ausgeben von Zahlen             *
 * Version 1.2 / 16.5.84 / Frevert                                *
 *******************************************************************/
  SYSTEM;                                /* Systemteil              */
  TERMINAL:DIS<->SDVLS(2);               /* Dation-Benennung        */
  PROBLEM;                               /* Problemteil             */
  LENGTH FLOAT(23);                      /* Genauigkeits-Festlegungen */
  LENGTH FIXED(15);
  SPC TERMINAL DATION INOUT              /* Dation-Spezifikation    */
       ALPHIC DIM(,) TFU MAX
       FORWARD CONTROL(ALL);
  MAIN:TASK;                             /* Task-Kopf               */
    DCL ZAHL FLOAT,                      /* Task-lokale             */
        TEXT INV CHAR(30)                /* Vereinbarungen          */
            INIT('GIB ZAHL EIN: ');
    OPEN TERMINAL;                       /* Eröffne Datenstation    */
    PUT TEXT TO TERMINAL;                /* Lies Zahl ein           */
    GET ZAHL FROM TERMINAL;
    BEGIN;
       DCL ZAHL FIXED;                   /* Block-lokale Vereinbarung */
       PUT TEXT TO TERMINAL;             /* Lies Zahl ein           */
       GET ZAHL FROM TERMINAL;
                                         /* Gib Zahl aus            */
       PUT 'IM BLOCK: ZAHL IST ',ZAHL TO TERMINAL;
    END;
                                         /* Gib Zahl aus            */
    PUT 'NICHT IM BLOCK: ZAHL IST ',ZAHL TO TERMINAL;
    CLOSE TERMINAL;                      /* Schließe Datenstation   */
  END;/* Task MAIN */
MODEND;
```

Beisp. 2.2: Programm: Einlesen und Ausgeben von Zahlen

Wenn wir unser Programm jetzt übersetzen und starten, stellen wir
fest, daß TEXT erwartungsgemäß sowohl außerhalb als auch innerhalb des Blockes bekannt ist. ZAHL hingegen kann im Block einen
ganz anderen Wert als außerhalb bekommen; die Vereinbarungen
zeigen ja auch, daß es sich um zwei Variable handelt, die denselben Namen haben.

2.3 Zugriffsausdrücke

In Kapitel 2.2 haben wir gelernt, daß wir alle Datenwerte, die in
einer zweidimensionalen Matrix zusammengefaßt sind, mit einer
einzigen PUT-Anweisung ausgeben können. Wenn wir hingegen nur auf
einen einzigen Wert aus einer derartigen Matrix zugreifen wollen,
müssen wir logischerweise den Matrixnamen notieren und angeben,
in welcher Zeile und Spalte sich der Wert befindet - wir müssen
seine Indizes nennen. Dabei ist es wünschenswert, daß wir die
Indizes nicht nur als Zahlenwerte angeben dürfen, sondern daß sie
auch das Ergebnis von formelartig geschriebenen Berechnungen -
von sogenannten Ausdrücken - sein dürfen (Figur 2.6).

Bei einem Einzelwert aus einem Verbund müssen wir offensichtlich
außer dem Verbundnamen auch den Komponentennamen nennen, um auf
ihn zugreifen zu können. Schließlich muß es uns auch möglich
sein, mit Hilfe einer entsprechenden Notation auch mit einem
einzelnen Zeichen- oder Bitwert oder mit einem Ausschnitt aus
einer Zeichen- bzw. Bitkette zu arbeiten.

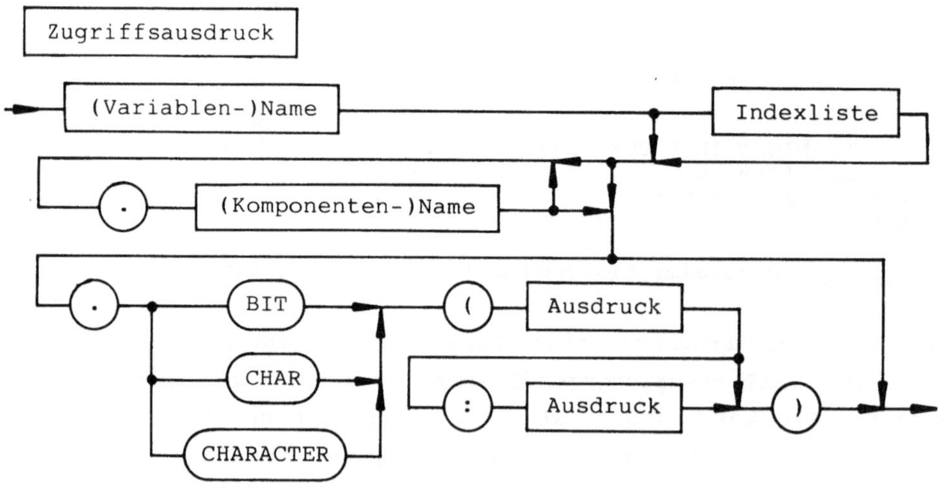

Figur 2.5: Zugriffsausdruck

Wir wollen eine derartige Notation, die uns den Zugriff auf einen
einzelnen Datenwert vermittelt, Zugriffsausdruck nennen. Figur
2.5 zeigt uns seinen allgemeinen Aufbau. Aus ihr wird ersicht-

lich, daß wir auch auf zusammenhängende Ausschnitte von Bit- oder
Zeichenketten zugreifen dürfen, deren Anfang und Ende mit formel-
artigen Ausdrücken berechnet werden dürfen.

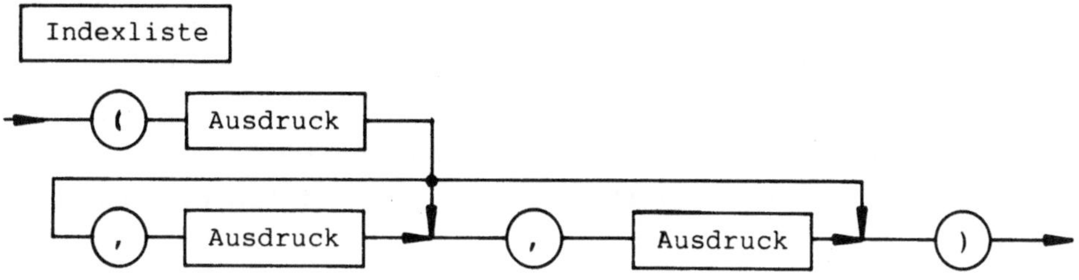

<u>Figur 2.6:</u> Indexliste

Wenn wir noch einmal die Vereinbarung des Hochregallagers aus
Beisp. 1.5 ansehen, können wir jetzt auch Zugriffsausdrücke auf
seine einzelnen Bestandteile schreiben. Dabei erinnern wir uns
daran, daß die Typdefinition eine abgekürzte Schreibweise für
einen Verbund ist. Beisp. 2.3 zeigt die beiden Möglichkeiten für
die Vereinbarung des Lagers.

```
TYPE GEGENSTAND STRUCT (/ BESTELLNUMMER FIXED,
                          BEZEICHNUNG CHAR(20),
                          GEWICHT FLOAT          /);
TYPE LAGERFACH   STRUCT (/ ANZAHL FIXED,
                          ART GEGENSTAND         /);
DECLARE HOCHREGALLAGER (6,10,30) LAGERFACH;
DECLARE HOCHREGALLAGER (6,10,30) STRUCT (/
                          ANZAHL FIXED,
                          ART STRUCT (/
                             BESTELLNUMMER FIXED,
                             BEZEICHNUNG CHAR(20),
                             GEWICHT FLOAT          /) /);
```

<u>Beisp. 2.3:</u> Gleichwertige Vereinbarungen

Mit

      HOCHREGALLAGER(2,3,15).ART.BESTELLNUMMER

greifen wir deshalb auf die Bestellnummer des Gegenstandes im 2.
Regal in der 3. Regalzeile im 15. Fach zu;

      HOCHREGALLAGER(2,3,15).ART.BEZEICHNUNG.CHAR(1:5)

stellt den Zugriffsausdruck auf die ersten 5 Zeichen der Bezeichnung dar.

2.4 Wertzuweisungen und Ausdrücke

Wenn wir einer einfachen Variablen einen neu zu berechnenden Wert
geben wollen, müssen wir offensichtlich den neuen Wert mit Hilfe
einer Formel berechnen, mit Hilfe eines Zugriffsausdruckes auf
den alten Wert der Variablen zugreifen und dafür sorgen, daß der
alte Wert durch das Rechenergebnis ersetzt wird. Man nennt diesen
Vorgang Zuweisung. Bei Matrizen und Strukturen können wir jeweils
nur auf einen einzigen Teilwert zugreifen und ihm einen neuen
Wert geben.

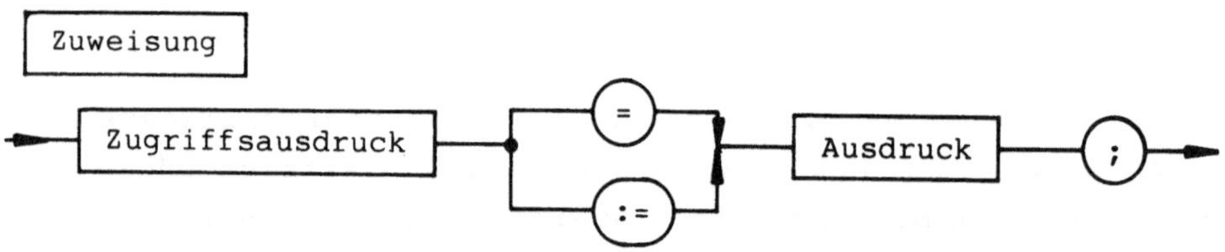

Figur 2.7: Zuweisung

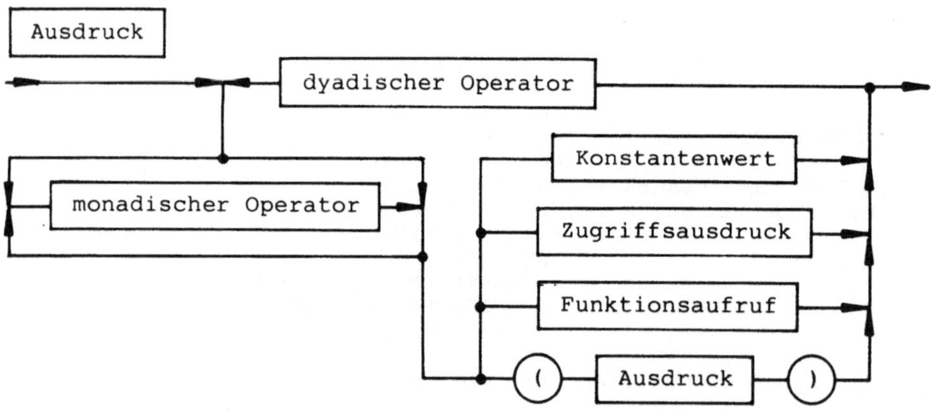

Figur 2.8: Ausdruck

Die Figuren 2.7 und 2.8 zeigen, wie wir einen derartigen Vorgang
in PEARL schreiben müssen. Ohne uns darum zu kümmern, was dyadische oder monadische Operatoren sind, können wir jetzt schon
einfache Zuweisungen schreiben, indem wir die einfachsten Formen
eines Ausdrucks nehmen - Konstantenwert und Zugriffsausdruck:

        ZAHL:=5; (oder ZAHL=5;)

weist einer Variablen ZAHL den neuen Wert 5 zu; es findet sozusagen ein Informationstransport von der rechten Seite des := auf die linke Seite statt.

    KOPIE:=ZAHL;

bewirkt, daß auf den Wert von ZAHL zugegriffen wird und daß dieser Wert jetzt auch neuer Wert der Variablen KOPIE wird.

    HOCHREGALLAGER(2,3,15).ART.BESTELLNUMMER:=10;

bringt den Zahlenwert in die entsprechende Bestellnummer unserer Lagerdaten.

2.5 Operatoren und Typwandlungen

Wir wissen, daß das Minuszeichen Operator genannt wird, weil es Symbol für die Ausführung einer Rechenoperation ist. Dabei steht es normalerweise als dyadischer Operator zwischen zwei Operanden; es kann aber auch als Vorzeichen vor einem einzelnen Operanden benutzt werden; dann wird es als monadischer Operator bezeichnet.

Im allgemeinen können wir in PEARL Rechenoperationen so schreiben, wie wir es von der Schulmathematik gewohnt sind; in manchen Fällen werden andere Operatoren benutzt, wenn die mathematische Schreibweise nicht mit den beschränkten Möglichkeiten eines Terminals zu realisieren ist. Daß A**B "A hoch B" bedeutet, ist schon erwähnt worden; der Operator für den logischen Vergleich kann EQ oder == geschrieben werden, um ihn von der Zuweisung unterscheiden zu können, die ja mit := oder = notiert wird (Figur 2.7). Es gibt jedoch neben den normalen arithmetischen Operationen noch eine ganze Reihe anderer Rechenmöglichkeiten, deren Operatoren auch in den Tabellen 2.1 bis 2.6 stehen. An die werden wir uns beim Programmieren schnell gewöhnen. Wir müssen zwar wissen, welche Operatoren es gibt, brauchen diese Tabellen aber nicht auswendig zu lernen; in der Praxis sagt uns der Kompilierer, wann wir etwas falsch gemacht haben und nachschlagen müssen. Deshalb wollen wir diese Tabellen jetzt nur kurz besprechen.

Zusätzlich zu den in der Tabelle 2.1 enthaltenen monadischen Operatoren gestatten die meisten Implementationen den Gebrauch

der Operatoren SIN, COS, TAN, ARCTAN, TANH für die mathematischen
Standard-Funktionen Sinus, Cosinus, Tangens, Arcustangens, Tangens hyperbolicus, sowie SQRT, LN und EXP für die Bildung von
Quadratwurzeln, Logarithmen und deren Umkehrfunktion.

Operator	Typ des Operanden	Typ des Ergebnisses	Bemerkungen
+	FIXED(g) FLOAT(g) DURATION	FIXED(g) FLOAT(g) DURATION	Ergebnis identisch mit Operand
-	FIXED(g) FLOAT(g) DURATION	FIXED(g) FLOAT(g) DURATION	Umkehrung des Vorzeichens von A
ABS	FIXED(g) FLOAT(g) DURATION	FIXED(g) FLOAT(g) DURATION	Absolutbetrag von A
SIGN	FIXED(g) FLOAT(g) DURATION	FIXED(g) FLOAT(g) DURATION	E:=1; für A $>$ 0 E:=0; für A = 0 E:=-1; für a $<$ 0
NOT	BIT(lg)	BIT(lg)	Umkehrung aller Bitstellen von A
ENTIER	FLOAT	FIXED	E ist größte ganze Zahl, die kleiner als A ist
ROUND	FLOAT	FIXED	Runden auf nächste ganze Zahl (DIN 1333)
TOFLOAT	FIXED	FLOAT	Umwandlung nach FLOAT
TOFIXED	CHAR(1)	FIXED	Umwandlung in eine dem Zeichencode entspr. FIXED-Zahl
	BIT(lg)	FIXED	Interpretation einer Bitkette als FIXED-Zahl
TOBIT	FIXED	BIT	Interpretation der FIXED-Zahl als Bitkette
TOCHAR	FIXED	CHAR(1)	Umwandlung in Zeichen mit entsprechendem Code

Tabelle 2.1: Monadische Operatoren für E := Operator A; mit ihnen
gebildete Teilausdrücke werden vor den dyadischen
Operationen ausgewertet, wenn diese die Prioritäten
2-7 haben, oder wenn sie rechts von Operatoren der
Priorität 1 stehen; bei mehreren monadischen Operatoren hintereinander erfolgt die Auswertung von
rechts nach links.

Die Tabellen zeigen die Operatoren in der Reihenfolge ihrer Prioritäten; so geht beispielsweise in längeren Ausdrücken die "Punktrechnung" Multiplikation und Division vor der "Strichrechnung" Addition und Subtraktion. Selbstverständlich können wir die Reihenfolge durch Klammern ändern; 5+4*9+6 ergibt 47, (5+4)*(9+6) dagegen 135.

```
Operation     Typ von A    Typ von B    Ergebnis      Bemerkungen
=================================================================================
   A**B       FIXED(ga)    FIXED(gb)    FIXED(ga)     Bildung der B-ten
              FLOAT(ga)    FIXED(gb)    FLOAT(ga)     Potenz von A
---------------------------------------------------------------------------------
  A UPB B     FIXED        Matrix       FIXED         E wird obere Grenze
                                                      der A-ten Dimension
                                                      von B
---------------------------------------------------------------------------------
  A FIT B     FIXED(ga)    FIXED(gb)    FIXED(gb)     Die Genauigkeit von
              FLOAT(ga)    FLOAT(gb)    FLOAT(gb)     A wird in die von B
                                                      gewandelt
=================================================================================
```

<u>Tabelle 2.2:</u> Dyadische Operatoren mit erster Priorität; sie werden nach den rechts von ihnen stehenden monadischen und vor den übrigen dyadischen Operatoren ausgewertet. Wenn mehrere hintereinander stehen, erfolgt die Auswertung von rechts nach links.

Monadischen Operationen werden im allgemeinen vor den dyadischen ausgeführt; wie bei den dyadischen Operationen der Priorität 1 erfolgt dabei die Auswertung von rechts nach links, wenn mehrere Operatoren hintereinander stehen: bei ENTIER TOFLOAT ROUND 5.9 wird erst gerundet, dann in die FLOAT-Zahl gewandelt und dann der Nachkomma-Rest gestrichen, 2**3**2 ergibt 512 und nicht etwa 64. Wenn allerdings rechts von einem monadischen Operator noch ein Teilausdruck mit dyadischen Operatoren der Priorität 1 steht, werden die dyadischen Operationen zuerst genommen, damit -2**4 auch -16 ergibt (wie wir gefühlsmäßig annehmen) und nicht etwa +16 wie (-2)**4. Deshalb wird der etwas merkwürdig aussehende Ausdruck

    B EXOR B AND B == F LE F + F * - + - F ** - - F ** - - F

von rechts nach links ausgewertet, als ob wir

    B EXOR(B AND(B==(F LE (F+(F*(-(+(-(F**(-(-(F**(-(-F))))))))))))))))

geschrieben hätten. Wer Lust hat, kann ja ausrechnen, was sich ergibt, wenn die FIXED-Variable F und die BIT(1)-Variable B die Werte 2 bzw. '1'B haben.

Die Vergleichsoperatoren in Tabelle 2.5 liefern den Bit(1)-Wert
'1'B, wenn die Vergleichsaussage wahr ist, und '0'B bei falsch:
4==5 ergibt demnach '0'B.

```
Operation    Typ von A     Typ von B     Ergebnis     Bemerkungen
================================================================================
   A*B       FIXED(ga)     FIXED(gb)     FIXED(ge)    Multiplikation
             FIXED(ga)     FLOAT(gb)     FLOAT(ge)
             FLOAT(ga)     FIXED(gb)     FLOAT(ge)    ge ist Maximum
             FLOAT(ga)     FLOAT(gb)     FLOAT(ge)    von ga und gb
             FIXED(ga)     DURATION      DURATION
             DURATION      FIXED         DURATION
--------------------------------------------------------------------------------
   A/B       FIXED(ga)     FIXED(gb)     FLOAT(ge)    Division (B /= 0 )
             FLOAT(ga)     FLOAT(gb)     FLOAT(ge)
             FIXED(ga)     FLOAT(gb)     FLOAT(ge)    ge ist Maximum
             FLOAT(ga)     FIXED(gb)     FLOAT(ge)    von ga und gb
             DURATION      FIXED(gb)     DURATION
--------------------------------------------------------------------------------
   A//B      FIXED(ga)     FIXED(gb)     FIXED(ge)    Division mit Strei-
                                                      chen des Restes
--------------------------------------------------------------------------------
   A⋉B       CHAR(lga)     CHAR(lgb)     CHAR(lge)    Aneinanderhängen
 A CAT B                                              von Zeichenketten
================================================================================
```

Tabelle 2.3: Dyadische Operatoren mit zweiter Priorität; bei
             ihnen und den folgenden Prioritätsstufen erfolgt die
             Auswertung bei hintereinander stehenden Operationen
             mit gleicher Priorität von links nach rechts.

Auch für Programmierer, die schon andere Sprachen kennen, dürften
die Operatoren CAT, SHIFT und CSHIFT für das Aneinanderhängen und
Verschieben von Bitketten neu sein; sie werden in der
Prozeßdatenverarbeitung benötigt, weil man in Bitketten sehr
leicht Kombinationen von Prozeßzuständen zusammenfassen und auswerten kann. Mit CAT können auch Zeichenketten aneinandergehängt
werden.

Ungewöhnlich ist auch der UPB-Operator; mit seiner Hilfe können
wir feststellen, wie groß die Dimensionen einer Matrix sind, um
Programmteile für viele Matrizengrößen universell schreiben zu
können. Wenn z.B. eine Matrix durch

        DCL MATRIX (4,5,6) FLOAT;
vereinbart wurde, ergibt 1 UPB MATRIX den Wert 4, 2 UPB MATRIX
den Wert 5, 3 UPB MATRIX den Wert 6.

Operation	Typ von A	Typ von B	Ergebnis	Bemerkungen
===========	===========	===========	==========	=============
A+B	FIXED(ga)	FIXED(gb)	FIXED(ge)	Addition
	FIXED(ga)	FLOAT(gb)	FLOAT(ge)	
	FLOAT(ga)	FIXED(gb)	FLOAT(ge)	ge ist Maximum
	FLOAT(ga)	FLOAT(gb)	FLOAT(ge)	von ga und gb
	DURATION	DURATION	DURATION	
	DURATION	CLOCK	CLOCK	
	CLOCK	DURATION	CLOCK	
A-B	FIXED(ga)	FIXED(gb)	FIXED(ge)	Subtraktion
	FIXED(ga)	FLOAT(gb)	FLOAT(ge)	
	FLOAT(ga)	FIXED(gb)	FLOAT(ge)	ge ist Maximum
	FLOAT(ga)	FLOAT(gb)	FLOAT(ge)	von ga und gb
	DURATION	DURATION	DURATION	
	CLOCK	DURATION	CLOCK	
	CLOCK	CLOCK	DURATION	
A<>B A CSHIFT B	BIT(lg)	FIXED	BIT(lg)	Zyklische Verschiebung von A um B Bits; nach links, falls B GT 0, sonst nach rechts
A SHIFT B	BIT(lg)	FIXED	BIT(lg)	Verschiebung von A um B Bits; nach links, falls B GT 0, sonst nach rechts

<u>Tabelle 2.4:</u> Dyadische Operatoren mit dritter Priorität.

In Kapitel 1.5.2 haben wir gelernt, daß die Datentypen FIXED und
FLOAT in einem 16-Bit-Rechner in einem bzw. zwei Rechnerworten
gespeichert werden, und daß FLOAT-Rechnungen höherer Genauigkeit
noch mehr Rechnerworte für die Speicherung eines Datenwertes
benötigen. Das bedeutet, daß die Rechenoperation Subtrahieren für
jeden Datentyp und für jede Genauigkeit anders ausgeführt werden
muß, obwohl sie in einem Ausdruck jeweils durch denselben Operator befohlen wird. Eigentlich dürfte ein dyadischer Operator
deshalb nur zwischen Operanden desselben Typs stehen. Weil das
aber sehr unbequem wäre, darf man viele dyadische Operatoren auch
zwischen Operanden verschiedenen Typs verwenden; der Rechner paßt
in solchen Fällen die beiden Operanden aneinander an, indem er
vor Ausführung der Rechenoperation bei einem von ihnen eine
Typwandlung vornimmt. Dabei wird bei PEARL immer nach dem Grund-
satz verfahren, daß keine Information verloren gehen darf; bei
Operanden verschiedener Genauigkeit wird der ungenauere auf die

Genauigkeit des anderen gebracht; bei Vergleichen zwischen FIXED-
und FLOAT-Zahlen werden erstere vorher in FLOAT-Zahlen gewandelt;
Bit- und Zeichenketten werden rechts durch 0-Bits bzw. Leerzeichen zur Länge der anderen, längeren Kette ergänzt. Wenn man
FIXED- oder FLOAT-Zahlen vor einer Rechenoperation auf eine andere Genauigkeit anpassen will, kann man das durch den dyadischen
FIT-Operator tun (Tabelle 2.2).

```
Operation      Typ von A    Typ von B    Ergebnis    Bemerkungen
==============================================================================
  A <= B       FIXED(ga)    FIXED(gb)                E:='1'B, falls
  A LE B       FIXED(ga)    FLOAT(gb)                A kleiner oder
               FLOAT(ga)    FIXED(gb)    BIT(1)      gleich B, sonst
               FLOAT(ga)    FLOAT(gb)                E:='0'B; vorher
               CLOCK        CLOCK                    Anpassung auf
               DUR          DUR                      größere Genauigkeit
------------------------------------------------------------------------------
  A < B        wie A LE B                BIT(1)      E:='1'B, falls
  A LT B                                             A kleiner als B
------------------------------------------------------------------------------
  A > B        wie A LE B                BIT(1)      E:='1'B, falls A
  A GT B                                             größer als B
------------------------------------------------------------------------------
  A >= B       wie A LE B                BIT(1)      E:='1'B, falls A
  A GE B                                             größer oder gleich B
----------------------------- folgt Priorität 5 ----------------------
  A == B       wie A LE B                BIT(1)      E:='1'B, falls
  A EQ B       CHAR(lga)    CHAR(lgb)                A gleich B,
               BIT(lga)     BIT(lgb)                 sonst E:='0'B
------------------------------------------------------------------------------
  A /= B       wie A LE B                BIT(1)      E:='1'B, falls
  A NE B       CHAR(lga)    CHAR(lgb)                A ungleich B
               BIT(lga)     BIT(lgb)
==============================================================================
```

Tabelle 2.5: Dyadische Operatoren mit Priorität 4 und 5; vor Aus-
             führung der Vergleiche wird der ungenauere der Ope-
             randen auf die Genauigkeit des anderen gebracht;
             Bit- und Zeichenketten werden entsprechend rechts
             mit 0-Bits bzw. Leerzeichen aufgefüllt.

Bei manchen Rechenoperationen haben die Ergebnisse einen anderen
Typ als die Operanden: die Subtraktion zweier Uhrzeiten ergibt
eine Zeitdauer, die Division zweier FIXED-Zahlen einen FLOAT-
Wert, wenn man nicht ausdrücklich die FIXED-Division durch //
wünscht, bei der der Divisionsrest weggestrichen wird. In den
Tabellen 2.1 bis 2.6, in denen die in Basis-PEARL verwendbaren
Operatoren aufgeführt sind, stehen deshalb bei jedem Operator die
Datentypen der Operanden und der Resultate.

Manchmal werden wir Operanden von einem Typ in den anderen wandeln müssen. Dazu dienen die monadischen Operatoren ENTIER, ROUND, TOFLOAT, TOFIXED, TOBIT und TOCHAR in Tabelle 2.1. Bei den drei ersten muß der Computer bei der Typwandlung echt rechnen; bei den drei letzten braucht er nur Bitketten im Hauptspeicher anders zu interpretieren; ihre Wirkung hängt deshalb von der Art und Weise ab, wie FIXED- und CHAR-Werte beim jeweiligen Computer im Hauptspeicher dargestellt sind und ist daher implementationsabhängig.

Operation	Typ von A	Typ von B	Ergebnis	Bemerkungen
===========	===========	===========	==========	=============
A AND B	BIT(lga)	BIT(lgb)	BIT(lge)	Logisches Und
----------------------------- folgt Priorität 7 -----------------------				
A OR B	BIT(lga)	BIT(lgb)	BIT(lge)	Logisches Oder
A EXOR B	BIT(lga)	BIT(lgb)	BIT(lge)	Logisches Ungleich

Tabelle 2.6: Dyadische Operatoren mit Priorität 6 und 7; verschieden lange Bitketten werden durch Ergänzung der kürzeren mit 0-Bits rechts auf gleiche Länge gebracht; danach erfolgt die Operation für jede Bitstelle.

Tabelle 2.5 zeigt beispielsweise, daß von den Vergleichsoperatoren nur == und /= (bzw. EQ und NE) zwischen Daten vom Typ CHAR stehen dürfen; eine Zeichenkette kann ja auch nicht größer oder kleiner als eine andere sein, sondern ein einzelner Buchstabe kann höchstens weiter vorn oder hinten im Alphabet stehen; wo genau, kann uns ein Programmstückchen sagen, das wir normalerweise unter Benutzung von == oder /= schreiben müssen, wenn wir alphabetisch sortieren wollen. (In Full PEARL könnten wir uns für derartige Aufgaben eigene neue Operatoren definieren.) Falls wir es jedoch nur mit Großbuchstaben ohne Ä, Ö und Ü zu tun haben, können wir sie vor einer Vergleichsrechnung mit dem TOFIXED-Operator in FIXED-Zahlen wandeln; wenn unser Rechner den genormten ASCII-Code verwendet, ergibt sich von A bis Z (ohne Ä, Ö, Ü) eine monotone Zahlenfolge. (Sicherheitshalber sollten wir das jedoch anhand des Implementations-Handbuches nachprüfen.) Es muß deshalb gelten

```
        TOFIXED GROSSBUCHSTABE GE TOFIXED 'A'
    AND TOFIXED GROSSBUCHSTABE LE TOFIXED 'Z'
```

wenn die CHAR(1)-Variable GROSSBUCHSTABE einen Großbuchstaben-
Code enthält. Entsprechend können wir durch die Zuweisung

     STELLUNG:= TOFIXED GROSSBUCHSTABE - TOFIXED 'A' + 1;

feststellen, an welcher Stelle der Wert der CHAR-Variable
GROSSBUCHSTABE im Alphabet der Großbuchstaben steht.

Den Operator TOCHAR verwendet man übrigens, wenn Steuerzeichen an
ein Terminal gesendet werden müssen, die keinem Druckzeichen
entsprechen.

Mit dem bisher Gelernten können wir jetzt ein interessantes
kleines Beispiel-Programm schreiben; wir nehmen das Beispiel 2.2
und schreiben nur die Task neu (Beisp. 2.4). Mit diesem Programm
können wir die Rechengenauigkeit unseres Computers testen, indem
wir die Zahlen 1 und E7 addieren; mit der Genauigkeit LENGTH
FLOAT(23) müßte sich 1.000000E+07 ergeben, weil die Rechengenauigkeit für das richtige Ergebnis 1.0000001E+07 nicht ausreicht.
Wenn wir die Vereinbarungen so ändern, daß wir FIXED-Zahlen
addieren, können wir ausprobieren, was die Addition von 30000 und
30000 ergibt; bei LENGTH FIXED(15) müßte ein Überlauf passieren,
je nach Computertyp wird dann ein Fehler gemeldet, oder das
Ergebnis wird völlig falsch als -27233 ausgegeben.

```
MAIN:TASK;
   /**********************************************************
    * Die Task dient zum Einlesen und Addieren zweier Zahlen  *
    * Version 1.1 / 16.5.84 / Frevert                         *
    **********************************************************/
   DCL (ERSTE,ZWEITE,SUMME) FLOAT;              /* Vereinbarung    */
   OPEN TERMINAL;
   PUT 'ERSTER SUMMAND. ' TO TERMINAL;          /* Einlesen der    */
   GET ERSTE FROM TERMINAL;                      /* Summanden       */
   PUT 'ZWEITER SUMMAND. ' TO TERMINAL;
   GET ZWEITE FROM TERMINAL;
   SUMME:=ERSTE + ZWEITE;                        /* Addition        */
   PUT 'DIE SUMME IST: ',SUMME TO TERMINAL;     /* Resultat-Ausgabe*/
   PUT 'PROGRAMM BEENDET' TO TERMINAL;
   CLOSE TERMINAL;
END;
```

<u>Beisp. 2.4:</u> Einlesen und Addition zweier FLOAT-Zahlen

2.6 Ablauf-Steueranweisungen

Bisher sind wir in unseren kurzen Beispielen stillschweigend von der Voraussetzung ausgegangen, daß die Anweisungen unserer Tasks in der Reihenfolge nacheinander ausgeführt werden, in der sie niedergeschrieben sind. Die Ablauf-Steueranweisungen geben uns die Möglichkeit, dieses sture Schema zu durchbrechen. Figur 2.9 zeigt, daß es dazu vier Möglichkeiten gibt: die Wenn-Anweisung, bei der der Computer entscheidet, auf welche von zwei Arten er seine Arbeit fortsetzt, die Fall-Auswahl, bei der es beliebig viele Möglichkeiten der Programmfortsetzung geben kann, den Wiederholungsblock, dessen Anweisungen so lange wiederholt werden, wie es sich als notwendig erweist, und die Sprunganweisung. Bevor wir sie im einzelnen ansehen, wollen wir uns jedoch eine kleine Abschweifung vom Thema PEARL gestatten.

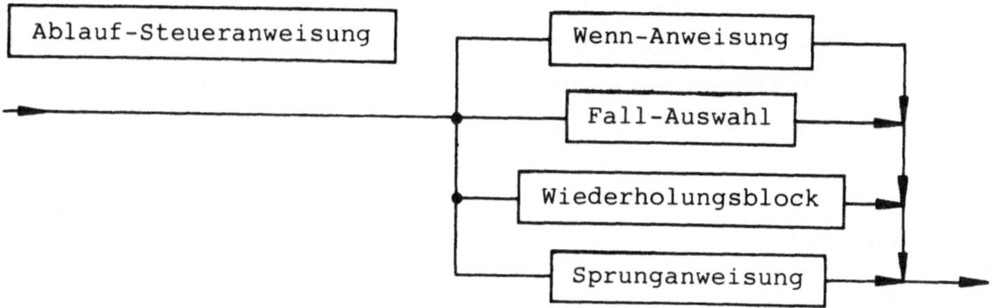

<u>Figur 2.9:</u> Ablauf-Steueranweisung

Die meisten Menschen wollen heute noch nicht wahrhaben, daß Computer im Prinzip auch schlauer als ein Mensch werden können; sie können nämlich auch lernen, wenn man sie entsprechend programmiert; und weil sie Information sehr viel zuverlässiger speichern können als wir, und weil sie einmal gespeicherte Information auch sehr viel schneller wiederfinden und auswerten können, kann das dazu führen, daß sie schließlich auf speziellen Gebieten dem Menschen, der sie programmiert hat, sogar überlegen sind.

Sie sind dazu fähig, weil sie Tätigkeiten beliebig oft wiederholen können, und weil sie aufgrund früher gewonnener Information Entscheidungen treffen können, ob sie auf die eine oder auf die

andere Weise mit ihrer Arbeit fortfahren. Es sind also genau die
Ablauf-Steueranweisungen, die diesen Keim für künstliche Intelligenz legen.

Man macht übrigens bisher von der Lernfähigkeit von Computern nur
sehr selten Gebrauch; beim Lernen besteht ja immer die Gefahr,
daß man etwas Falsches lernt, und das könnte gerade bei der
Steuerung technischer Prozesse katastrophale Folgen haben. Trotzdem sind die Ablauf-Steueranweisungen wichtiger als alle anderen
Anweisungsarten, auch wenn sie "nur" dazu benutzt werden, einem
lernunfähigen System vorzuschreiben, wie es im Einzelfall ent-
scheiden soll.

2.6.1 <u>Alternativen im Programmablauf</u>

Sowohl die Wenn-Anweisung (Figur 2.10) als auch die Fall-Auswahl
(Figur 2.11) dienen dazu, von Bedingungen abhängig zu machen, wie
ein Programm fortgesetzt werden soll. Beide enden mit einem FIN,
hinter dem dann das Programm wieder normal fortgesetzt wird.

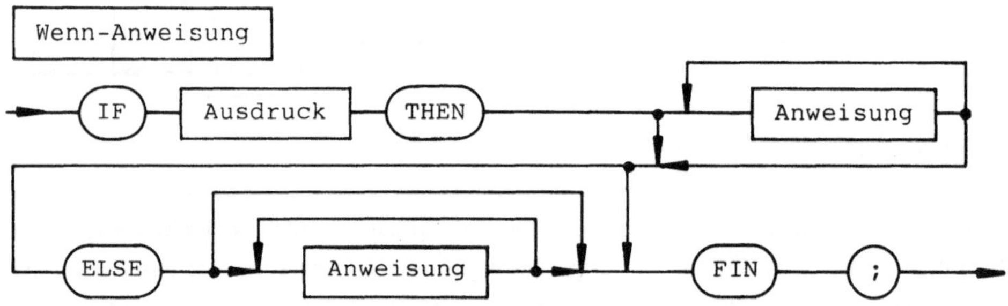

<u>Figur 2.10:</u> Wenn-Anweisung

Bei der Wenn-Anweisung IF..THEN..ELSE..FIN wird dabei eine von
zwei Alternativen ausgewählt; welche von beiden, wird durch einen
Ausdruck zwischen IF und THEN festgelegt, der einen BIT(1)-Wert
als Ergebnis hat. Nur wenn dieses Ergebnis '1'B oder "wahr" ist,
wird mit den Anweisungen hinter THEN fortgefahren. Hinter dem
ELSE dürfen ebenfalls beliebig viele Anweisungen stehen. Die
ELSE-Alternative darf aber auch ganz fehlen; dann wird entweder

die THEN-Alternative ausgeführt (falls der Ausdruck hinter IF
"wahr" ist) oder sofort hinter dem FIN fortgefahren.

Als Beispiel wollen wir unser Programm aus Beisp. 2.4 hinter der
Zeile SUMME := ERSTE + ZWEITE; ergänzen: wenn keiner der Summan-
den 0 ist und trotzdem die Summe genau so groß wie ein Summand,
dann soll der Computer melden, daß seine Rechengenauigkeit für
die Rechnung nicht ausreichend ist; sonst soll er das Ergebnis
normal ausgeben (Beisp. 2.5). Dabei schreiben wir übrigens in dem
Vergleich ERSTE/=0.0 und nicht ERSTE/=0, weil dadurch der Computer schon während der Übersetzung erkennt, daß die Null eine
FLOAT-Konstante ist und sie dem entsprechend speichert; bei der
Schreibweise 0 würde er sie als FIXED-Konstante speichern und
müßte sie bei der Auswertung des Ausdruckes ERSTE/=0 vorher in
eine FLOAT-Zahl umwandeln und dadurch bei Ausführung des Programmes unnötig Rechenzeit verbrauchen.

```
IF (ERSTE/=0.0 AND SUMME==ZWEITE)   /* wenn Ergebnis falsch    */
   OR (ZWEITE/=0.0 AND SUMME==ERSTE)
      THEN                              /* dann melde Fehler     */
        PUT 'RECHENGENAUIGKEIT UNZUREICHEND' TO TERMINAL;
      ELSE                              /* sonst gib Ergebnis    */
        PUT 'DIE SUMME IST: ',SUMME TO TERMINAL;
FIN;
```

<u>Beisp. 2.5:</u> Beispiel für Wenn-Anweisung

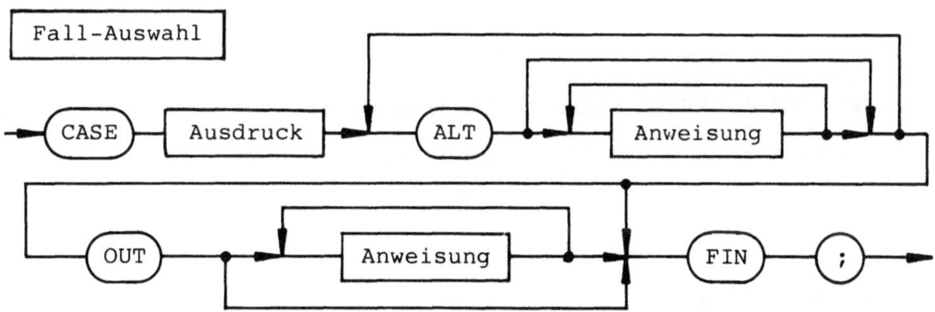

<u>Figur 2.11:</u> Fall-Auswahl

Bei der Fall-Auswahl CASE..ALT..ALT..ALT.....OUT..FIN müssen wir
uns die verschiedenen Alternativen durchnumeriert denken. Der
Ausdruck hinter CASE muß deshalb eine FIXED-Zahl als Ergebnis
haben; je nachdem, ob er eine 1, eine 2, eine 3 usw. ergibt, wird

die 1., 2., 3. bzw. eine der folgenden Alternativen genommen. Die
hinter OUT stehenden Anweisungen werden ausgeführt, wenn keine
zugehörige Alternative da ist. Wir sollten es uns jedoch zur
Regel machen, ihn immer hinzuschreiben, auch wenn wir denken, es
könnte eigentlich nichts schiefgehen.

Als Beispiel wollen wir unser Programm noch einmal ergänzen. Es
soll jetzt gemeldet werden, ob die erste, die zweite oder beide
eingegebene Zahlen 0 waren, oder ob sie beide von 0 verschieden
waren (Beisp. 2.6).

```
CASE  ABS  SIGN ERSTE                /* Berechnung, welcher */
   + 2*ABS SIGN ZWEITE +1            /* Fall zutrifft       */
  ALT/*1*/
    PUT 'BEIDE ZAHLEN WAREN 0' TO TERMINAL;
  ALT/*2*/
    PUT 'ERSTE ZAHL WAR 0' TO TERMINAL;
  ALT/*3*/
    PUT 'ZWEITE ZAHL WAR 0' TO TERMINAL;
  ALT/*4*/
    PUT 'BEIDE ZAHLEN /=0' TO TERMINAL;
  OUT
    PUT 'FALSCH PROGRAMMIERT' TO TERMINAL;
FIN;
```

Beisp. 2.6: Fall-Auswahl

Wir können diese Teilaufgabe übrigens auch mit Hilfe ineinander
geschachtelter Wenn-Anweisungen programmieren (Beisp. 2.7).

```
IF ERSTE == 0 THEN
  IF ZWEITE== 0 THEN
    PUT 'BEIDE ZAHLEN WAREN 0' TO TERMINAL;
   ELSE
    PUT 'ERSTE ZAHL WAR 0' TO TERMINAL;
  FIN;
 ELSE
  IF ZWEITE==0 THEN
    PUT 'ZWEITE ZAHL WAR 0' TO TERMINAL;
   ELSE
    PUT 'BEIDE ZAHLEN /=0' TO TERMINAL;
  FIN;
FIN;
```

Beisp. 2.7: Ineinander geschachtelte Wenn-Anweisungen statt der
            Fall-Auswahl von Beisp. 2.6

Der Programmausschnitt Beisp. 2.7 zeigt übrigens auch, daß derartige Schachtelungen einigermaßen übersichtlich bleiben, wenn man

ihre einzelnen Teile entsprechend einrückt. Dabei wollen wir uns
zur Regel machen, daß ein FIN stets genau so weit eingerückt wird
wie das zugehörige IF oder CASE.

2.6.2 **Wiederholungen im Programmablauf**

In Kapitel 1.4.1 haben wir gesehen, daß einer der in PEARL möglichen "schwarzen Kästen" der Wiederholungsblock ist. Mit den anderen Blockarten hat er gemeinsam, daß die in ihm vereinbarten
Objekte von außen nicht sichtbar sind. Alle in einem Wiederholungsblock enthaltenen Anweisungen werden so oft wiederholt, wie
in seinem Blockkopf angegeben ist (Figur 2.12). Die Ausdrücke
hinter FOR, BY und TO müssen dabei FIXED-Werte als Ergebnisse
liefern, der Ausdruck hinter WHILE einen BIT(1)-Wert.

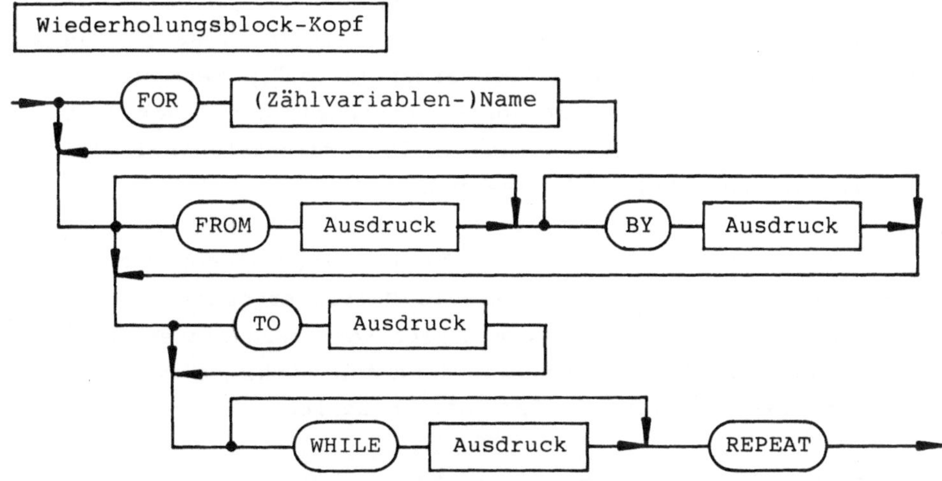

<u>Figur 2.12:</u> Wiederholungsblock-Kopf

Der erste Wiederholungsblock in Beisp. 2.8 setzt alle Komponenten
eines Vektors 0; das heißt, wenn wir nicht hinschreiben, von wo
an und mit welcher Schrittweite gezählt werden soll (FROM..BY..),
wird die Zählung mit 1 begonnen und jeweils um 1 erhöht.

Im zweiten Beispiel für einen Wiederholungsblock wollen wir annehmen, daß eine eindimensionale Matrix ZAHLEN mit 100 FLOAT-

Zahlen vereinbart worden ist; wir wollen feststellen, an welcher Stelle die erste Null steht und deren Index in die ebenfalls vereinbarte Variable NULLINDEX schreiben. Der Wiederholungsblock für die Erledigung dieser Suchaufgabe steht ebenfalls in Beisp. 2.8.

```
FOR I TO 1 UPB MATRIX REPEAT
  MATRIX(I):=0;
END;

NULLINDEX:=1;
FOR INDEX TO 1 UPB ZAHLEN WHILE ZAHLEN(INDEX)/=0.0 REPEAT
  NULLINDEX:=INDEX+1;
END;
NULLGEFUNDEN:=NULLINDEX LE 1 UPB ZAHLEN;
```

<u>Beisp. 2.8:</u> Wiederholungsblöcke

Der PEARL-Wiederholungsblock hat einige Besonderheiten, die wir uns genau merken müssen: Die Zählvariable brauchen wir nicht zu deklarieren; das bloße Hinschreiben nach dem FOR gilt als Vereinbarung. Aus diesem Grunde ist sie außerhalb des Wiederholungsblockes unbekannt (Stichwort "schwarzer Kasten"); wenn wir ihren Wert aus irgendeinem Grunde später außerhalb des Blockes brauchen, müssen wir ihn an eine außerhalb vereinbarte Variable (im Beispiel ist das NULLINDEX) zuweisen.

Im 2. Teil von Beisp. 2.8 wird die Wiederholung abgebrochen, wenn entweder die 0 gefunden ist oder die Matrix ergebnislos bis zum Ende durchsucht wurde; deshalb muß nach Verlassen dieses "schwarzen Kastens" geprüft werden, was denn nun wirklich in ihm passiert ist; das geschieht in der letzten Zeile.

In manchen anderen Programmiersprachen kann man den Abbruch einer Wiederholung erzwingen, indem man in ihr der Zählvariablen einen Zahlenwert zuweist, der den Höchstwert, bis zu dem gezählt werden soll, übertrifft. In PEARL ist dieser schmutzige Trick verboten: Beisp. 2.9 zeigt einen Wiederholungsblock und darunter ein Programmstück, das genau so abläuft, wie ein PEARL-System den Wiederholungsblock ausführt; wir sehen, daß eine Änderung von ZAEHLVARIABLE vom Kompilierer als Fehler gemeldet werden muß, weil ZAEHLVARIABLE in dem Programmstück durch das Schlüsselwort INV in der Vereinbarung als unveränderlich deklariert ist. Das

Beispiel zeigt außerdem, daß auch Zuweisungen an die Variablen
SCHRITTWEITE oder ZAEHLGRENZE keinen Einfluß auf die Zahl der
Wiederholungen hätten, wenn wir sie innerhalb des Wiederholungs-
blockes machen würden.

```
FOR ZAEHLVARIABLE BY SCHRITTWEITE TO ZAEHLGRENZE REPEAT
   .
   .
END;

BEGIN
  DCL ZAEHLREGISTER FIXED INIT (1),
      SCHRITTREGISTER FIXED INIT(SCHRITTWEITE),
      GRENZREGISTER FIXED INIT(ZAEHLGRENZE);
  WHILE ZAEHLREGISTER LE GRENZREGISTER REPEAT
    DCL ZAEHLVARIABLE INV FIXED INIT (ZAEHLREGISTER);
    .
    .
    ZAEHLREGISTER:=ZAEHLREGISTER+SCHRITTREGISTER;
  END;
END;
```

<u>Beisp. 2.9:</u> Wiederholungsblock und äquivalenter Begin-Block

Im einfachsten Falle besteht der Blockkopf aus dem einen Schlüsselwort REPEAT; dann wird der Wiederholungsblock unendlich oft
wiederholt, wenn er nicht durch eine Sprunganweisung, die wir im
nächsten Kapitel kennenlernen werden, verlassen wird. In der
"normalen" Datenverarbeitung sind unendliche Wiederholungen
schwere Programmierfehler. Wir werden sie in unseren Echtzeitpro-
grammen jedoch manchmal anwenden, wenn der Rechner unendlich oft
auf irgendein Ereignis reagieren soll.

```
FERTIG:='0'B;
WHILE NOT FERTIG REPEAT
   .
   GET ZAHL FROM TERMINAL;
   FERTIG:=ZAHL==0;
   .
END;
```

<u>Beisp. 2.10:</u> Wiederholungsblock mit WHILE

Beisp. 2.10 zeigt eine nützliche Form von Wiederholungsblöcken,
die mit WHILE beginnt. Irgendwo in dem Wiederholungsblock wird
dann eine Zuweisung stehen, in der FERTIG '1'B gesetzt wird,
beispielsweise, wenn beim Einlesen von Zahlen Schluß gemacht
wird, falls eine 0 gelesen wurde.

Bei derartigen Programmstücken müssen wir allerdings darauf achten, daß wir die Anweisung FERTIG:='0'B vor dem Wiederholungsblock nicht vergessen; das wäre insofern ein ziemlich häßlicher Fehler, weil FERTIG sonst beim Programmtest zufällig den Wert '0'B haben kann und alles in Ordnung zu sein scheint; im Ernstfall kann FERTIG dann ebenso zufällig den Wert '1'B haben, sodaß der Block gar nicht durchlaufen wird.

Wenn wir nicht sicher sind, daß die BIT(1)-Variable FERTIG in Beisp. 2.10 wirklich innerhalb des Blockes den Wert '1'B bekommen wird, können wir eine "Notbremse" hinzufügen (Beisp. 2.11).

```
FERTIG:='0'B;
TO 10000 WHILE NOT FERTIG REPEAT
```

Beisp. 2.11: WHILE-Wiederholung mit "Notbremse"

Derartige Notbremsen sollten wir vor allem bei Näherungsrechnungen immer verwenden, bei denen mit der Wiederholung Schluß gemacht werden soll, wenn die Näherung genau genug ist; dabei kann uns der Rechner den Streich spielen, daß er infolge seiner Rechenungenauigkeiten gar nicht so genau rechnen kann, wie wir es wünschen, und ohne die Notbremse bleibt er dann ewig in der Wiederholung.

```
MAIN: TASK;
  /*****************************************************************
   * Die Task dient zum Einlesen, Sortieren und Addieren         *
   * von Zahlen                                                   *
   * Version 1.1 / 16.5.84 / Frevert                             *
   *****************************************************************/
  /* Vereinbarungen                                              */
  /* Lies die Zahlen ein und bestimme ihre Anzahl               */
  /* Sortiere die Zahlen in aufsteigender Reihenfolge
                    der Absolut-Beträge                          */
  /* Addiere die Zahlen und gib ihre Summe aus                  */
END;/* Task MAIN */
```

Beisp. 2.12: Erster Entwurf für eine Task zur Addition von Zahlen
           sehr unterschiedlicher Größe.

Als längeres Beispiel wollen wir jetzt eine Task entwerfen und programmieren, in dem FLOAT-Zahlen nach der Größe ihres Absolutbetrages sortiert werden, bevor ihre Summe gebildet wird (Beisp. 2.12); wir wissen ja, daß unser Rechner falsch rechnet, wenn wir viele kleine Zahlen zu einer sehr großen Zahl addieren; wenn wir hingegen erst die kleinen Zahlen addieren - Kleinvieh macht auch Mist - und erst zum Schluß die große, bekommen wir mit Sicherheit ein genaueres Ergebnis.

Die Sortieraufgabe wollen wir dabei mit einem Verfahren erledigen, das nicht so schnell wie andere, dafür aber einfach ist. Wir wollen immer zwei aufeinander folgende Zahlen miteinander vergleichen und miteinander vertauschen, wenn der Betrag der ersten größer als derjenige der zweiten ist. Beim ersten Durchgang durch unsere Zahlen werden wir auf diese Weise die größte Zahl ganz an den Schluß schaffen, beim zweiten die zweitgrößte, usw., sodaß wir jedesmal ein Zahlenpaar weniger untersuchen müssen. Dabei wollen wir uns merken, ob eine solche Vertauschung stattgefunden hat; wenn das nämlich nicht der Fall war, stehen die Zahlen in der gewünschten Reihenfolge, und wir sind fertig; wenn die Zahlen zu Anfang jedoch zufällig genau andersherum sortiert sind, müssen wir solange wiederholen, bis nur noch eine Zahl übrig ist. Für jemanden, der schon etwas Programmier-Erfahrung hat, wird möglicherweise der Programmentwurf (Beisp. 2.13) klarer sein als diese Beschreibung.

```
MAIN: TASK;
  /*************************************************************
   * Die Task dient zum Einlesen, Sortieren und Addieren      *
   * von Zahlen                                               *
   * Version 1.2 / 16.5.84 / Frevert                          *
   *************************************************************/
  /* Vereinbarungen                                           */
  /* Lies die Zahlen ein und bestimme ihre Anzahl             */
  /* Sortiere die Zahlen in aufsteigender Reihenfolge
                    der Absolut-Beträge, d. h.                */
  /* Wiederhole, während mehr als eine Zahl zu sortieren ist
                    und Zahlen vertauscht wurden              */
    /* Gehe die Zahlen durch  und bringe sie paarweise
          durch Vertauschen in die richtige Reihenfolge       */
    /* Laß die jeweils letzte Zahl aus dem Spiel              */
  END;/* Sortier-Wiederholung                                 */
  /* Addiere die Zahlen und gib ihre Summe aus                */
END;/* Task MAIN */
```

<u>Beisp. 2.13:</u> Vervollständigter Entwurf

In Beisp. 2.14 ist zunächst nur das Sortieren programmiert worden; das Einlesen und Summieren wollen wir im nächsten Kapitel

behandeln. Programmierneulinge sollten sich das Vertauschen gut
ansehen; es ist klar, daß man einen der zu vertauschenden Werte
erst in HILFSPLATZ retten muß, weil er sonst durch die folgende
Zuweisung verlorengehen würde.

```
MAIN: TASK;
   /******************************************************************
    * Die Task dient zum Einlesen, Sortieren und Addieren         *
    * von Zahlen                                                   *
    * Version 1.3 / 16.5.84 / Frevert                             *
    ******************************************************************/
   DCL ZAHLEN (100) FLOAT,               /* Vereinbarungen          */
       (ANZAHL,
        RESTANZAHL) FIXED,
        VERTAUSCHT BIT(1),
        HILFSPLATZ FLOAT;
   /* Lies die Zahlen ein und bestimme ihre Anzahl                  */
   /* Sortiere die Zahlen in aufsteigender Reihenfolge
                      der Absolut-Beträge, d. h.                    */
   RESTANZAHL:=ANZAHL;                       /* Alle gelesenen Zahlen */
   VERTAUSCHT:='1'B;                         /* Wiederhole, während  */
   WHILE RESTANZAHL GT 1                     /* mehr als eine zu sort. */
       AND VERTAUSCHT REPEAT                 /* und Zahlen vertauscht */
      /* Gehe die Zahlen durch  und bringe sie paarweise
             durch Vertauschen in die richtige Reihenfolge          */
      VERTAUSCHT:='0'B;                      /* noch nicht vertauscht */
      FOR INDEX TO RESTANZAHL-1 REPEAT /* Anzahl der Paare           */
        IF ABS ZAHLEN(INDEX)               /* Wenn 1. Zahl           */
           GT ABS ZAHLEN(INDEX+1)          /* größer als zweite      */
          THEN
            HILFSPLATZ:=ZAHLEN(INDEX);     /* Vertausche             */
            ZAHLEN(INDEX):=ZAHLEN(INDEX+1);
            ZAHLEN(INDEX+1):=HILFSPLATZ;
            VERTAUSCHT:='1'B;                  /* Merke es Dir        */
        FIN;
      END; /* paarweises Vertauschen */
      RESTANZAHL:=RESTANZAHL-1;              /* Laß die jeweils letzte */
                                             /* Zahl aus dem Spiel    */
   END;/* Sortier-Wiederholung */
   /* Addiere die Zahlen und gib ihre Summe aus */
END;/* Task MAIN */
```

Beisp. 2.14: Task mit Sortier-Algorithmus

2.6.3 <u>Die Sprunganweisung</u>

Mit der Sprunganweisung (Figur 2.13) können wir dem Computer
befehlen, von irgendeiner Stelle des Programmes zu einer anderen
Anweisung zu springen, vor der ein Sprungmarken-Name steht (siehe
Figur 2.1). Sie ist bei manchen "Experten" sehr beliebt, weil sie
mit ihrer Hilfe Programme schreiben können, die sie selbst kaum
und andere gar nicht mehr verstehen. Weil es uns darauf ankommen
soll, Programme zu schreiben, die leicht zu verstehen und zu
verbessern sind, wollen wir sie nur in einem Falle verwenden,
nämlich, um aus Wiederholungen heraus an deren Ende zu springen.

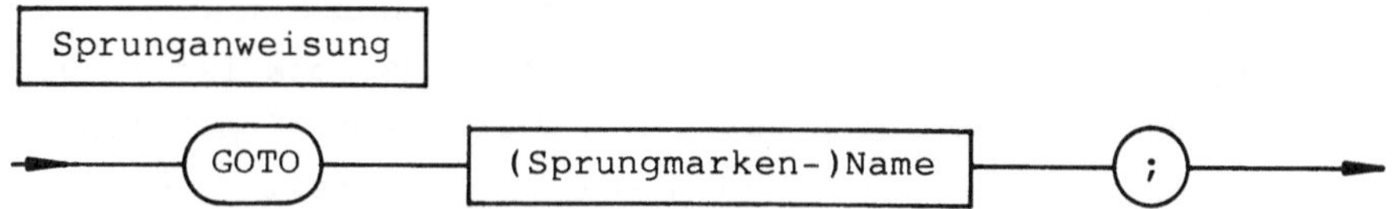

<u>Figur 2.13:</u> Sprunganweisung

```
/* Lies die Zahlen ein und bestimme ihre Anzahl */
OPEN TERMINAL;
PUT 'BEENDE ZAHLENEINGABE MIT EINGABE VON 0' TO TERMINAL;
ANZAHL:= 1 UPB ZAHLEN                   /* Höchstanzahl              */
FOR I TO 1 UPB ZAHLEN REPEAT
   PUT 'GIB ZAHL: ' TO TERMINAL;
   GET ZAHLEN(I) FROM TERMINAL;
   IF ZAHLEN(I) EQ 0.0 THEN
      ANZAHL:=I-1;
      GOTO EINLESEENDE;
   FIN;
END;
EINLESEENDE:;
```

<u>Beisp. 2.15:</u> Einlese-Wiederholung mit Sprung übers Ende

Dazu wollen wir als Beispiel die beiden Teile unseres Programmes
aus Beisp. 2.14 nehmen, in der die Zahlen eingelesen und summiert
werden. Die Vereinbarungen zeigen uns, daß wir maximal 100 Zahlen
einlesen und addieren könnten. Wenn wir weniger als 100 Zahlen
eingeben würden, müßte der Computer einen Fehler melden; da wir
erst in Kapitel 6.1 lernen werden, wie wir auf solche Meldungen
reagieren können, wollen wir festlegen, daß unter den zu addie-
renden Zahlen keine 0 vorkommen darf und daß nach der letzten
gültigen Zahl eine 0 eingegeben werden soll, wenn es weniger als

100 sind. In diesem Falle müssen wir die Anzahl der eingelesenen Zahlen notieren und die Einlese-Wiederholung abbrechen (Beisp. 2.15). Wir wollen jetzt auch nicht mehr ganz so viele Kommentare einfügen, wie in unseren ersten Beispielen, denn allmählich sollten wir einfache Anweisungen auch so verstehen.

Den Sprungmarken-Namen haben wir dabei vor eine Leeranweisung gesetzt; das ist in Hinsicht auf spätere Programmänderungen besser, als wenn wir ihn vor die im Beisp. 2.14 folgende Anweisung geschrieben hätten.

Daß wir vor Beginn der Wiederholung ANZAHL:= 1 UPB ZAHLEN, also gleich der Komponentenanzahl unseres Vektors ZAHLEN gesetzt haben, hat dabei folgenden Grund; der Wiederholungsblock ist ja ein schwarzer Kasten, der entweder verlassen wird, wenn eine 0 eingelesen wurde, oder wenn die Aufnahmekapazität unseres Vektors ZAHLEN erschöpft ist. In letzterem Falle würde der Computer einfach aufhören anzufordern, daß wir eine Zahl eingeben. Deshalb würde die Wenn-Anweisung mit dem Sprung nie zum Zuge kommen, und ANZAHL hätte einen undefinierten Wert, wenn wir nicht entsprechend Vorsorge getroffen hätten. (Erfahrene Programmierer hätten diesen Wert von Anzahl gleich im Wiederholungsblock-Kopf verwendet, damit der Computer 1 UPB ZAHLEN nicht zweimal zu berechnen braucht.)

```
/* Lies die Zahlen ein und bestimme ihre Anzahl */
OPEN TERMINAL;
PUT 'BEENDE ZAHLENEINGABE MIT EINGABE VON 0' TO TERMINAL;
ANZAHL:= 1 UPB ZAHLEN                    /* Höchstanzahl          */
FERTIG:='0'B;                            /* nicht vergessen!!     */
FOR I TO 1 UPB ZAHLEN WHILE NOT FERTIG REPEAT
   PUT 'GIB ZAHL: ' TO TERMINAL;
   GET ZAHLEN(I) FROM TERMINAL;
   FERTIG:=ZAHLEN(I) EQ 0.0;
   IF FERTIG THEN
      ANZAHL:=I-1;
   FIN;
END;
```

Beisp. 2.16: Variante von Beisp. 2.15 ohne Sprunganweisung

Auch diesen Wiederholungsblock hätten wir übrigens ohne Sprunganweisung programmieren können (Beisp. 2.16). Aus den in Kapitel 2.6.2 erwähnten Gründen ist eine derartige Schleife jedoch nicht

ungefährlich; selbst dem besten Programmierer passiert es leicht,
daß er vergißt, zuvor FERTIG:='0'B zu setzen. Besonders achten
sollten wir auf die Zeilen in der Wiederholung mit der Zuweisung
an FERTIG und dem darauffolgenden IF FERTIG ; ein Anfänger würde
hier mit Sicherheit doppelt moppeln und statt IF FERTIG schreiben
IF FERTIG EQ '1'B.

Zur besseren Übung wollen wir jetzt auch noch das Summieren und
die Ausgabe der Summe als Wiederholung programmieren (Beisp.
2.17).

```
/* Addiere die Zahlen und gib ihre Summe aus */
SUMME:=0.0;
FOR I TO ANZAHL REPEAT
   SUMME:=SUMME + ZAHLEN (I);
END;
PUT 'DIE SUMME DER ZAHLEN IST: ',SUMME TO TERMINAL;
CLOSE TERMINAL;
```

<u>Beisp. 2.17:</u> Summier-Wiederholung

3 Prozeduren

In unserem Task-Entwurf aus Beisp. 2.12 kommen die drei Tätigkeiten Einlesen, Sortieren und Summieren von Zahlen vor. Wir können uns gut vorstellen, daß diese Programmstücke auch in anderen Programmen und für andere Programmierer von Nutzen sein könnten; nur werden dort wahrscheinlich die Zahlen in einem Vektor mit einem anderen Namen als ZAHLEN stehen.

Es wäre deshalb sehr praktisch, wenn wir die zu den drei Tätigkeiten gehörenden Programmstücke so zusammenfassen würden, daß sie auch mit Variablen anderen Namens arbeiten. Genau das erreichen wir dadurch, daß wir sie zu Prozeduren machen. Wir können damit den Grundstock für eine Prozedur-Bibliothek schaffen, die uns und unseren Mitarbeitern später die Entwicklung neuer Programme sehr erleichtern wird, weil wir große Teile von Programmieraufgaben einfach dadurch erledigen werden, daß wir auf Prozeduren aus unserer Prozedur-Bibliothek zurückgreifen.

Wir werden in späteren Kapiteln sehen, daß uns Prozeduren nicht nur auf diese Weise unsere Arbeit erleichtern. Durch sie sind wir auch imstande, Programme zu schreiben, die weniger fehleranfällig sind und uns dadurch Mühe bei Test und Wartung ersparen.

Schließlich bieten uns Prozeduren noch einen anderen Vorteil: sie sind der Inbegriff von "schwarzen Kästen", die eine Arbeit erledigen, ohne daß wir genau wissen müssen, wie sie das im Einzelnen tun. Wir können deshalb das Innenleben von Prozeduren verbessern, ohne daß das Rückwirkungen auf die übrigen Teile unseres Programmes hat. Der Sortier-Algorithmus in Beisp. 2.14 ist beispielsweise nicht besonders schnell; es gibt schnellere, kompliziertere Methoden zum Sortieren. Wenn wir ihn zum Inhalt einer Prozedur machen, können wir ihn später ohne große Umstände durch einen besseren ersetzen.

Diese Vorgehensweise ist sehr wichtig bei der Entwicklung großer Programmsysteme; bei ihnen weiß man meistens von vornherein nicht genau, wo später Engpässe in Schnelligkeit oder Speicherbedarf auftreten werden. Andererseits wäre es Unsinn, Mühe in komplizierte Methoden zu investieren, wenn einfachere Lösungen ausreichend sind. Die Verwendung von Prozeduren gibt uns hier die Möglichkeit, zunächst einen einfachen Prototyp zu entwickeln und diesen nur an den durch Ausprobieren erkannten Schwachstellen zu verbessern.

3.1 Übernahme von Parameterwerten und Parameternamen

Figur 3.1 zeigt, wie ein Prozedurkopf aufgebaut werden muß. Wenn wir zunächst Parameterliste und Funktionstypangabe weglassen - wir werden sie in den nächsten Kapiteln behandeln - kann ein Prozedurkopf

ENDEMELDUNG: PROC RESIDENT REENT GLOBAL;

lauten. Das Schlüsselwort RESIDENT kennen wir bereits; auch hier stellt es die Aufforderung an den Rechner dar, die Prozedur möglichst immer im Hauptspeicher zu halten; wenn es fehlt, darf die Prozedur auf einen Massenspeicher kopiert werden, falls sie zwischenzeitlich nicht benutzt wird, damit ihre frühere Stelle im Hauptspeicher für andere Programmteile verwendet werden kann. Dadurch entsteht die Möglichkeit, ein Stück Hauptspeicher nacheinander für viele verschiedene nicht residente Prozeduren zu verwenden, wenn diese im Programmablauf nicht gleichzeitig gebraucht werden; dabei müssen wir allerdings den Nachteil in Kauf nehmen, daß es Zeit kostet, die Prozeduren vom Massenspeicher in den Hauptspeicher zu übertragen.

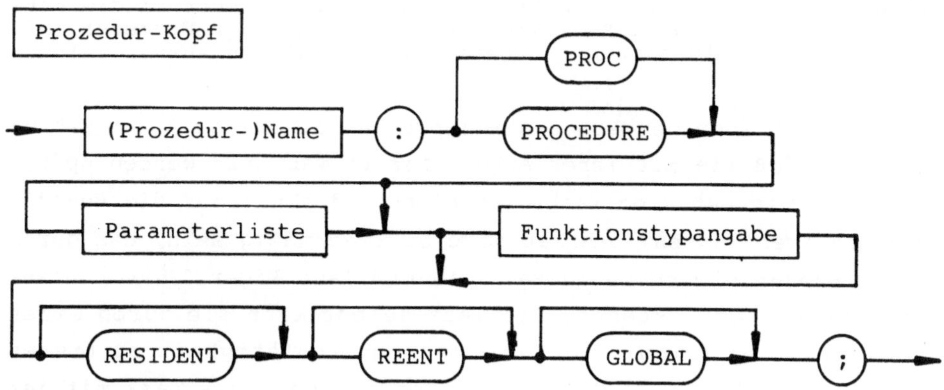

Figur 3.1: Prozedur-Kopf

Das Schlüsselwort REENT werden wir im Prozedurkopf verwenden,
wenn eine Prozedur von vielen verschiedenen Tasks gleichzeitig
benutzt werden soll. Es ist die Abkürzung für reentrant (wieder-
betretbar). Wir werden mehr darüber in Kapitel 6.3 lesen.

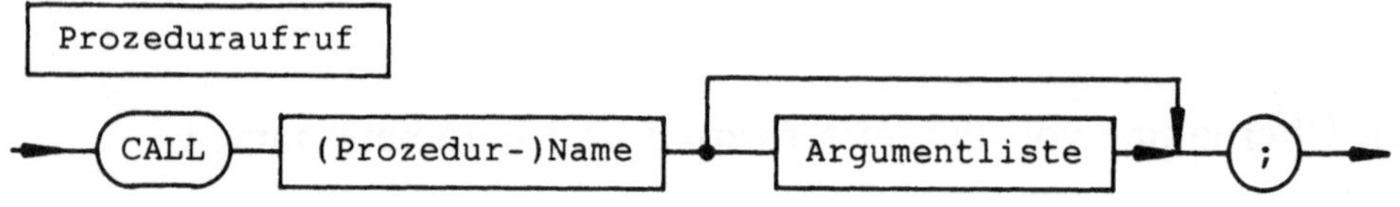

Figur 3.2: Prozeduraufruf

Das Schlüsselwort GLOBAL schließlich kennen wir schon aus dem
Task-Kopf (Figur 1.11); es bedeutet, daß die Prozedur im ganzen
Programm global bekannt sein soll, also auch in anderen Moduln.

```
ENDEMELDUNG: PROC RESIDENT REENT GLOBAL;   /* Prozedurkopf       */
   /*************************************************************
    * Die Prozedur meldet das Programmende                      *
    * Version 1.1 / 16.5.84 / Frevert                           *
    *************************************************************/
   PUT 'TASK BEENDET' TO TERMINAL;
END;/* Prozedur ENDEMELDUNG */

MAIN: TASK
    .
    .
    .
   CALL ENDEMELDUNG;                        /* Prozeduraufruf     */
   CLOSE TERMINAL;
END;/* Task MAIN */
```

Beisp. 3.1: Programmausschnitt: Prozedur und ihr Aufruf; die auf-
            rufende Task wird nach Ausführung der Prozedur mit
            der Anweisung fortgesetzt, die auf den Aufruf folgt.

In unseren bisherigen Programmbeispielen hat die Task am Schluß
gemeldet, daß sie mit ihrer Arbeit fertig war. Wir werden später
Programme mit mehreren Tasks schreiben und von jeder die Beendigung anzeigen lassen; deshalb wird es zweckmäßig sein, das durch
eine Prozedur machen zu lassen. Sie muß laut Figur 1.5 vor unserer Task im Modul stehen. Die Task selbst kann sie durch einen
Prozeduraufruf (Figur 3.2) veranlassen, in Tätigkeit zu treten
(Beisp. 3.1). Nach Ausführung der Prozedur wird die Task mit der
Anweisung fortgesetzt, die auf den Aufruf folgt. Die übrigen

Teile unseres Programmes bleiben so, wie wir sie bereits aus den
Beispielen kennen.

```
MELDUNG: PROC RESIDENT REENT GLOBAL;         /* Prozedurkopf     */
   /*********************************************************************
    * Die Prozedur gibt einen Text aus                                 *
    * Version 1.1 / 16.5.84 / Frevert                                  *
    *******************************************************************/
   DCL TEXT CHAR(30);
   PUT TEXT TO TERMINAL;
END;/* Prozedur MELDUNG */
```

Beisp. 3.2: Einfache Textausgabe-Prozedur

Unsere Prozedur ENDEMELDUNG vermag nur eine einzige, immer gleiche Meldung auszugeben; es wäre sicher zweckmäßiger, eine Prozedur MELDUNG zu haben, die es uns ermöglicht, beliebige Texte
auszugeben. Sie müßte etwa die Form von Beisp. 3.2 haben.


```
MELDUNG: PROC (TEXT CHAR(30) ) RESIDENT REENT GLOBAL;
   /*********************************************************************
    * Die Prozedur gibt einen Text aus                                 *
    * Version 1.1 / 16.5.84 / Frevert                                  *
    *******************************************************************/

   PUT TEXT TO TERMINAL;
END;/* Prozedur MELDUNG */
```

Beisp. 3.3: Textausgabe-Prozedur mit Parameter

Bleibt das Problem, wie eine Task, die diese Prozedur aufruft,
genau den Text in die Variable TEXT hineinbekommt, den die Prozedur ausgeben soll. Wegen der Sichtbarkeitsregeln ist ja TEXT
außerhalb der Prozedur unsichtbar und kann deshalb von dort auch
nicht verändert werden. Wir dürfen TEXT deshalb nicht als normale
Variable vereinbaren, sondern wir müssen festlegen, daß TEXT ein
Objekt ist, das von außen her verändert werden kann - nämlich ein
Parameter der Prozedur. Wir streichen deshalb die Vereinbarung
von TEXT in Beisp. 3.2 und führen TEXT stattdessen in der Parameterliste des Prozedurkopfes auf. Dabei beschreiben wir das Objekt
TEXT genauso, wie wir es in der Vereinbarung getan haben (Beisp.
3.3). TEXT ist damit ein CHAR(30)-Objekt geworden, das bei jedem
Aufruf einen anderen Wert bekommen kann, der jeweils in der
Argumentliste des Aufrufes stehen muß. Der kann beispielsweise

```
        CALL MELDUNG('TASK BEENDET');
```

lauten.

Der Syntax-Graph Figur 3.3 zeigt uns, daß wir in einer Parameterliste beliebig viele Parameter aufführen dürfen; in den Argument-
listen der Aufrufe müssen dann genau so viele Argumente stehen,
und zwar in derselben Reihenfolge wie die zugehörigen Parameter.
Außerdem müssen Argumente und Parameter genau zueinander passen.

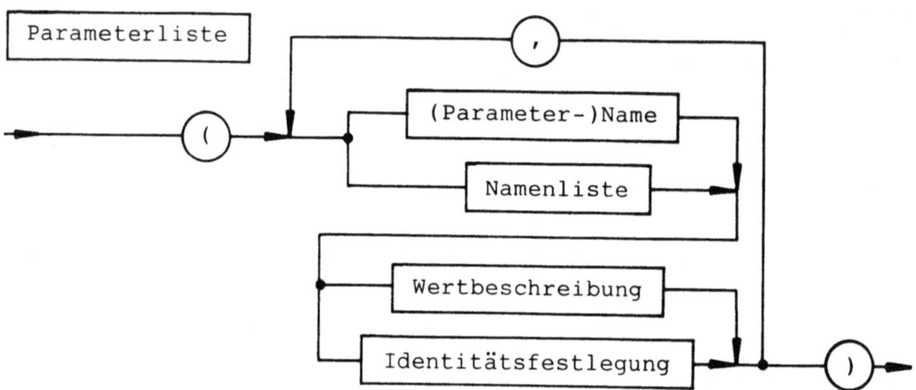

Figur 3.3: Parameterliste

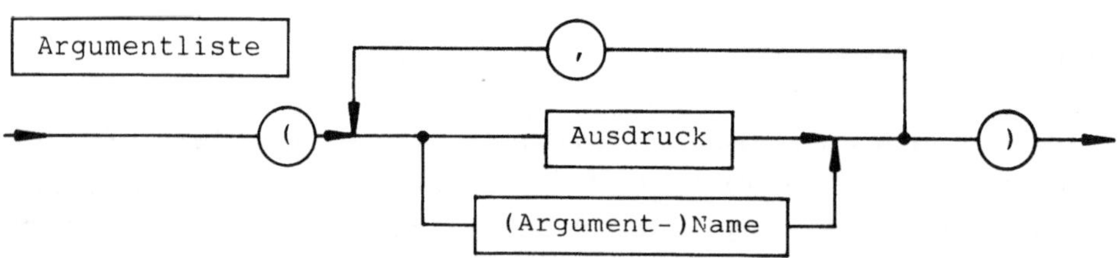

Figur 3.4: Argumentliste

Figur 3.3 zeigt uns, daß hinter Parameternamen Wertbeschreibungen
oder Identitätsfestlegungen in den Parameterlisten stehen müssen.
Entsprechend müssen nach Figur 3.4 die zugehörigen Argumente
Ausdrücke oder Namen sein. Wir wollen uns zunächst mit Wertbeschreibungen beschäftigen; in Beisp. 3.3 ist eine solche benutzt.
Das bedeutet, daß als Argumente nur Ausdrücke (die ja Werte
liefern) verwendet werden dürfen. In Kapitel 2.4 haben wir gelesen, daß Ausdrücke aus einem Konstantenwert bestehen dürfen;
insofern ist der Prozeduraufruf

```
        CALL MELDUNG('TASK BEENDET');
einwandfrei.
```

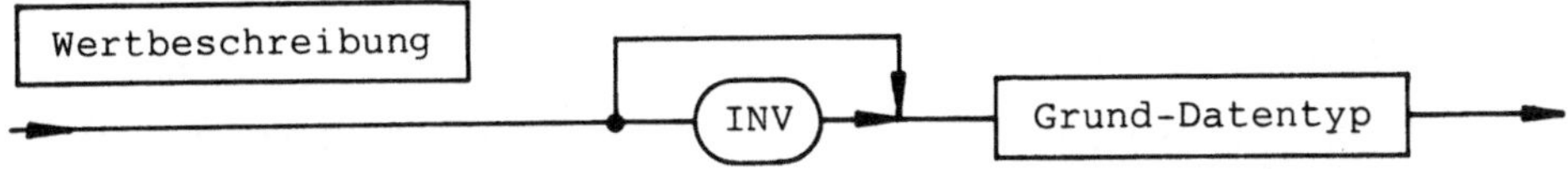

Figur 3.5: Wertbeschreibung

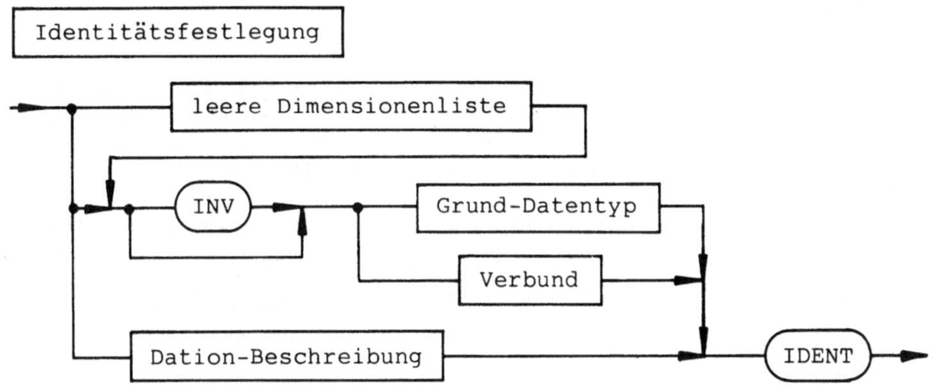

Figur 3.6: Identitätsfestlegung

```
DCL MELDUNGSTEXT CHAR(30);
   .
   .
MELDUNGSTEXT:='TASK MAIN BEENDET';
CALL MELDUNG(MELDUNGSTEXT);
```

Beisp. 3.4: Prozeduraufruf mit Variablennamen als Argument

```
BEGIN
  DCL TEXT CHAR(30);
  TEXT:=MELDUNGSTEXT;
  PUT TEXT TO TERMINAL;
END;
```

Beisp. 3.5: Begin-Block, der einer Prozedur mit Wertübergabe
            entspricht

Selbstverständlich können wir als Ausdruck auch einen Zugriffsausdruck verwenden, indem wir als Argument den Namen der Variablen nennen, auf deren Wert zugegriffen werden soll (Beisp. 3.4).
Dieser Prozeduraufruf wird so ausgeführt, als ob an seiner Stelle

der Begin-Block aus Beisp. 3.5 stände, das heißt, der durch den
Zugriffsausdruck MELDUNGSTEXT gewonnene Variablenwert wird in die
Prozedur kopiert. Man sagt deshalb auch, daß ein Aufruf mit
Wertübergabe stattgefunden habe.

```
MELDUNG: PROC (TEXT CHAR(30) IDENT) RESIDENT REENT GLOBAL;
   PUT TEXT TO TERMINAL;
END;


BEGIN
  PUT TEXT MELDUNGSTEXT TO TERMINAL;
END;
```

Beisp. 3.6: Prozedur mit Namensübergabe des Parameters und Wir-
            kungsweise der Namensübergabe in einem der Prozedur
            äquivalenten Begin-Block; der Parametername TEXT wird
            durch den Argumentnamen MELDUNGSTEXT ersetzt.

Statt der Wertbeschreibung dürfen wir im Kopf unserer Prozedur
jedoch auch eine Identitätsfestlegung hinter den Parameter TEXT
schreiben; Figur 3.6 zeigt uns, daß wir dazu nur IDENT hinter die
Typangabe des Parameters zu schreiben brauchen (Beisp. 3.6);
IDENT (Abkürzung von identical) sagt aus, daß der Parametername
TEXT identisch mit einem entsprechenden Namen in der Argumentliste sein soll, das heißt, der Prozeduraufruf

        CALL MELDUNG(ENDEMELDUNG);

wird so ausgeführt, als ob wir stattdessen den Begin-Block in
Beisp. 3.6 in unser Programm geschrieben und dabei den Variablennamen TEXT durch den Variablennamen MELDUNGSTEXT ersetzt hätten;
man spricht in einem solchen Falle von einem Aufruf mit Namensübergabe.

Den wichtigsten Unterschied zwischen Wertübergabe und Namensübergabe erkennen wir, wenn wir die Prozedur mit Wertübergabe und die
fast gleiche Prozedur mit Namensübergabe betrachten (Beisp. 3.7).
Beide können mit

        CALL ZUWEISUNG(MELDUNGSTEXT);

aufgerufen werden. Bei Wertübergabe würde dadurch quasi der erste
Begin-Block ausgeführt werden; die Variable MELDUNGSTEXT, deren
Name als Zugriffsausdruck im Aufruf steht, würde durch die Zuwei-
sung in der Prozedur offensichtlich nicht geändert. Ganz anders
ist es bei Namensübergabe; hier lautet der äquivalente Begin-
Block so, wie der 2. Block ganz unten in Beisp. 3.7; die Variable

MELDUNGSTEXT hat deshalb nach Ausführung der Prozedur den neuen
Wert, der ihr in der Prozedur zugewiesen wurde.

```
CALL ZUWEISUNG(MELDUNGSTEXT);     /* Aufruf                       */
------------------------------------------------------------------
ZUWEISUNG:=PROC(TEXT CHAR(30)); /* Wertübergabe                   */
   TEXT:='IRGENDWAS';
END;

BEGIN                          /* Dem CALL gleichwertiger   */
   DCL TEXT CHAR(30);          /* Block                     */
   TEXT:=MELDUNGSTEXT;         /* Kopieren des Argumentwertes */
   TEXT:='IRGENDWAS';
END;
------------------------------------------------------------------
ZUWEISUNG:=PROC(TEXT CHAR(30) IDENT); /* Namensübergabe           */
   TEXT:='IRGENDWAS';
END;

BEGIN                            /* dem CALL äquivalenter Block */
   TEXT MELDUNGSTEXT:='IRGENDWAS';
END;
```

Beisp. 3.7: Zwei Prozeduren, die eine mit Wertübergabe, die an-
            dere mit Namensübergabe; darunter jeweils die äquiva-
            lenten Begin-Blöcke, die einem Aufruf
            CALL ZUWEISUNG(MELDUNGSTEXT) äquivalent sind.

Durch Namensübergabe wird also die Möglichkeit geschaffen, in
einer Prozedur auf eine Variable zuzugreifen, die in dem anderen
"schwarzen Kasten" vereinbart wurde, der die Prozedur aufruft;
wegen der Sichtbarkeitsregeln (Kapitel 1.4.1) ist das anders
unmöglich. Wir werden die Namensübergabe deshalb immer dann verwenden, wenn eine Prozedur den Wert eines Argumentes ändern soll.

Wir können die Parameter einer Prozedur in drei Klassen eintei-
len: Eingabeparameter, welche die Prozedur nicht verändert und
deren Werte sie als Grundlage für Berechnungen benötigt, Ausgabe-
parameter, die nach Ausführung der Prozedur ihre Ergebnisse enthalten, und transiente Parameter, die zunächst Eingabedaten und
nach Ausführung der Prozedur Ergebnisse enthalten.

Wir werden Eingabeparameter mindestens dann durch den Zusatz INV
(Figuren 3.5 und 3.6) als invariabel kennzeichnen, wenn es sich
um Namensübergabe handelt; falls dann innerhalb der Prozedur
versucht wird, sie zu ändern, wird schon der Kompilierer bei der
Übersetzung eine Fehlermeldung abgeben. Die Konstanz der zugehö-

rigen Argumente gilt nur innerhalb der Prozedur; außerhalb der
Prozedur bleiben Argumente, die als Variable vereinbart worden
sind, jedoch änderbar. Bei Aufruf eines "schwarzen Kastens" Prozedur sind wir dadurch sicher, daß unsere kostbaren Daten ihre
alten Werte behalten und nicht "aus Versehen" verändert werden.

Bei genauer Betrachtung von Figur 1.20 hätte uns eigentlich
auffallen müssen, daß einzelne Komponenten eines Verbundes auch
durch INV zu Konstanten erklärt werden dürfen. Bis jetzt hat das
keinen Sinn gemacht, denn weil wir Verbunden in Basis-PEARL bei
der Vereinbarung keine Anfangswerte geben können, würden derartige Teile nie einen vernünftigen Wert bekommen. Jetzt sehen wir
den Zweck ein: in einer Parameterliste können wir gewisse Ver-
bund-Komponenten gegen Veränderungen schützen und andere verän-
derbar lassen.

Bei Eingabeparametern haben Namensübergabe und Wertübergabe beide
ihre Vor- und Nachteile. Die Wertübergabe hat den Vorteil, daß
als Argumente beliebig lange Ausdrücke verwendet werden können,
während wir bei Namensübergabe eben nur Namen notieren dürfen.
Wir dürfen unsere Prozedur zum Beispiel bei Wertübergabe auch mit
CALL MELDUNG('FEHLER AN VENTIL' CAT TOCHAR(VENTILNR+TOFIXED'0'));
aufrufen, wenn VENTILNR eine der Zahlen zwischen 0 und 9 ist.
(Bei der Auswertung des Ausdruckes wird zunächst das Zeichen 0 in
die FIXED-Zahl umgewandelt, die seinem Bit-Code entspricht; die
Addition einer einstelligen Zahl und Rückwandlung in einen Zeichencode ergibt dann bei praktisch allen Rechnern den Zeichencode
der Zahl VENTILNR, der schließlich an den links stehenden Text
angehängt wird.)

Bei Variablen, die viele Speicherworte belegen, kann die Rechenzeit für die Übergabe eines Parameterwertes in eine Prozedur um
Größenordnungen höher sein als für die Übergabe des Parame-
ternamens. Obwohl in Basis-PEARL (im Unterschied zu Full PEARL)
keine Matrizen und Verbunde als Werte in eine Prozedur übergeben
werden können, müssen wir bei der Programmierung von Echtzeitpro-
grammen daran denken: eine CHAR(132)-Variable, die einer Drucker-
zeile entspricht, belegt mindestens 66 16-Bit-Speicherworte und
benötigt deshalb auch entsprechend viel Rechenzeit fürs Kopieren,

während bei der Namensübergabe normalerweise nur die Nummer eines Speicherwortes in die Prozedur kopiert werden muß.

```
SORTIEREN: PROC (ZAHLEN () FLOAT IDENT,ANZAHL FIXED);
  /*******************************************************
   * Die Prozedur sortiert ANZAHL Zahlen in der Reihenfolge   *
   * der Absolut-Betraege                                     *
   * Version 1.1 / 16.5.84 / Frevert                          *
   *******************************************************/
  DCL RESTANZAHL FIXED,
      HILFSPLATZ FLOAT,
      VERTAUSCHT BIT(1);
  RESTANZAHL:=ANZAHL;                   /* Alle Zahlen           */
  VERTAUSCHT:='1'B;                     /* Wiederhole, während   */
  WHILE RESTANZAHL GT 1                 /* mehr als 1 Zahl übrig */
      AND VERTAUSCHT REPEAT             /* und vertauscht wurde  */
    /* Gehe die Zahlen durch  und bringe sie paarweise
            durch Vertauschen in die richtige Reihenfolge    */
    VERTAUSCHT:='0'B;                    /* noch nicht vertauscht */
    FOR INDEX TO RESTANZAHL-1 REPEAT /* Anzahl der Paare      */
      IF ABS ZAHLEN(INDEX)              /* Wenn 1. Zahl          */
        GT ABS ZAHLEN(INDEX+1)          /* größer als zweite     */
      THEN
        HILFSPLATZ:=ZAHLEN(INDEX);      /* Vertausche            */
        ZAHLEN(INDEX):=ZAHLEN(INDEX+1);
        ZAHLEN(INDEX+1):=HILFSPLATZ;
        VERTAUSCHT:='1'B;               /* Merke es Dir          */
      FIN;
    END; /* paarweises Vertauschen */
    RESTANZAHL:=RESTANZAHL-1;           /* Laß die jeweils letzte */
                                        /* Zahl aus dem Spiel     */
  END;/* Sortier-Wiederholung */
END;/* Prozedur SORTIEREN */
```

<u>Beisp. 3.8:</u> Prozedur zum Sortieren von Zahlen nach der Größe des Absolutbetrages.

Beisp. 3.8 ist eine Kopie eines Teiles von Beisp. 2.14, in der die Sortier-Anweisungen der Task zu einer Prozedur zusammengefaßt worden sind. Wir können natürlich auch das Einlesen der Daten zu einer Prozedur machen. Dabei dürfen wir sogar die Datenstation als Parameter verwenden (Beisp. 3.9).

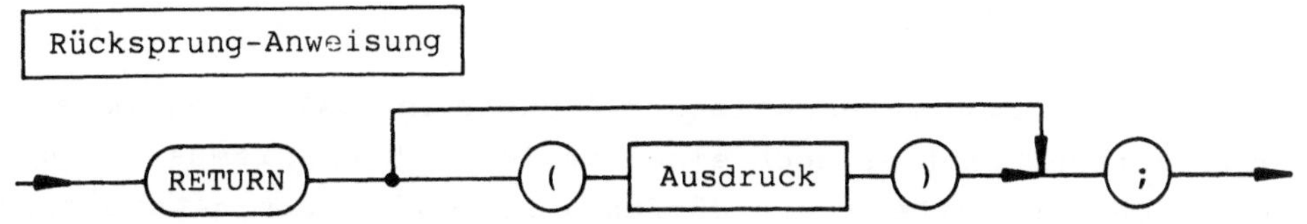

<u>Figur 3.7:</u> Rücksprung-Anweisung

Statt wie im ursprünglichen Programmteil Beisp. 2.15 über das
Ende des Wiederholungsblockes an das natürliche Ende der Prozedur
zu springen, können wir hier erstmals Gebrauch von der Rücksprung-Anweisung RETURN (Figur 3.7) machen; sie bewirkt, daß die
Prozedur sofort beendet wird.

```
ZAHLENLESEN: PROC (ANFORDERUNG CHAR(15),
                   WERTE () FLOAT IDENT,
                   MENGE FIXED IDENT,
                   DIALOGGERAET DATION INOUT ALPHIC DIM(,)
                      TFU MAX FORWARD CONTROL(ALL) IDENT);
   /*********************************************************
    * Die Prozedur liest Zahlenwerte aus DIALOGGERAET in eine  *
    * eindimensionale Matrix WERTE ein und zaehlt die MENGE    *
    * bis zur ersten 0                                         *
    * Version 1.1 / 16.5.84 / Frevert                          *
    *********************************************************/
   PUT 'EINGABEENDE DURCH 0-EINGABE' TO DIALOGGERAET;
   MENGE:=1 UPB WERTE;
   FOR INDEX TO MENGE REPEAT
     PUT ANFORDERUNG TO DIALOGGERAET;
     GET WERTE(INDEX) FROM DIALOGGERAET;
     IF WERTE(INDEX) == 0.0 THEN
        MENGE:=INDEX-1;
        RETURN;
     FIN;
   END;
END;/* Prozedur ZAHLENLESEN */
```

<u>Beisp. 3.9:</u> Prozedur zum Einlesen von Zahlen in eine eindimensio-
           nale Matrix; das Eingabegerät ist einer der Pro-
           zedurparameter.

3.2 Funktionsprozeduren

Bis jetzt können wir einen Wert, den eine Prozedur berechnet hat,
nur dadurch an die aufrufende Task zurückliefern, indem wir den
Mechanismus der Namensübergabe benutzen und den Wert innerhalb
der Prozedur an einen Parameternamen zuweisen und damit auch das
zugehörige Argument ändern.

Um die Umsetzung mathematischer Formeln in PEARL-Programme zu
erleichtern, gibt es noch einen weiteren Mechanismus für die
Rückgabe von Werten: wir dürfen in die Rücksprung-Anweisung
schreiben, was eine Prozedur bei ihrer Beendigung als Wert liefern soll. Eine derartige Prozedur dürfen wir nicht mit CALL

aufrufen, sondern wir können sie dadurch in Betrieb nehmen, daß
wir ihren Namen in einen Ausdruck schreiben (Figur 3.8) z. B.
bei einer Prozedur zum Summieren von Zahlen

        DOPPELSUMME:=2*SUMME(ZAHLEN);

dabei ist SUMME der Prozedurname und ZAHLEN ihr Argument. Das
sieht so aus wie die Benutzung einer mathematischen Funktion in
$y=2*f(x)$. Deshalb werden derartige Prozeduren Funktionsprozeduren
genannt.

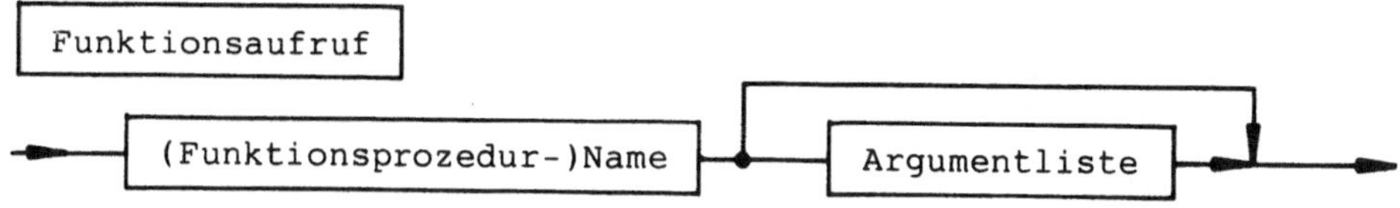

Figur 3.8: Funktionsaufruf

In Kapitel 2.5 haben wir gelernt, daß es außerordentlich wichtig
ist, in Ausdrücken über den Typ der verwendeten Variablen Bescheid zu wissen. Deshalb müssen wir einer fremd geschriebenen
Funktionsprozedur leicht ansehen können, welchen Variablentyp sie
zurückliefert. Das geschieht in der Funktionstypangabe (Figur
3.9). In Full PEARL dürfen dort auch neu definierte Datentypen
stehen; in Basis-PEARL sind nur Grund-Datentypen als Funktions-
typen zugelassen.

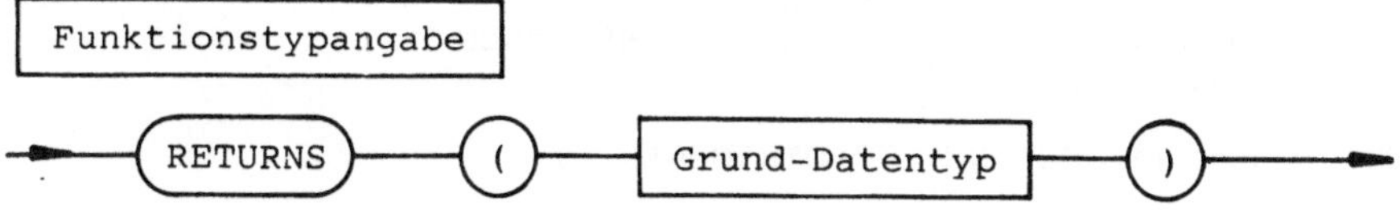

Figur 3.9: Funktionstypangabe

Als erstes wollen wir jetzt das Summieren aus Beisp. 2.17 zu
einer Funktionsprozedur machen (Beisp. 3.10).

Für spätere Programme wird eine Dialog-Prozedur (Beisp. 3.11)
praktisch sein, in der eine Frage gestellt wird; je nachdem, ob
sie mit JA oder NE beantwortet wird, soll sie '1'B bzw. '0'B
liefern. Die Antwort soll übrigens aus zwei Buchstaben bestehen,

damit zufällige Fehleingaben erkannt werden können; die werden
höflich gemeldet, bis der Computer zufrieden ist und aus der
Wiederholung und gleichzeitig aus der Prozedur herausspringt.


```
SUMMIEREN: PROC(WERTE () INV FLOAT IDENT,
                ANZAHL FIXED)
            RETURNS(FLOAT);
  /*******************************************************
   * Die Prozedur addiert die ersten ANZAHL Zahlen aus WERTE   *
   * und gibt das Ergebnis zurueck                             *
   * Version 1.1 / 16.5.84 / Frevert                           *
   *******************************************************/
  DCL SUMME FLOAT INIT(0);
  FOR INDEX TO ANZAHL REPEAT
    SUMME:=SUMME+WERTE(INDEX);
  END;
  RETURN(SUMME);
END;/* Prozedur SUMMIEREN */
```

Beisp. 3.10: Funktionsprozedur zum Addieren von Zahlen aus einer
             eindimensionalen Matrix


```
BEFEHLSLESEN: PROC(FRAGE CHAR(30),
                  DIALOGGERAET DATION INOUT ALPHIC DIM(,)
                    TFU MAX FORWARD CONTROL(ALL) IDENT)
                RETURNS(BIT(1)) RESIDENT REENT GLOBAL;
  /*******************************************************
   * Die Prozedur gibt eine Frage aus und gibt '1'B zurueck,   *
   * wenn die Frage mit ja beantwortet wurde                   *
   * Version 1.1 / 16.5.84 / Frevert                           *
   *******************************************************/
  DCL ANTWORT CHAR(2);
  REPEAT
    PUT FRAGE TO DIALOGGERAET;
    GET ANTWORT FROM DIALOGGERAET;
    IF ANTWORT == 'JA' OR ANTWORT == 'NE' THEN
       RETURN(ANTWORT == 'JA');
    FIN;
    PUT 'BITTE JA ODER NE' TO DIALOGGERAET;
  END;
END;/* Prozedur BEFEHLSLESEN */
```

Beisp. 3.11: Funktionsprozedur für Eingabe von Dialogbefehlen.
             Der Ausdruck ANTWORT == 'JA' ergibt entweder '1'B
             oder '0'B und wird als Funktionswert zurückgegeben.

Die Frage muß übrigens als Wert in die Prozedur übergeben werden,
obwohl eine Namensübergabe anscheinend besser wäre, weil sie
Speicherplatz und Rechenzeit in der Prozedur sparen würde; bei
der Wertübergabe können wir aber Texte von bis zu 30 Zeichen
direkt als Argument verwenden, während wir bei Namensübergabe

wegen der geforderten Typ-Übereinstimmung benannte Konstanten von genau 30 Zeichen benutzen müßten.

```
MAIN: TASK;
   /******************************************************************
    * Die Task liest Zahlentabellen ein, sortiert sie in auf-       *
    * steigender Reihenfolge der Absolutbetraege, summiert          *
    * und gibt das Ergebnis aus. Wiederholung moeglich              *
    * Version 1.1 / 16.5.84 / Frevert                               *
    ******************************************************************/
   /* Vereinbarungen                                                */
   /* Wiederhole                                                    */
      /* Lies die Zahlen ein und bestimme ihre Anzahl              */
      /* Sortiere die Zahlen in aufsteigender Reihenfolge
                           der Absolut-Beträge, d. h.               */
      /* Addiere die Zahlen und gib ihre Summe aus                  */
   /* bis keine Wiederholung gewünscht ist                          */
END;/* Task MAIN */
```

Beisp. 3.12: Entwurf für eine Task für wiederholtes Addieren von
             Zahlenkolonnen


```
MAIN: TASK;
   /******************************************************************
    * Die Task liest Zahlentabellen ein, sortiert sie in auf-       *
    * steigender Reihenfolge der Absolutbetraege, summiert          *
    * und gibt das Ergebnis aus. Wiederholung moeglich              *
    * Version 1.1 / 16.5.84 / Frevert                               *
    ******************************************************************/
   DCL ANZAHL FIXED,                 /* Vereinbarungen              */
       ZAHLEN (100) FLOAT,
       SUMME FLOAT;
   OPEN TERMINAL;
   REPEAT                            /* Wiederhole                  */
     CALL ZAHLENLESEN('GIB ZAHL', /* Lies die Zahlen ein           */
                   ZAHLEN,        /* und bestimme ihre Anzahl      */
                   ANZAHL,
                   TERMINAL);
     CALL SORTIEREN (ZAHLEN,      /* Sortiere die Zahlen           */
                   ANZAHL);       /* in aufsteigender Reihen-      */
                                  /* folge der Absolut-Beträge     */
     SUMME:=SUMMIEREN(ZAHLEN,     /* Addiere die Zahlen            */
                   ANZAHL);
     PUT 'DIE SUMME IST: ',       /* und gib ihre Summe aus        */
         SUMME TO TERMINAL;
     IF NOT BEFEHLSLESEN('WIEDERHOLEN?', /* bis keine              */
                   TERMINAL);     /* Wiederholung                  */
       THEN GOTO ENDE;                   /* gewünscht ist          */
     FIN;
   END;
   ENDE:;
   CLOSE TERMINAL;
END;/* Task MAIN */
```

Beisp. 3.13: Task zum wiederholten Einlesen, Sortieren und Addie-
             ren von Zahlen

Mit den bisher geschriebenen Prozeduren können wir unsere Task aus Beisp. 2.13 noch einmal neu schreiben. Um das Programm nicht immer wieder neu starten zu müssen, wenn wir Zahlen aus mehreren Tabellen addieren müssen, verbessern wir den Entwurf noch etwas (Beisp. 3.12 und 3.13).

Im Programmstück sollte uns insbesondere die Wenn-Anweisung auffallen, in der wir Gebrauch von unserer neuen Funktionsprozedur BEFEHLSLESEN gemacht haben.

Selbstverständlich dürfen wir unsere Prozeduren auch innerhalb von Prozeduren aufrufen, wenn wir sie später in anderen Programmen benutzen wollen. Im Gegensatz zu PASCAL ist es in PEARL jedoch verboten, daß eine Prozedur sich direkt oder (mit dem Umweg über andere Prozeduren) indirekt selbst aufruft. Derartige Rekursionen erfordern nämlich, daß der Computer sich beim Programmlauf zusätzlichen Speicherplatz für den Aufbau von Kellerspeichern besorgen muß; das kann dazu führen, daß ein Programm abgebrochen werden muß, wenn zu wenig freier Hauptspeicher zur Verfügung steht. Bei "normalen" Programmen ist das nicht schlimm; bei Prozeßsteuerungsprogrammen könnte das aber im wahrsten Sinne des Wortes tödliche Folgen haben. Deshalb ist PEARL so konstruiert, daß der maximal mögliche Speicherbedarf eines Programmes bei Programmstart bekannt ist.

Wir müssen in PEARL an Stelle rekursiver Prozeduraufrufe Wiederholungen programmieren; die Informatik hat bewiesen, daß das in jedem Falle möglich ist. Das ist bei rekursiven Problemen etwas schwieriger als die Verwendung rekursiver Prozeduren, weil wir unter anderem die Kellerspeicher selbst vereinbaren und verwalten müssen; dadurch sind wir aber auch gezwungen, zu programmieren und zu testen, was passieren soll, wenn der vereinbarte Kellerspeicher beim Programmlauf nicht ausreicht.

4 Ein/Ausgabe für Fortgeschrittene

Bisher haben wir in unseren Programmen Ein/Ausgabe-Anweisungen in
ihrer einfachsten Form benutzt. Wir werden derartige Anweisungen
auch weiter nehmen, wenn wir beim Test fehlerhafter Programme
Zwischenergebnisse schnell ausgeben wollen; dabei kommt es ja
nicht darauf an, daß die ausgegebenen Daten schön in Tabellen
stehen. Für den praktischen Einsatz werden wir aber beispielsweise die Bediendialoge bequemer machen und Programmergebnisse übersichtlicher drucken wollen.

Fehler bei der Ein/Ausgabe-Programmierung sind erfahrungsgemäß
schwerer zu verbessern als andere Programmierfehler. Das liegt
daran, daß wir bei normalen logischen Fehlern die Diagnose durch
die Ausgabe von Zwischenergebnissen erleichtern können, während
bei Fehlern in der Ein/Ausgabe nur Nachdenken und Probieren
hilft. PEARL hat den Vorteil, daß die Ein/Ausgabe Teil der Sprache ist und relativ wenigen festen Regeln gehorcht; trotzdem
erfordert ihre perfekte Beherrschung fast soviel Aufwand zum
Erlernen wie der bisher dargestellte Teil der Sprache.

Bei den meisten Programmiersprachen ist der Teil, der zur Programmierung der Ein/Ausgabe dient, kleiner als bei PEARL. Der
Preis dafür sind geringere Flexibilität und größere Schwierigkei-
ten in der praktischen Anwendung. Manche PEARL-Neulinge stöhnen
darüber, daß auch das kleinste PEARL-Programm einen Systemteil
und ausführliche Datenstations-Beschreibungen enthalten muß, die
sie von anderen Sprachen nicht kennen. Die darin enthaltenen
Informationen sind aber notwendig, damit der Kompilierer nachprüfen kann, ob Programm und Rechnersystem wirklich zusammenpassen;
das zahlt sich spätestens aus, wenn ein Programm auf eine andere
Hardware übernommen werden soll. Bei Sprachen, die diese Prüfung
nicht gestatten, geht dann der Ärger nämlich los, weil man bei
denen oft tagelang testen muß, um herauszufinden, was alles nicht
stimmt.

4.1 Programmierung des Systemteils

Der Systemteil dient zwei Zwecken: in ihm werden den Ein/Ausgabe-
geräten Dation-Namen gegeben, und es wird in ihm notiert, auf
welchen Wegen die Daten zwischen der Zentraleinheit des Rechners
und den Ein/Ausgabegeräten transportiert werden. Im Idealfall
braucht deshalb nur der Systemteil geändert zu werden, wenn ein
PEARL-Programm auf einem anderen Rechner eingesetzt werden soll.
In der Praxis geht das allerdings nur, wenn die Peripheriegeräte
der beiden Rechner dieselben Dation-Eigenschaften haben.

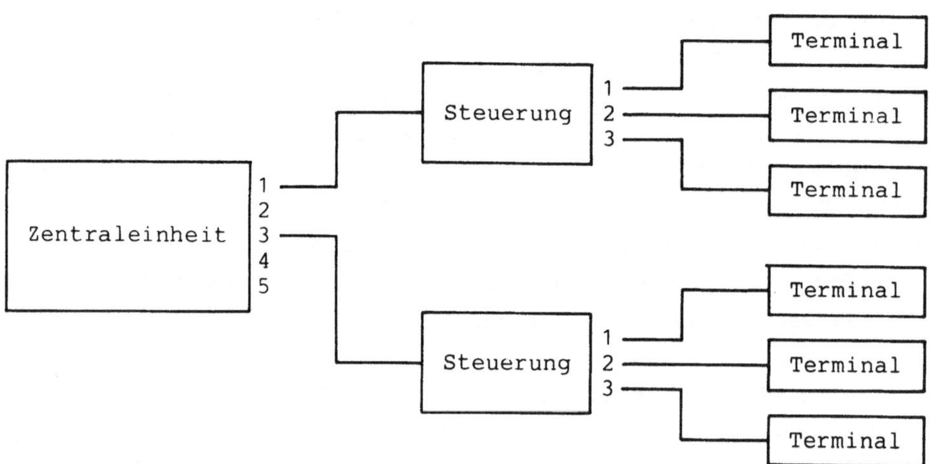

Figur 4.1: Anschluß von Terminals an einen Rechner

In Figur 4.1 ist ein fiktives Rechnersystem mit 6 Terminals
dargestellt. Je drei von ihnen werden über eine gemeinsamen
Steuerung bedient. Die Steuerungen selbst sind mit der Zentraleinheit über die Anschlußstellen Nr. 1 und 5 verbunden.
(Dabei spielt es keine Rolle, ob die Verbindung in Wirklichkeit
mit zwei Stichleitungen oder über einen Bus erfolgt; auf logi-
scher Ebene ergibt sich dasselbe Bild bei beiden Verbindungsar-
ten.)

Normalerweise haben sowohl die Zentraleinheit als auch die Steuerungen und Terminals Gerätenamen oder Typenbezeichnungen, unter
denen sie im Herstellerhandbuch beschrieben sind, z.B. CPU200,
ST231, DIS32. Wie schon gesagt, können wir den Systemteil dazu

benutzen, diese Typenbezeichnungen mit Namen von Datenstationen zu assoziieren, die besser auf unser Programmierproblem zugeschnitten sind. Das geschieht dadurch, daß wir die von uns gewählten Namen in Gerätebenennungen vor die Typenbezeichnung setzen. Dabei können wir sogar dafür sorgen, daß ein Gerät mehrere Namen bekommt (Figuren 4.2 und 4.3). Geräte gleichen Typs können wir dabei zu eindimensionalen Matrizen zusammenfassen, die wir Gerätegruppen nennen wollen. Im Systemteil tauchen Indizes von Gerätegruppen entweder einzeln auf und kennzeichnen dann ein bestimmtes Gerät aus einer Gruppe, oder paarweise durch Doppelpunkt getrennt als Ausschnitt aus einer Gerätegruppe.

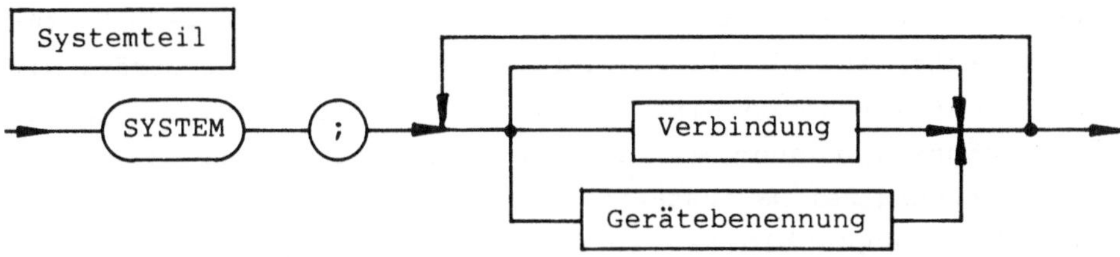

__Figur 4.2:__ Systemteil

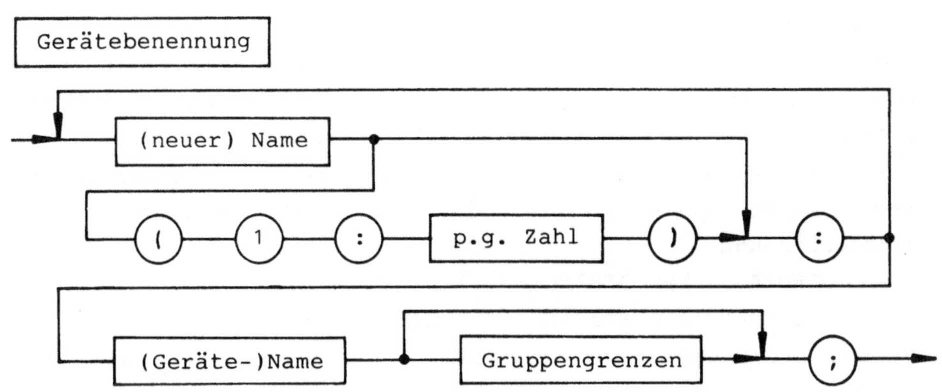

__Figur 4.3:__ Gerätebenennung

Die Gerätebenennung für unsere Terminals könnte beispielsweise lauten

        TERMINAL(1:6):DIALOGGERAET(1:6): DIS32(1:6);
das heißt, wir geben der Gerätegruppe von 6 Geräten des Typs DIS32 die Namen TERMINAL und DIALOGGERAET und können im Problemteil auf das erste Gerät beispielsweise mit TERMINAL(1) oder

DIALOGGERAET(1) zugreifen. Wir dürfen die 6 Displays aber auch
anders aufteilen:

        KONSOLE(1:2):DIS32(1:2);

        TERMINAL(1:4):DIALOGGERAET(1:4): DIS32(3:6);

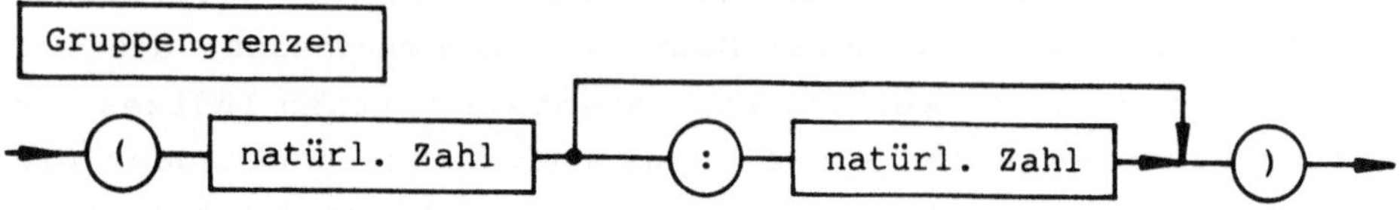

Figur 4.4: Gruppengrenzen

Einen derart einfachen Systemteil haben wir nur bei PEARL-Systemen, bei denen ein für allemal festgelegt ist, wie die Geräte mit
dem Rechner verbunden sind. Wenn die Verbindungen umgesteckt
werden können, müssen wir im Systemteil außer dieser reinen
Gerätebenennung bei Datenstationen auch noch notieren, wie sie an
den Rechner angeschlossen sind. Figur 4.5 zeigt, wie wir das
machen müssen.

Wir gehen davon aus, daß je zwei Geräte oder Gerätegruppen durch
Anschlußleitungen miteinander verbunden sind. Diese Verbindungen
werden so notiert, daß die Leitung je nach Übertragungsrichtung
der Daten mit "<-", "<->" oder "->" dargestellt wird. Auf der
linken Seite dieser Symbole steht jeweils das der Zentraleinheit
fernere Gerät, sodaß sich für die beiden Steuerungen die An-
schlußnotierungen

        STEUERUNG(1): ST231(1) <-> CPU200 * 1;

        STEUERUNG(2): ST231(2) <-> CPU200 * 3;

ergeben. Dabei bezeichnen die Zahlen hinter dem * jeweils die
Nummer des Anschlusses an die CPU200, mit dem die Steuerung
verbunden ist. Wir dürfen diese beiden Zeilen zu einer einzigen
zusammenfassen:

        STEUERUNG(1:2): ST231(1:2) <-> CPU200*1 + CPU200*3;

Falls wir in unserem Problemteil die Steuerung nirgends benutzen,
brauchen wir sie auch nicht zu benennen; wir können dann schreiben:

        ST231(1:2) <-> CPU200*1 + CPU200*3;

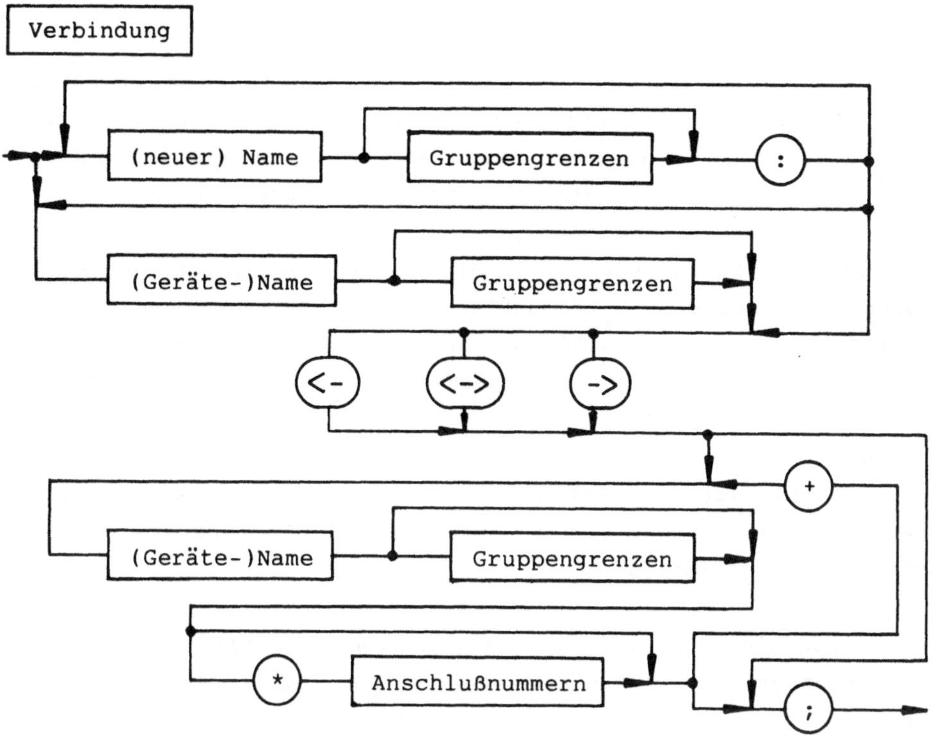

Figur 4.5: Verbindung

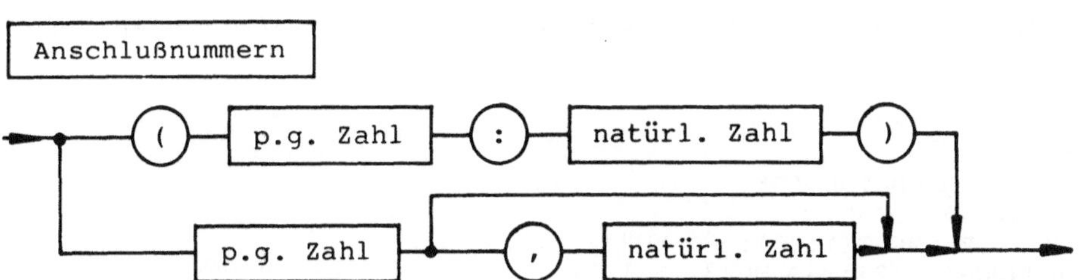

Figur 4.6: Anschlußnummern

Wenn wir jetzt noch die Verbindungen für unsere Terminals hinzu-
fügen, ist das Hardware-System Figur 4.1 vollständig beschrieben:
TERMINAL(1:6):
DIALOGGERAET(1:6):DIS32(1:6)⟨ - ⟩ST231(1)*(1:3) + ST231(2)*(1:3);
Die Notation rechts von⟨ - ⟩sagt dabei aus, daß die ersten drei
Terminals an den Anschlüssen 1 bis 3 von ST231(1) hängen, die
übrigen an den entsprechenden Anschlüssen von ST231(2). Dafür
dürfen wir wieder auch abgekürzt schreiben:

```
        ST231(1:2)*(1:3)
```

Weil es manchmal unbequem ist, bei den Anschlußnummern (Figur
4.6) hinter dem * die obere Grenze auszurechnen, dürfen wir statt
*(5:8) auch *5,4 schreiben, wenn wir die mit Anschluß Nr. 5
beginnenden vier aufeinanderfolgenden Anschlüsse meinen.

Als nächstes Beispiel wollen wir einen Ausschnitt aus einem
Prozeß-Peripheriesystem betrachten. Wir haben einen Analog-Digi-
tal-Konverter vom Typ ADC50, der am Anschluß 5 der Zentraleinheit
angeschlossen ist. Da solch ein ADC ein relativ teures Gerät ist,
schalten wir einen Multiplexer vom Typ MUX32 mit insgesamt 32
Eingängen davor. Mit den ersten 20 Eingängen dieses Multiplexers
sollen Thermoelemente verbunden sein, mit den restlichen 12 Deh-
nungsmeßstreifen-Schaltungen. Die entsprechenden Zeilen des Systemteils zeigt Beisp. 4.1.

Die Reihenfolge, in der die Verbindungen dort niedergeschrieben
sind, richtet sich nach einer zusätzlichen Regel aus Basis-PEARL:
wenn ein Gerät in einer Verbindungs-Beschreibung rechts von den
Richtungspfeilen steht, muß es in einer der vorhergehenden Verbindungen links gestanden haben; ausgenommen sind solche Geräte,
bei denen keine Verbindungs-Beschreibung nötig ist, wie in unserem Beispiel bei CPU200.

```
SYSTEM;
  ADC50  -> CPU200 *5;
  MUX32  -> ADC50;
  THERMOELEMENT(1:20): -> MUX32 *1,20;
  DEHNUNG(1:12): -> MUX32 *21,12;
```

<u>Beisp. 4.1:</u> Systemteil

Bei manchen PEARL-Systemen, bei denen der Hersteller keine Möglichkeit zur Änderung der Anschlüsse vorgesehen hat, brauchen wir
nur die von uns gewählten Namen, die Gerätetypbezeichnungen des
Herstellers und die Übertragungsrichtungen in den Systemteil zu
schreiben, damit letztere geprüft werden kann:

```
        TERMINAL: DIS <->;
```

4.2 Zusätzlich vereinbarte Datenstationen

Die im Systemteil beschriebenen Datenstationen sind solche, die
unserem Rechnersystem mit allen Eigenschaften von vornherein
bekannt sind. In Kapitel 1.5 haben wir gelernt, daß wir diese
Datenstationen in Spezifikationen beschreiben müssen. In diesen
Spezifikationen müssen die Dimensionen in leeren Dimensionenlisten angedeutet werden, weil sie zahlenmäßig in Listen des Rechnersystems festgelegt sind. Figur 4.7 zeigt, daß wir in den
modulglobalen Vereinbarungen zusätzliche Datenstationen einführen
dürfen. Bei ihnen müssen wir die innere Gliederung in Seiten und
Zeilen in Dimensionenlisten angeben, wie wir sie von der Vereinbarung von Matrizen kennen.

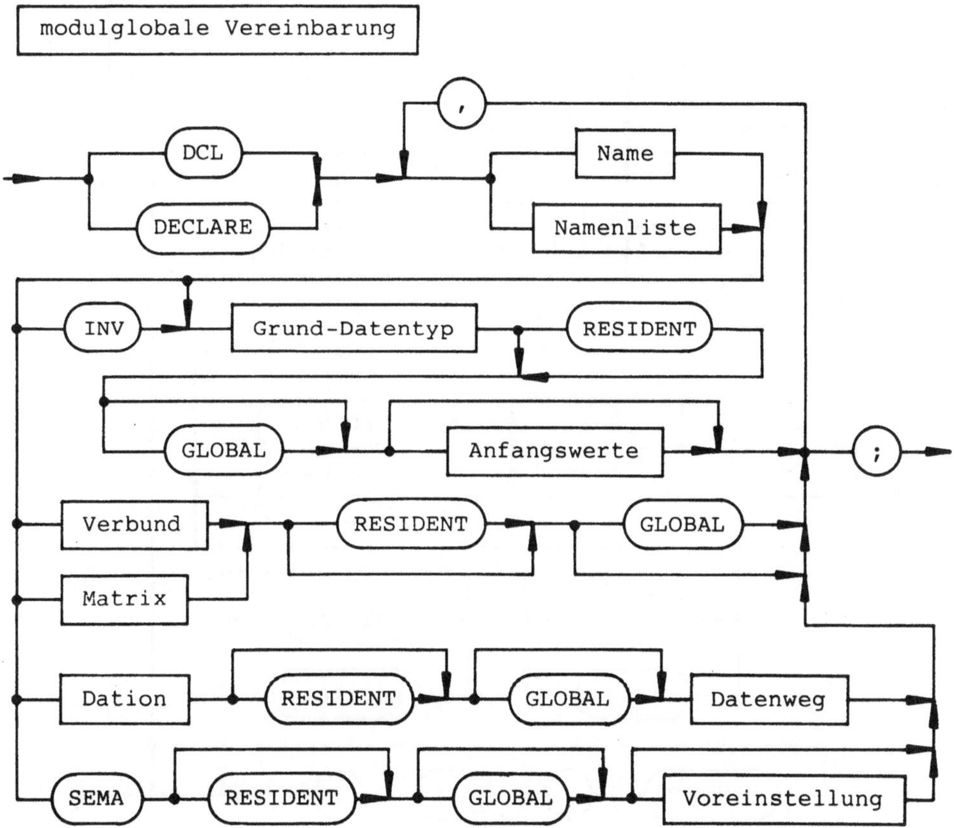

Figur 4.7: Modulglobale Vereinbarung

Allgemein dienen die modulglobalen Vereinbarungen dem Zweck,
Objekte zu vereinbaren, die im ganzen Modul bekannt sein sollen,
also in allen seinen Prozeduren und Tasks. Ein Vergleich mit den
blocklokalen Vereinbarungen Figur 1.13 läßt uns erkennen, daß das
außer neuen Datenstationen und SEMA-Objekten alle bisher bekann-
ten Datenobjekte sind; diese dürfen hier zusätzlich auch noch die
Eigenschaft GLOBAL bekommen, die sie auch in anderen Moduln
unseres Programmes sichtbar und damit benutzbar macht. Auf Objekte des Typs SEMA werden wir in Kapitel 6.4 näher eingehen.

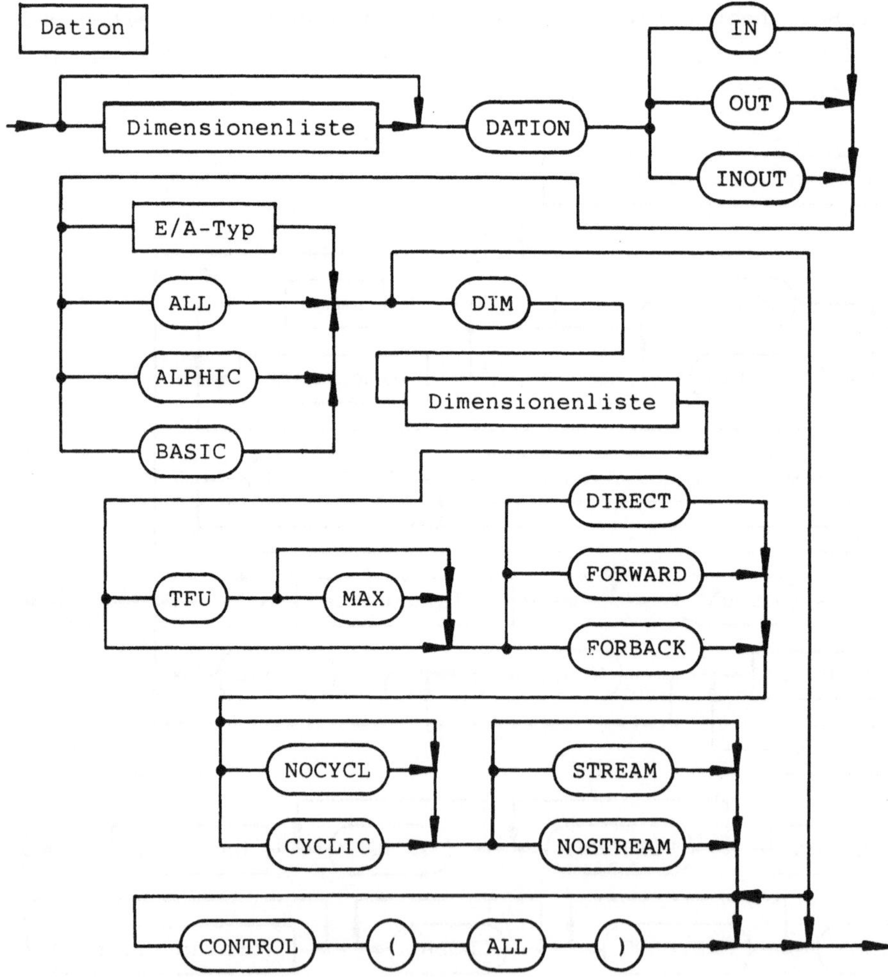

<u>Figur 4.8:</u> Dation

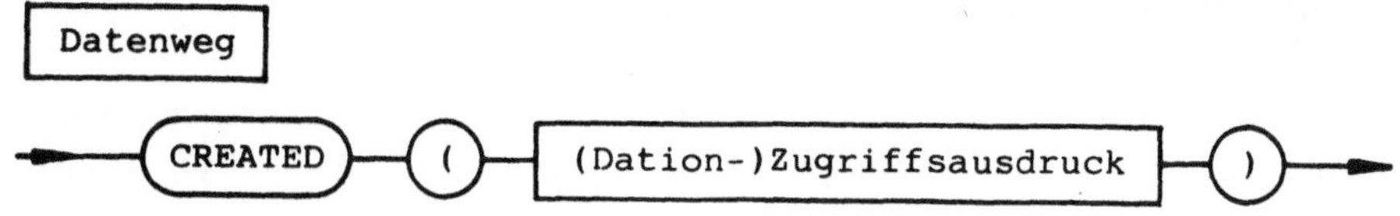

Figur 4.9: Datenweg

Vereinbarte Datenstationen sind nötig, wenn wir einen Massenspeicher in mehrere Teile gliedern müssen, auf die wir so zugreifen können, wie auf ein ganz normales Gerät. Deshalb müssen wir bei der Vereinbarung angeben, auf welcher systembekannten sich die neu vereinbarte Datenstation befindet. Das tun wir durch Angabe des Datenweges (Figuren 4.8 und 4.9). Eine Dation-Vereinbarung lautet also beispielsweise

```
DCL DATEI DATION INOUT ALPHIC DIM(15,60,80) TFU MAX FORBACK
                  CONTROL(ALL) CREATED(PLATTENSPEICHER);
```

Eine kurze Überlegung zeigt uns, daß wir damit dem Rechnersystem eine nicht ganz leichte Aufgabe aufbürden. Es muß ja jetzt auf dem Gerät Plattenspeicher Platz für unsere Datei reservieren und vor allem dafür sorgen, daß bei einer PUT-Anweisung die Daten dort landen und bei einer GET-Anweisung wiedergefunden werden. Hinter dem CREATED(PLATTENSPEICHER) verbirgt sich also eine ziemliche organisatorische Aufgabe, die das Rechnersystem mit vorhandener Software - einem sogenannten Interface - erledigen muß. Deshalb unterliegen die DATION-Vereinbarungen normalerweise Einschränkungen, die man dem Handbuch des Übersetzersystems entnehmen muß.

Eine weitere Einschränkung ist selbstverständlich: vereinbarte Datenstationen können keine Eigenschaften haben, die über diejenigen der unterliegenden System-Datenstation hinausgehen; Einschränkungen sind hingegen möglich. Deshalb kann auf einem Gerät mit der Eigenschaft FORBACK eine Datenstation mit FORWARD vereinbart werden, aber nicht umgekehrt.

4.3 Eröffnen und Schließen von Datenstationen

Bevor wir eine Datenstation verwenden, sollten wir sie mit einer
OPEN-Anweisung eröffnen (Figur 2.2). Dadurch wird sie in einen
definierten Anfangszustand gebracht; bei Magnetband-Dateien wird
beispielsweise auf den Dateianfang gespult. Außerdem wird die
Datenstation für uns reserviert, um zu verhindern, daß in Mehrbe-
nutzersystemen zwei Programme gleichzeitig mit ihr arbeiten und
dadurch ihre Ausgabedaten vermischen. Deshalb müssen wir sie nach
Gebrauch durch eine CLOSE-Anweisung schließen, damit sie wieder
für andere freigegeben wird. Bei Dateien wird dabei eine Datei-
ende-Marke geschrieben.

Wir haben in Kapitel 1.6 erwähnt, daß Datenstation der Sammelbe-
griff für Dateien einerseits und Geräten wie Drucker, Terminals
oder Lochkartenlesern andererseits ist. Bei Dateien besteht jedoch ein Unterschied zu diesen Geräten; sie haben normalerweise
einen Namen, unter dem sie das Rechnersystem auf dem Massenspeicher wiederfindet. Deshalb müssen wir beim Eröffnen von Datei-
Datenstationen auch den Dateinamen angeben. Das geschieht dadurch, daß wir die OPEN-Anweisung durch Eröffnungs-Formate ergänzen (Figuren 4.10 und 4.11). Den Dateinamen schreiben wir in
Klammern hinter das Schlüsselwort IDF (Abkürzung für identifica-
tion), entweder als Zeichenketten-Konstante oder als Zugriffsausdruck auf eine Zeichenkette. Beisp. 4.2 zeigt ein Programmstück,
für die Eröffnung von Dateien, deren Namen im Dialog angefordert
werden.

```
BEGIN
   DCL DATEINAME CHAR(8);
   PUT 'GIB DATEINAMEN: ' TO TERMINAL;
   GET DATEINAME FROM TERMINAL;
   OPEN DATEI BY IDF(DATEINAME);
END;
```

<u>Beisp. 4.2:</u> Einlesen eines Dateinamens und Eröffnen der Datei

Bei der Eröffnung von Dateien dürfen wir außerdem mit einem
weiteren Eröffnungs-Format angeben, ob es sich um eine schon vorhandene (OLD) oder um eine neue (NEW) Datei handeln soll; Angabe
von NEW ist beispielsweise wichtig, wenn wir verhindern wollen,

daß in eine zufällig schon vorhandene Datei gleichen Namens
geschrieben wird; der Rechner würde dann bei Ausführung der
OPEN-Anweisung einen Fehler melden. Wenn es uns egal ist, ob die
Datei schon vorhanden ist oder nicht, schreiben wir ANY.

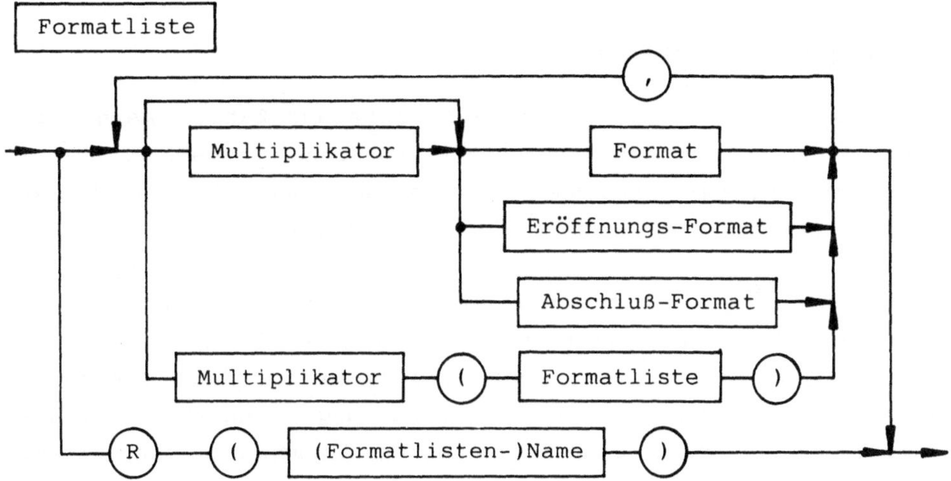

Figur 4.10: Formatliste

Viele Systeme haben auch für die CLOSE-Anweisung Abschluß-For-
mate; mit ihnen kann man beispielsweise Dateien, die nur zur
Zwischenspeicherung benutzt worden sind, wieder löschen.

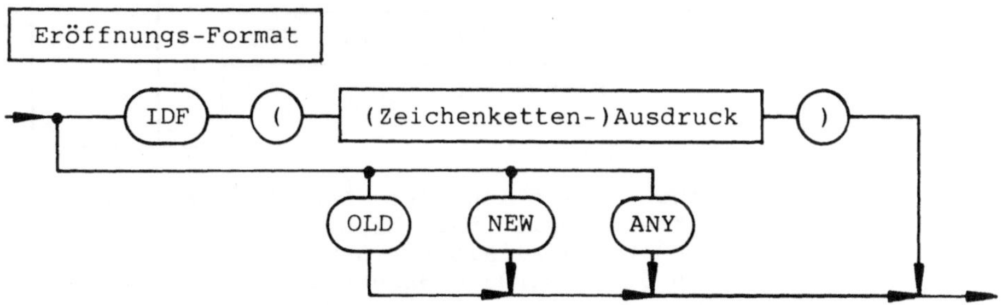

Figur 4.11: Eröffnungs-Format

Auch bei der OPEN-Anweisung gibt es oft zusätzliche, vom System-
hersteller abhängige Möglichkeiten weiterer Steuerungen durch
zusätzliche Eröffnungs-Formate. Bei Systemen von Krupp Atlas-
Elektronik kann man beispielsweise bei der Eröffnung von

Prozeßdatenstationen spezifizieren, wie eine TAKE- oder SEND-
Anweisung ablaufen soll und erhält dadurch die Möglichkeit, bei
Analog-Digitalkonvertern die Empfindlichkeit oder die Integra-
tionszeit zu ändern.

4.4 Ausgabe von Tabellen

Alle aus Druckzeichen bestehenden Texte und Zahlen werden in
ALPHIC-Datenstationen ausgegeben bzw. aus ihnen eingelesen. Dabei
müssen wir uns immer vor Augen halten, daß Buchstaben und Zahlen
im Hauptspeicher des Rechners als Bitketten gespeichert sind und
deshalb vor der endgültigen Ausgabe von der Datenstation in
Druckzeichen umgewandelt werden müssen. Man nennt diesen Vorgang
Formatierung. Sie muß offensichtlich für jeden Datenwert indivi-
duell vorgenommen werden, denn im allgemeinen Fall werden ja
Daten verschiedenen Typs bunt gemischt ausgegeben. Zu jedem Datenwert gehört deshalb eine Formatierungs-Vorschrift, die wir als
datengebundenes Format bezeichnen wollen.

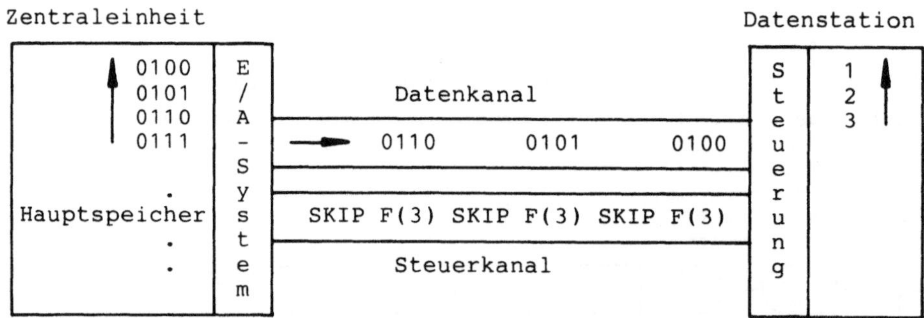

Figur 4.12: Schematische Darstellung der Datenübertragung zwischen Zentraleinheit und Alphic-Datenstation. Für
jeden im Datenkanal als Bitmuster übertragenen Datenwert (6 5 4) wird im Steuerkanal ein datengebundenes Format F(3) übertragen . Zusätzliche Positionier-Formate SKIP bewirken die Zeilenfortschaltungen.

Wir können uns das an Hand eines Bildchens (Figur 4.12) klar-
machen. In ihm wird schematisch gezeigt, wie in einer Datenstation Zeilen gedruckt werden, die nur dreistellige Nummern enthalten. Die Nummern stehen als Dualzahlen (gezeigt sind nur die

letzten 4 Stellen) im Hauptspeicher des Rechners und wandern
durch den Datenkanal in die Datenstation. Gleichzeitig werden
durch den Steuerkanal die zur Umwandlung in gedruckte Dezimalzahlen notwendigen datengebundenen Formate F(3) übertragen. Zusätzlich laufen durch den Steuerkanal Positionier-Formate SKIP, die
das Weiterschalten auf die nächste Zeile bewirken.

Wir verstehen jetzt besser, was es mit dem CONTROL(ALL) in der
Aufzählung von Dation-Eigenschaften auf sich hat: es bedeutet,
daß die Datenstation einen Steuerkanal besitzt.

	Verwendung	1. Parameter	2. Parameter	3. Parameter
LIST	alle Daten	(implementationsabhängige Parameterwahl)		
F	Festpunkt- Schreibweise	Feldweite	Nachkomma- Stellenzahl	Skalenfaktor
E	Gleitpunkt- Schreibweise	Feldweite (mindestens 6)	Nachkomma- Stellenzahl	Mantissen- Stellenzahl
A	Zeichenketten	Feldweite		
B	Bitketten in Dualziffern			
B3	dito in Oktalziffern	Feldweite		
B4	dito in Sede- zimalziffern			
T	Uhrzeiten	Feldweite (mindestens 7)	Stellenzahl f. Sekundenbrucht.	
D	Zeitdauern	Feldweite (mindestens 19)	Stellenzahl f. Sekundenbrucht.	

<u>Tabelle 4.1:</u> Datengebundene Formatbezeichnungen

Bisher sind die Formate bei unseren PUT-Anweisungen stillschweigend vom Rechnersystem gebildet worden. Wir dürfen sie aber auch
selbst vorschreiben, um besonders schöne Druckbilder zu erzeugen.
Tabelle 4.1 zeigt, welche datengebundenen Formate wir bilden können. Formate mit F und E werden für das Drucken von Dezimalzahlen
in Festpunkt- bzw. Gleitpunktschreibweise benutzt und können
sowohl bei FIXED als auch FLOAT-Daten verwendet werden. Zeichenketten werden mit A ausgegeben, Bitketten mit B, B3 und B4, je
nachdem, ob sie mit Dualziffern oder kürzer mit Oktal- oder

Sedezimalziffern gedruckt werden sollen. Für Uhrzeiten und Zeitdauern beginnen die Formate mit T bzw. D.

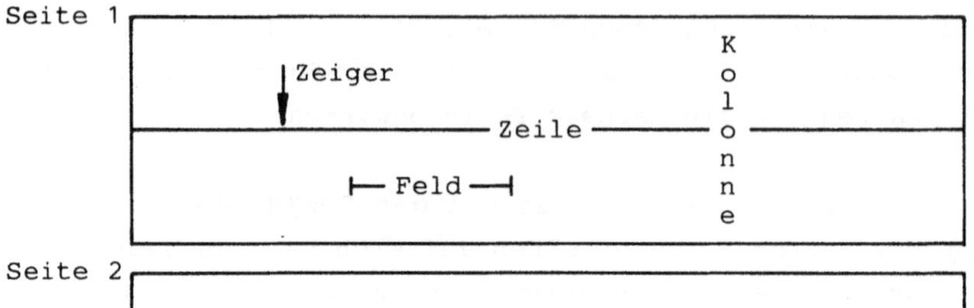

Figur 4.13: Gliederung einer Datenstation in Seiten, Zeilen und
Kolonnen. Ein Feld umfaßt mehrere Kolonnen in einer
Zeile. Ein Zeiger deutet auf die Stelle, wo das
nächste Zeichen gedruckt wird.

Bevor wir uns den Aufbau von Formaten näher ansehen, müssen wir
an Hand von Figur 4.13 noch einige Begriffe klären. Sie zeigt,
daß wir die drei Dimensionen einer Datenstation Seiten, Zeilen
und Kolonnen nennen wollen. Den Platz, den eine Tabellenspalte
innerhalb einer Zeile einnimmt, wollen wir Feld nennen. Außerdem
wollen wir uns vorstellen, daß ein Zeiger auf den Platz zeigt, wo
das nächste Zeichen gedruckt werden soll.

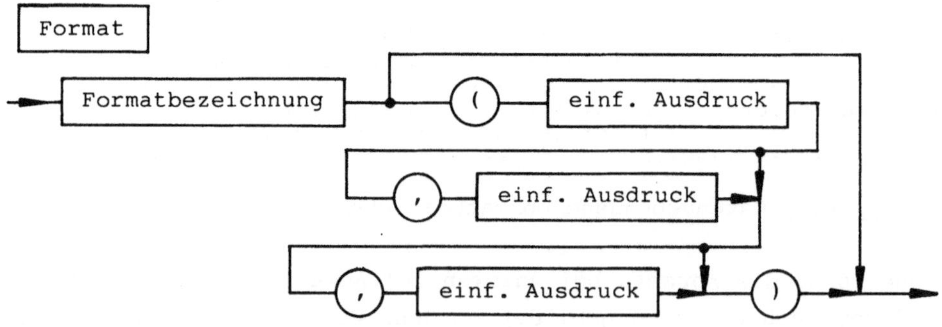

Figur 4.14: Format

Beim Ausdrucken der Gleitpunktzahl -31.321E+00 in eine Tabellenspalte müssen wir offensichtlich 3 Parameter angeben: die Feldweite, die Zahl der Nachkomma-Stellen 3 und die Gesamtzahl 5 der

Mantissen-Ziffern vor dem E. Für die obige Zahl muß die Feldweite
mindestens 11 sein; die Formatierung würde also E(11,3,5) lauten,
wie wir Tabelle 4.1 entnehmen. Wir dürfen jedoch die Feldweite
auch größer wählen; dann wird das Feld vor dem Vorzeichen mit
Leerzeichen aufgefüllt, sodaß die Zahl rechtsbündig in der Tabellenspalte stehen würde.

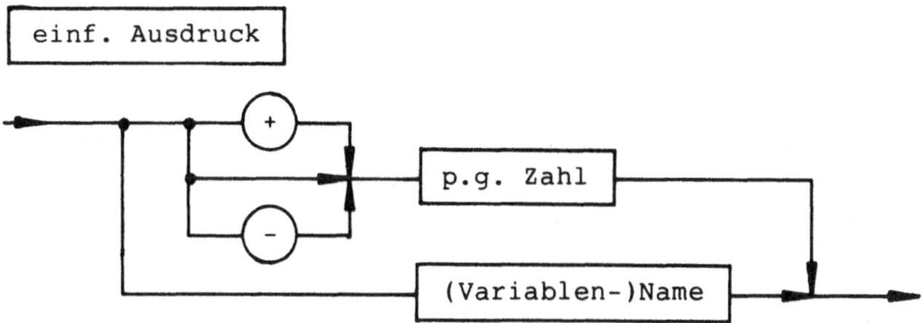

Figur 4.15: Einfacher Ausdruck

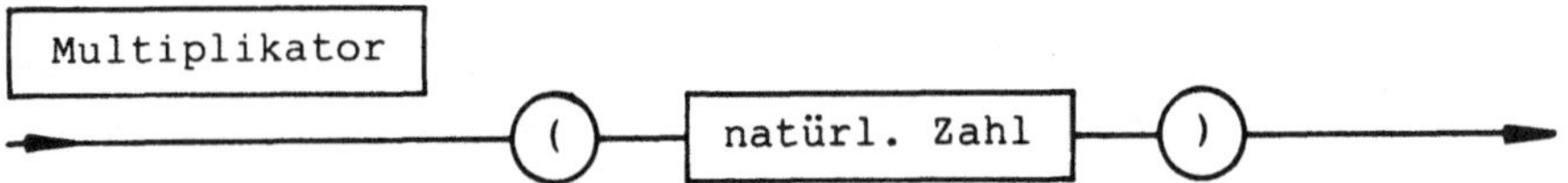

Figur 4.16: Multiplikator

Um die ganze Sache einfacher zu machen, dürfen wir aber auch
Parameter weglassen; bei fehlender Mantissenlänge wird diese um
Eins größer als die Zahl der Nachpunktstellen eingesetzt, damit
eine Ziffer vor dem Dezimalpunkt steht; wenn auch die Mantissen-
länge und die Feldweite fehlen, nimmt der Computer Werte, die im
Implementationshandbuch nachzulesen sind.

In der Regel werden wir mit dem E-Format FLOAT-Zahlen ausgeben
und bei FIXED-Zahlen das F-Format verwenden; wir dürfen das E-
Format aber auch bei FIXED-Zahlen nehmen, wenn wir uns die Parameter richtig überlegt haben, und das F-Format bei FLOAT-Zahlen.

Wenn wir uns beispielsweise die Zahl -31.321E+00 genau ansehen,
stellen wir fest, daß sie auch -31.321 geschrieben werden kann.
Diese Schreibweise können wir erzeugen, indem wir sie mit dem F-

Format F(7,3) ausgeben. Bei dem bedeuten die ersten Parameter wieder Feldweite und Anzahl der Nachpunktstellen. Wenn wir den zweiten Parameter weglassen, setzt der Computer dafür 0 ein; auf diese Weise werden wir normalerweise FIXED-Zahlen ausgeben.

Falls wir FLOAT-Zahlen mit dem F-Format ausgeben, kann es passieren, daß eine Zahl schlicht zu groß ist, um in die von uns angegebene Feldweite zu passen; in solchen Fällen meldet der Computer den Fehler während des Programmlaufs und druckt eine Reihe **** in unsere Tabelle. Wir können das aber verhindern, indem wir uns beim Programmieren mehr Mühe geben; wir suchen per Programm einfach nach der Zahl mit dem größten Absolutbetrag und dividieren die immer wieder durch 10, bis sie kleiner als 1 ist. Dadurch bekommen wir ihre Größenordnung heraus und können die notwendige Feldweite durch das Programm in eine Variable einsetzen lassen; Figur 4.15 zeigt ja, daß die Format-Parameter auch als Inhalt von Variablen gegeben werden können.

Ein 16-Bit-Rechner kann die Zahl -31321 gerade noch als FIXED-Zahl in einem Speicherwort notieren; wenn wir daraus -31.321 machen wollen, müssen wir vor der Ausgabe mit 10**-3 multiplizieren. Das können wir durch Angabe des dritten Parameters im F-Format bewirken: F(7,3,-3) erzeugt uns die gewünschte Schreibweise. Umgekehrt können wir -31.321 mit dem Format F(7,3,3) einlesen und als FIXED-Zahl speichern. Das ist für manche Anwendungen praktisch, weil die Computer Additionen und Subtraktionen bei FIXED-Zahlen viel schneller ausführen als bei FLOAT und außerdem Speicherplatz für die Daten gespart wird; durch diesen Trick können wir auch bei Dezimalbrüchen FIXED-Rechnungen machen lassen.

Tabelle 4.1 zeigt uns, daß wir bei der Ausgabe von CHAR-Daten das A-Format verwenden müssen; wenn wir dabei nur A, also keine Feldweite angeben, wird als Feldweite die Länge des auszugebenden CHAR-Wertes genommen. Im Unterschied zum E- und F-Format erfolgt bei zu kurz angegebener Feldweite keine Fehlermeldung, sondern die überschüssigen Zeichen werden rechts abgeschnitten; außerdem wird bei zu langen Feldern nicht links, sondern rechts mit Leerzeichen aufgefüllt.

Ähnlich ist es bei den Formaten B, B3 und B4 für Bitketten. Auch
sie werden linksbündig in Tabellenspalten geschrieben und rechts
abgeschnitten oder aufgefüllt.

Beim T-Format werden Uhrzeiten rechtsbündig so in die Tabellen
gedruckt, wie wir sie als Uhrzeit-Konstanten beim Programmieren
schreiben müssen; Entsprechendes gilt beim D-Format für Zeitdauern; dabei können bei den Sekunden auch Dezimal-Bruchteile
mitgedruckt werden. Weil hier wieder nur Sternchen gedruckt werden, wenn die Feldweite zu kurz ist, wurde deren Mindestwerte in
Tabelle 4.1 angegeben.

```
MAIN:TASK;
   /**********************************************************
    * Die Task dient zum Ausprobieren von F- und E-Format    *
    * Version 1.1 / 16.5.84 / Frevert                        *
    **********************************************************/

   DCL ZAHL FLOAT,
       (FELDWEITE,
        NACHPUNKTSTELLEN,
        PARAMETER3)           FIXED;
   OPEN TERMINAL;
   REPEAT
      PUT 'GIB IRGENDEINE ZAHL ',
          '(GANZE ZAHL/DEZIMALBRUCH/WISS. SCHREIBWEISE): '
                TO TERMINAL BY (2)A,SKIP;
      GET ZAHL FROM TERMINAL;
      PUT 'GIB FELDWEITE (GANZE ZAHL): 'TO TERMINAL;
      GET FELDWEITE FROM TERMINAL;
      PUT 'GIB NACHPUNKTSTELLEN (GANZE ZAHL): 'TO TERMINAL;
      GET NACHPUNKTSTELLEN FROM TERMINAL;
      PUT 'GIB PARAMETER3 (GANZE ZAHL): 'TO TERMINAL;
      GET PARAMETER3 FROM TERMINAL;
      PUT TO TERMINAL BY SKIP(2);      /* 2 Leerzeilen             */
      PUT 'MIT F-FORMAT GESCHRIEBEN ERGIBT SICH:'ZAHL TO TERMINAL
          BY F(FELDWEITE,NACHPUNKTSTELLEN,PARAMETER3),SKIP;
      PUT 'MIT E-FORMAT GESCHRIEBEN ERGIBT SICH:'ZAHL TO TERMINAL
          BY E(FELDWEITE,NACHPUNKTSTELLEN,PARAMETER3),SKIP;
      IF NOT BEFEHLSLESEN('WIEDERHOLEN',TERMINAL) THEN
         GOTO ENDE;
      FIN;
   END;
   ENDE:;
   CLOSE TERMINAL;
END;/* Task MAIN */
```

<u>Beisp. 4.3:</u> Task zum Ausprobieren von F- und E-Format

Am einfachsten ist natürlich die Ausgabe mit dem LIST-Format, bei
dem der Rechner Parameterwerte benutzt, die im jeweiligen Imple-

mentationshandbuch stehen. Bei PUT-Anweisungen ohne Formatliste
baut der Computer übrigens selbst eine Formatliste auf, in der
für jeden Datenwert X,LIST und am Ende SKIP steht.

Wir können jetzt ausprobieren, ob wir alles verstanden haben und
ob unser Computer so arbeitet, wie es hier beschrieben worden
ist, indem wir eine kleine Task schreiben, die wir an Stelle der
bisherigen in unser Beispiel einfügen, und dann Zahlen und Parameter eingeben (Beisp. 4.3). Dabei wollen wir unsere Prozedur
BEFEHLSLESEN (Beisp. 3.11) natürlich auch benutzen. Kommentare
sind dieses Mal nicht in der Task, damit wir versuchen können,
sie mit dem bisher Gelernten zu verstehen.

Die beiden Zeichenketten-Konstanten in der ersten PUT-Anweisung
werden übrigens in dieselbe Zeile ausgegeben; die Aufforderung
wurde nur deshalb in zwei Teile aufgespalten, weil sonst die
erste Zeile der PUT-Anweisung zu lang geworden wäre.

```
Bezeichnung Beispiel    Positionierung
==================================================================
    X        X(5)        auf fünft-nächste Kolonne
------------------------------------------------------------------
   SKIP      SKIP(5)     auf fünft-nächsten Zeilenanfang
------------------------------------------------------------------
   PAGE      PAGE(5)     auf fünft-nächsten Seitenanfang
------------------------------------------------------------------
   ADV       ADV(1,2,3) zunächst auf dritt-nächste Kolonne, von da
                        weiter um genau 2 Zeilen, dann weiter
                        um genau 1 Seite
------------------------------------------------------------------
   COL       COL(3)      auf 3. Kolonne der aktuellen Zeile
------------------------------------------------------------------
   LINE      LINE(3)     auf Anfang der 3. Zeile
------------------------------------------------------------------
   POS       POS(1,2,3) auf 3. Kolonne der 2. Zeile auf 1. Seite
==================================================================
```

Tabelle 4.2: Positionier-Formatbezeichnungen

Beim Ausdrucken von Tabellen müssen wir natürlich dafür sorgen,
daß die einzelnen Tabellenspalten durch mindestens ein Leerzeichen voneinander getrennt sind. Dazu nehmen wir das Positionier-
Format X, das den Zeiger (Figur 4.13) in der Zeile um die Anzahl
der Kolonnen weitersetzt, die als Parameter dahinter steht.
Außerdem müssen wir nach jeder Tabellenspalte durch SKIP auf den

Anfang der nächsten Zeile weiterschalten. Am Anfang jeder neuen Seite drucken wir eine Überschrift; dazu müssen wir die Tabellenzeilen zählen und nach der letzten Zeile mit PAGE auf die nächste Seite schalten. Unser Programmbeispiel Beisp. 4.3 zeigt uns, daß wir PUT-Anweisungen schreiben dürfen, die keine Daten übertragen, sondern nur Positionier-Formate enthalten.

Tabelle 4.2 gibt eine Übersicht über diese Formate. Bei ihrer Benutzung müssen wir daran denken, daß SKIP(5) auf den Anfang der 5.-nächsten Zeile positioniert; ADV(5,0) hingegen bringt den Zeiger um genau 5 Zeilen weiter, also in eine Zeilenmitte, wenn er vorher mitten in einer Zeile war. Wenn hinter X, SKIP und PAGE kein Parameter steht, setzt der Computer eine Eins dafür ein.

In den Positionier-Formaten dürfen auch negative Werte als Parameter stehen; wir dürfen also auch Rückwärts-Positionierungen programmieren, wenn wir DIRECT- oder FORBACK-Datenstationen haben. Dabei müssen wir bei PUT-Anweisungen jedoch genau darauf achten, ob jeweils ganze Zeilen (TFU) oder Zeilenbruchstücke (TFU MAX) in die Datenstation übertragen werden. ALPHIC-Datenstationen haben nämlich normalerweise einen von diesen Zusätzen in der Spezifikation oder Deklaration; sie bewirken, daß die auszugebenden Daten zunächst in einem rechner-internen Zwischenpuffer gesammelt werden; erst wenn die Zeile voll ist oder ein SKIP gemacht wird, werden sie wirklich in die Datenstation geschickt. Dadurch wird gegenüber der Einzel-Übertragung viel Verwaltungsaufwand gespart. Durch ein SKIP wird bei TFU der Puffer mit Leerzeichen auf die volle Zeilenlänge aufgefüllt, bevor er in die Datenstation kopiert wird. Das hat den Nebeneffekt, daß bei Rückwärts-Positionierung in einer Zeile und anschließendem Neu-Einschreiben alles verlorengeht, was weiter rechts in der Zeile stand. Bei TFU MAX hingegen werden nur die Stellen geändert, in die noch einmal geschrieben wird.

Wir sollten noch aus einem anderen Grunde darauf achten, ob wir mit TFU oder TFU MAX arbeiten: wegen des Auffüllens auf ganze Zeilen enthalten ALPHIC-Dateien mit TFU viele überflüssige Leerzeichen und brauchen mehr Speicherplatz als TFU MAX-Dateien.

Für Tabellendruck werden wir unsere Datenstationen mit der Eigenschaft NOSTREAM versehen. Dadurch bekommen wir Fehlermeldungen, wenn die Dation-Zeile kürzer als der Inhalt ist, den wir hineinschreiben wollen. STREAM hingegen ist vorteilhaft, wenn der Computer automatisch eine neue Zeile anfangen soll, falls ein Feld nicht mehr in den Rest der Zeile paßt, also beispielsweise bei Text-Verarbeitungsprogrammen (für die PEARL sich sehr gut eignet).

Bei Tabellen mit vielen gleichartigen Spalten brauchen wir die Formate nicht für jede Spalte einzeln zu programmieren; Figur 4.10 zeigt, daß wir statt F(8,3),X,F(8,3),X,F(8,3),X auch (3)(F(8,3),X) schreiben dürfen. Dabei ist jedoch Vorsicht geboten: wir wissen ja, daß zu jedem ausgegebenen Datenwert ein datengebundenes Format gehören muß; wenn wir uns bei einem von beiden verzählen, können ziemlich häßliche Dinge passieren. Anstatt daß der Computer einen Fehler meldet, beginnt er eine zu kurze Formatliste wieder von vorn. (Dadurch soll die Ausgabe von Tabellen erleichtert werden, deren Länge bei Programmstart noch nicht bekannt ist.) Bei zu kurzer Datenliste hingegen überspringt er die überflüssigen datengebundenen Formate und führt nur die SKIPs usw. aus, die er bis zum Ende der Formatliste findet; wir wundern uns dann über die vielen unnützen Zeilenvorschübe, die wir scheinbar nicht programmiert haben.

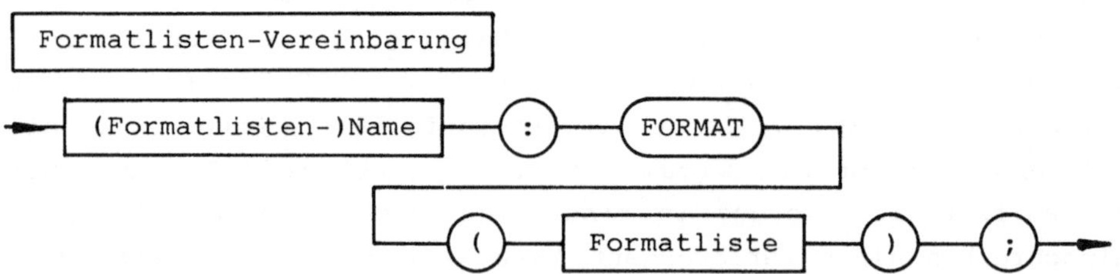

Figur 4.17: Formatlisten-Vereinbarung

Wenn wir dieselbe Formatliste in mehreren PUT-Anweisungen verwenden wollen, dürfen wir sie mit einem Namen versehen, indem wir eine Format-Vereinbarung in unseren Modul schreiben (Figur 4.17). Eine derartige Vereinbarung für das Ausdrucken des Inhaltes vom

Hochregallager aus Beisp. 1.5 zeigt Beisp. 4.4. Die Überschriften
für die einzelnen Tabellenspalten würden wir mit der Formatliste
Beisp. 4.5 drucken; der Vergleich mit 4.4 zeigt, daß in ihr nur
die Formatbezeichnungen überall von F und E in A geändert sind.
Die Feldweiten sind dabei so gewählt, daß die Kommentar-Inhalte
aus Beisp. 4.5 gerade als Überschriften hineinpassen. Wir können
dann die Überschrift mit der Anweisung ausgeben:

```
PUT 'REGAL','ZEILE','FACH','BESTNR','BEZEICHNUNG','GEWICHT'
                            TO DRUCKER BY R(KOPFFORMAT);
```

```
LAGERFORMAT:FORMAT (F(5),         /* Regalnummer             */
            X,F(5),               /* Regalzeilen-Nummer      */
            X,F(4),               /* Fachnummer              */
            X,F(4),               /* Anzahl Gegenstaende     */
            X,F(6),               /* Bestellnummer           */
            X,A(20),              /* Bezeichnung             */
            X,E(9,2,3),           /* Gewicht                 */
            SKIP);                /* Naechste Zeile          */
```

Beisp. 4.4: Format für eine Liste der Lagerinhalte des Hochregallagers aus Beisp. 1.5

```
KOPFFORMAT :FORMAT (A(5),         /* REGAL                   */
            X,A(5),               /* ZEILE                   */
            X,A(4),               /* FACH                    */
            X,A(4),               /* ZAHL                    */
            X,A(6),               /* BESTNR                  */
            X,A(20),              /* BEZEICHNUNG             */
            X,A(9),               /* GEWICHT                 */
            SKIP);                /* Naechste Zeile          */
```

Beisp. 4.5: Format für die Überschrift über die Lagerinhalts-
Tabelle.

4.5 Einlesen von ALPHIC-Daten

Wenn Programmierneulinge ein Programm zur Eingabe von Zahlen
schreiben, denken sie zunächst nicht daran, daß der Computer
dabei vor einem Problem steht: er weiß beispielsweise bei der
Zeichenfolge -31.321 nicht, um wieviele Zahlen es sich handelt.
Wenn die Zeichen in einem Feld stehen, dessen Weite größer als 6
ist, wird er sie als die Zahl -31.321 lesen; es könnte aber auch
sein, daß es sich um 4 Felder der Weite 2 handelt, zwischen denen
zur Platzersparnis kein Leerzeichen steht; dann müßte er -3, 1.,

32 und 1 lesen. Um welchen der Fälle es sich handelt, muß ihm derjenige mittels einer Formatliste mitteilen lassen, der die Ziffernfolge in die Datenstation geschrieben hat. Das ist leicht, wenn die Zahlen mit einem PEARL-Programm geschrieben worden sind; dann braucht nur dessen Ausgabe-Formatliste abgekupfert zu werden oder bei PUT und GET im selben Programm dieselbe vereinbarte Formatliste verwendet zu werden.

Wenn die Zahlen allerdings von Menschen geschrieben werden sollen, müssen wir umgekehrt vorgehen: wir müssen ihnen an Hand der Formatliste genau vorschreiben, in welche Felder einer Zeile sie was in welcher Form eintragen müssen. Am einfachsten ist das, wenn es sich um ein einziges Feld pro Zeile handelt, das eine Standardlänge hat; die einzugebende Zahl darf dann irgendwo in dem Feld stehen und braucht nicht etwa rechts- oder linksbündig geschrieben zu sein. Deshalb werden wir in Bediendialogen jeden Datenwert einzeln anfordern und einlesen, so wie wir es bisher getan haben, wo der Rechner unsere PUT-Anweisungen stillschweigend mit dem LIST-Format ausgeführt hat.

FLOAT-Zahlen dürfen dabei so geschrieben werden, wie wir es von den Zahlenkonstanten kennen; daß wir in FIXED-Variable nur ganze Zahlen eingeben dürfen, dürfte selbstverständlich sein.

Die Dialogeingabe von Zeichenketten, Bitketten, Uhrzeiten und Zeitdauern ist mit dem LIST-Format (das der Rechner automatisch verwendet, wenn keine Formatliste in der GET-Anweisung steht) ebenfalls problemlos. Wer Lust hat, kann probieren was passiert, wenn er Zeichenketten mit dem A-Format einzulesen versucht: nur A, wie bei der Ausgabe, geht bei der Eingabe nicht, weil der Rechner sich die Feldweite bei der Eingabe nicht selbst ausrechnen kann; wenn wir aber z.B.

        GET NAMEN BY A(10);
schreiben, besteht er darauf, daß wir 10 Zeichen eingeben und meldet einen Fehler, wenn wir ihm weniger anbieten.

Bei der Eingabe von Daten mit der Terminal-Tastatur können natürlich eine ganze Menge Tippfehler passieren; wir werden in Kapitel 6.1 lernen, wie man die ausbügeln kann.

4.6 Direktzugriff auf Datenbanken

Es wäre sträflicher Leichtsinn, die Daten unseres Hochregallagers (Beisp. 1.5) nur im Hauptspeicher des Rechners zu haben; wir sollten sie von Zeit zu Zeit nach Änderungen auch in eine Plattenspeicherdatei kopieren und mindestens einmal täglich auch noch auf ein Magnetband, damit wir bei einem Rechner-Zusammenbruch nicht vor der undankbaren Aufgabe stehen, verlorengegangene Daten mühsam zu ermitteln. Beisp. 4.6 zeigt ein Programmstück für diese Aufgabe.

Unser Hochregallager hat nur 1800 Lagerfächer; für die wenigen Daten, die jedes Lagerfach beschreiben, werden insgesamt 19 16-Bit-Worte gebraucht; das gibt über 30000 Hauptspeicherworte. Wenn wir die Daten sowieso in eine Plattenspeicherdatei schreiben, können wir diesen Platz auch sparen, indem wir Änderungen sofort in die Plattenspeicherdatei eintragen.

```
FOR REGAL TO 1 UPB HOCHREGALLAGER REPEAT
   FOR ZEILE TO 2 UPB HOCHREGALLAGER REPEAT
      FOR FACHNR TO 3 UPB HOCHREGALLAGER REPEAT
         PUT REGAL,
             ZEILE,
             FACHNR,
             HOCHREGALLAGER(REGAL,ZEILE,FACHNR).ANZAHL,
             HOCHREGALLAGER(REGAL,ZEILE,FACHNR).ART.BESTELLNUMMER,
             HOCHREGALLAGER(REGAL,ZEILE,FACHNR).ART.BEZEICHNUNG,
             HOCHREGALLAGER(REGAL,ZEILE,FACHNR).ART.GEWICHT
               TO LAGERDATEI BY R(LAGERFORMAT);
      END;
   END;
END;
```

<u>Beisp. 4.6:</u> Kopieren der Hochregallager-Daten in eine Lagerdatei

Natürlich können wir jetzt nicht mehr so schnell auf ein einziges Lagerdatum zugreifen, wie vorher mit

```
FACHGEWICHT:=HOCHREGALLAGER(2,3,4).ART.GEWICHT;
```
auf das Gewichtsdatum des 4. Faches im 2. Regal in der 3. Regalzeile, sondern wir müssen erst ermitteln, wo die entsprechenden Daten in unserer Datei stehen. Weil wir die Regalnummer, Regalzeilennummer und Fachnummer in die Dateizeilen eingetragen haben, könnten wir jetzt prinzipiell die Lagerdatei Zeile für Zeile durchsuchen, bis wir die richtige Kombination dieser Zahlen ge-

funden haben. Auch wenn unser Rechner sehr fix ist und 1000 Zeilen pro Sekunde aus der Plattenspeicherdatei liest und prüft, brauchen wir über 30 Sekunden, bis wir uns zu einer Zeile am Ende der Datei vorgearbeitet haben.

Glücklicherweise gibt es für solche Fälle Datenstationen mit der Eigenschaft DIRECT, bei denen wir sofort auf einen Datenwert positionieren können, wenn wir wissen, wo er steht. Damit das möglichst schnell geht, sollten die Dateizeilen alle gleich lang sein; wir sollten auch eine Datenstation mit der Eigenschaft NOSTREAM verwenden, um mit Sicherheit eine Fehlermeldung zu bekommen, wenn wir mehr Daten in eine Zeile packen wollen, als wirklich hineinpassen. Außerdem ist bei DIRECT-Datenstationen auch eine Datenstation mit TFU günstig, bei der alle Zeilen automatisch bis zum Schluß gefüllt sind; dann kann der Computer am schnellsten ausrechnen, wo die Zeile beginnt, auf die positioniert werden soll.

```
LAGERDATEN:PROC((R,Z,F) FIXED,FACHDATEN LAGERFACH IDENT);
   /****************************************************************
    * Die Prozedur liest die Daten für das Fach in Regal R,      *
    * Regalzeile Z und Fachnummer Z aus einer ALPHIC-Datei       *
    * Version 1.1 / 7.7.84 / Frevert                             *
    ****************************************************************/
   DCL (DATEIZEILE,REGAL,ZEILE,FACHNR) FIXED;
   DATEIZEILE:=( (R-1)*REGALZEILENZAHL
               +(Z-1)                          )*REGALFACHZAHL
               +F+1;              /* in erster Zeile Lagerdimensionen */
   GET FROM LAGERDATEI BY LINE(DATEIZEILE);  /* Positionierung  */
   GET REGAL,
       ZEILE,
       FACHNR,
       FACHDATEN.ANZAHL,
       FACHDATEN.ART.BESTELLNUMMER,
       FACHDATEN.ART.BEZEICNUNG,
       FACHDATEN.ART.GEWICHT
             FROM LAGERDATEI BY R(LAGERFORMAT);
END;/* Prozedur LAGERDATEN */
```

<u>Beisp. 4.7:</u> Prozedur zum Einlesen der Hochregal-Lagerdaten aus der Lagerdatei

Das einzige, was wir jetzt noch brauchen, sind die Regalzahl, die Zahl der Zeilen in einem Regal und die Zahl der Fächer in einer Regalzeile, die wir jetzt nicht mehr mit dem UPB-Operator ermitteln können. Am günstigsten ist es, wenn wir diese Informationen in die erste Zeile unserer Lagerdatei schreiben; wir wollen annehmen, daß sie dort stehen und daß wir sie bereits in den Rechner eingelesen haben. Jetzt können wir mit der Prozedur aus Beisp. 4.7 die Dateizeilennummer berechnen, auf die Zeile positionieren und die Daten einlesen, indem wir diese Prozedur aufrufen:

```
        CALL LAGERDATEN(2,3,4,FACHDATEN);
```

```
SPC (LAGERDATEI,ARTIKELDATEI) DATION INOUT ALPHIC
     DIM(,) TFU DIRECT NOSTREAM CONTROL(ALL);
LAGERDATEN:PROC((R,Z,F) FIXED,FACHDATEN LAGERFACH IDENT);
  /********************************************************
   * Die Prozedur liest die Daten für das Fach in Regal R,    *
   * Regalzeile Z und Fachnummer Z aus einer ALPHIC-Datenbank  *
   * Version 1.2 / 7.7.84 / Frevert                           *
   ********************************************************/
  DCL DATEIZEILE FIXED;
  DATEIZEILE:=( (R-1)*REGALZEILENZAHL
               +(Z-1)                        )*REGALFACHZAHL
            +F;
  GET FROM LAGERDATEI BY LINE(DATEIZEILE);  /* Positionierung */
  GET FACHHDATEN.ANZAHL,
      FACHDATEN.ART.BESTELLNUMMER
             FROM LAGERDATEI BY R(LAGERFORMAT);
  DATEIZEILE:=FACHDATEN.ART.BESTELLNUMMER;
  GET FROM ARTIKELDATEI BY LINE(DATEIZEILE);
  GET FACHDATEN.ART.BEZEICHNUNG,
      FACHDATEN.ART.GEWICHT
             FROM ARTIKELDATEI BY R(ARTIKELFORMAT);
END;/* Prozedur LAGERDATEN */
```

Beisp. 4.8: Prozedur zum Einlesen der Hochregal-Lagerdaten aus der Lagerdatenbank; darüber die Dation-Spezifikationen.

Unsere Lagerdatei ist vom Standpunkt eines Datenbank-Fachmannes nicht besonders günstig aufgebaut, weil wir zwar 1800 Lagerfächer haben, aber sicher nicht 1800 verschiedene Artikel-Arten. Deshalb können wir wieder Platz sparen, wenn wir in die Lagerdatei nur die Anzahl der Artikel und deren Bestellnummer schreiben und eine Artikel-Datei für die Datentripel Bestellnummer, Bezeichnung und Gewicht anlegen. Das hat außerdem den Vorteil, daß wir nur eine einzige Eintragung zu ändern haben, wenn sich durch technische Fortschritte das Gewicht eines Artikels ändert, anstatt dies für jedes Lagerfach tun zu müssen, in der sich derartige Artikel befinden. Wenn die Artikel-Datei nach Bestellnummern geordnet ist und diese von 1 an ununterbrochen fortlaufende Werte haben,

entspricht die Zeilennummer in der Artikeldatei gleichzeitig der
Bestellnummer, die wir deshalb nicht noch einmal in die Artikel-
datei zu schreiben brauchen. Beisp. 4.8 zeigt die Prozedur zum
Einlesen der Daten aus der Lagerdatenbank, in die jetzt auch die
unnötigen Informationen über Regalnummer usw. nicht mehr eingetragen sind; das bedeutet natürlich, daß wir auch das Einlesefor-
mat ändern müssen.

Obwohl sich unsere Datenorganisation gründlich geändert hat,
wirken sich diese Änderungen nur auf das Innenleben unserer
Prozedur und auf die verwendeten Formate aus; im übrigen Programm
können wir nach wie vor die Lagerdaten durch Aufrufe wie
        CALL LAGERDATEN(2,3,4,FACHDATEN);
gewinnen. Wir haben also sehr erfolgreich vom Prinzip der schwarzen Kästen Gebrauch gemacht.

4.7 Ein/Ausgabe mit Interndarstellung

Unsere Lagerdatenbank hat noch einen Nachteil: die Daten stehen
als Folgen von Druckzeichencodes in der Plattenspeicherdatei und
müssen beim Einlesen in die Interndarstellung umgewandelt werden.
Für den Programmtest hat das zwar den Vorteil, daß wir die Daten
in der Datei direkt mit unserem Text-Editor ansehen können; beim
ernsthaften Betrieb kostet diese Umwandlung jedoch unnötig Rechenzeit. Außerdem wird auch Speicherplatz verschwendet; wenn
eine FLOAT-Zahl mit siebenstelliger Genauigkeit als Zeichenkette
gespeichert wird, sind das 13 Zeichen; weil der Rechner nur zwei
Druckzeichen in ein 16-Bit-Wort packen kann, werden also 7 Worte
an Stelle der 2 Worte Interndarstellung benötigt. Wir tun deshalb
gut daran, uns zwei Systemdatenstationen einrichten zu lassen, in
die wir Daten in Interndarstellung schreiben können. Sie werden
im Problemteil mit ALL statt ALPHIC spezifiziert.

Jetzt können wir unsere Einlese-Prozedur noch einmal umschreiben,
indem wir die GET durch READ ersetzen und die Formatlisten weglassen (Beisp. 4.9). Voraussetzung dafür ist selbstverständlich,
daß wir die Daten mit WRITE statt mit PUT in die Dateien eintragen.

```
LAGERDATEN:PROC((R,Z,F) FIXED,FACHDATEN LAGERFACH IDENT);
   /*******************************************************
    * Die Prozedur liest die Daten für das Fach in Regal R,    *
    * Regalzeile Z und Fachnummer Z aus einer Intern-Datenbank  *
    * Version 1.3 / 7.7.84 / Frevert                            *
    *******************************************************/
   DCL DATEIZEILE FIXED;
   DATEIZEILE:=( (R-1)*REGALZEILENZAHL
                +(Z-1)                  )*REGALFACHZAHL
               +F;
   READ FROM LAGERDATEI BY LINE(DATEIZEILE); /* Positionierung */
   READ FACHHDATEN.ANZAHL,
        FACHDATEN.ART.BESTELLNUMMER
           FROM LAGERDATEI;
   DATEIZEILE:=FACHDATEN.ART.BESTELLNUMMER;
   READ FROM ARTIKELDATEI BY LINE(DATEIZEILE);
   READ FACHDATEN.ART.BEZEICHNUNG,
        FACHDATEN.ART.GEWICHT
           FROM ARTIKELDATEI;
END;/* Prozedur LAGERDATEN */
```

<u>Beisp. 4.9:</u> Prozedur   zum   Einlesen   der   Hochregal-Lagerdaten   in
                Interndarstellung aus der Lagerdatenbank

Noch besser liegen die Dinge, wenn unser PEARL-System die Vereinbarung von Datenstationen gestattet. Dann können wir nämlich zwei
Datentypen vereinbaren und die Datenstationen wirklich maßschnei-
dern (Beisp. 4.10). Die Lagerdatei machen wir genau so groß, wie
es nötig ist; bei der Artikeldatei lassen wir die Zahl der Elemente offen, um neue Artikel mit neuer Bestellnummer ergänzen zu
können.


```
TYPE LAGERFACH STRUCT(/(ANZAHL,BESTELLNUMMER) FIXED/);
TYPE ARTIKEL STRUCT(/BEZEICNUNG CHAR(20),GEWICHT FLOAT/);
DCL LAGERDATEI DATION INOUT LAGERFACH DIM(6,10,30)
        DIRECT NOSTREAM CONTROL(ALL) CREATED(PLATTENSPEICHER);
DCL ARTIKELDATEI DATION INOUT ARTIKEL DIM(*,1)
        DIRECT NOSTREAM CONTROL(ALL) CREATED(PLATTENSPEICHER);
```

<u>Beisp. 4.10:</u> Vereinbarung von Datenstationen für die Hochregal-
                 lager-Datenbank

Unsere Prozedur schreiben wir unter Verwendung der neuen Datentypen (Beisp. 4.11).

Wenn jemand einwendet, Bestellnummern seien normalerweise nicht
lückenlos fortlaufend mit 1 beginnend aufgebaut, können wir ihm
entgegnen, daß wir in einem solchen Fall einfach unsere Typdefinitionen ändern und in die Lagerdatei nicht die Bestellnummer,

sondern einen Verweis auf die Eintragung in der Artikeldatei
eintragen (Beisp. 4.12). Die Änderung an unserer Einlese-Prozedur
ist so trivial, daß wir sie hier nicht abzudrucken brauchen.

```
LAGERDATEN:PROC((R,Z,F) FIXED,
                FACHDATEN LAGERFACH IDENT,
                ARTIKELDATEN ARTIKEL IDENT);
   /*****************************************************************
    * Die Prozedur liest die Daten für das Fach in Regal R,       *
    * Regalzeile Z und Fachnummer Z aus einer Intern-Datenbank    *
    * Version 1.4 / 7.7.84 / Frevert                              *
    *****************************************************************/
   DCL DATEIZEILE FIXED;
   READ FROM LAGERDATEI BY POS(R,Z,F);            /* Positionierung */
   READ FACHHDATEN FROM LAGERDATEI;
   DATEIZEILE:=FACHDATEN.BESTELLNUMMER;
   READ FROM ARTIKELDATEI BY LINE(DATEIZEILE);
   READ ARTIKELDATEN FROM ARTIKELDATEI;
END;/* Prozedur LAGERDATEN */
```

<u>Beisp. 4.11:</u> Prozedur   zum   Einlesen der Hochregal-Lagerdaten in
                 Interndarstellung aus der Lagerdatenbank mit   maßge-
                 schneiderten Dateien


```
TYPE LAGERFACH STRUCT(/(ANZAHL,VERWEIS) FIXED/);
TYPE ARTIKEL STRUCT(/BESTELLNUMMER FIXED,
                     BEZEICNUNG CHAR(20),
                     GEWICHT FLOAT/);
DCL LAGERDATEI DATION INOUT LAGERFACH DIM(6,10,30)
        DIRECT NOSTREAM CONTROL(ALL) CREATED(PLATTENSPEICHER);
DCL ARTIKELDATEI DATION INOUT ARTIKEL DIM(*,1)
        DIRECT NOSTREAM CONTROL(ALL) CREATED(PLATTENSPEICHER);
```

<u>Beisp. 4.12:</u> Vereinbarung von Datenstationen für die   Hochregal-
                 lager-Datenbank mit nicht monotonen Bestellnummern

Wenn wir noch mehr über Datenbanken lernen wollen, sollten wir
uns in ein spezielles Lehrbuch vertiefen; für jetzt sollte uns
genügen, daß PEARL für ihren Aufbau gute Mittel liefert. Das ist
insofern wichtig, weil Datenbanken auch für die Prozeßdatenverarbeitung eine immer größere Rolle spielen.

4.8 Prozeß-Ein/Ausgabe

Bei der Prozeßdaten-Ein/Ausgabe werden in PEARL Bitketten mit
SEND-Anweisungen an Geräte ausgegeben, die die Bitwerte in Schalterstellungen, Spannungspegel oder andere binäre Informationen
umwandeln; bei der Ausgabe analoger Ströme und anderer Größen mit
einem größeren Wertebereich dürfen auch FIXED-Werte übertragen
werden. Umgekehrt werden Prozeßwerte mit TAKE-Anweisungen in den
Hauptspeicher geholt; die Datenstationen sind in beiden Fällen
vom Typ BASIC.

Verständlicherweise unterscheiden sich die Prozeßperipherie-
Geräte und die Art, wie wir mit ihnen umzugehen haben, von Hersteller zu Hersteller; wir müssen deshalb bei der Programmierung
der Prozeß-Ausgabe im Normalfall die Gerätebeschreibungen und das
Implementationshandbuch der jeweiligen Lieferfirma stärker zu
Rate ziehen als bei der normalen Ein/Ausgabe. Um das Prinzip zu
zeigen, wollen wir hier ein einigermaßen verallgemeinertes Beispiel betrachten. Wir wollen annehmen, daß in unserem Prozeß 12
gleichartige Motoren vorhanden sind, die wir gleichzeitig oder
einzeln ein- oder ausschalten wollen.

Zunächst müssen diese Motoren im Systemteil einen Namen bekommen.
Wir wollen annehmen, daß wir sie über eine Digitalausgabe vom Typ
DGA80 ansteuern wollen, die insgesamt 80 Einzel-Ausgabekanäle
hat. Wenn wir ein 1-Bit auf einen dieser Kanäle geben, wird ein
Relais-Schalter geschlossen und im Falle der Motoren dadurch ein
Schaltschütz aktiviert. Umgekehrt wird durch Ausgabe eines 0-Bits
der Schalter geöffnet, sodaß das Schaltschütz abfällt. Der erste
Motor wird über Ausgang Nr. 10 geschaltet, die übrigen mit den
darauf folgenden Ausgängen. Beisp. 4.12 zeigt die Systemteil-
Zeile, die wir zunächst dort einsetzen müssen, und den Anfang des
Problemteils.

BASIC-Datenstationen haben im allgemeinen eine sehr einfache
Struktur. Jede von ihnen ist eindimensional und unbegrenzt
(DIM(*)), die Daten werden einzeln übertragen (kein TFU oder TFU
MAX), Positionierung erfolgt natürlich nur in Vorwärtsrichtung,
ein Steuerkanal ist auch nicht da, sodaß die Spezifikation in

```
Beisp. 4.13 voll ausreicht.

SYSTEM;
    .
    .
  MOTOREN(1:12):<-DGA80*10,12;
PROBLEM;
  SPC MOTOREN () DATION OUT BASIC;
```

Beisp. 4.13: Benennung und Spezifikation einer Gruppe von 12
             Motoren

Bevor wir mit den Motoren arbeiten, müssen wir die Datenstation,
über die wir die Schaltschütze ansprechen, eröffnen. Möglicherweise müssen wir dabei herstellerabhängige Eröffnungsformate
benutzen; wir wollen hier annehmen, daß ein schlichtes OPEN
genügt. Wir werden zunächst alle Motoren ausschalten, obwohl wir
annehmen dürfen, daß über alle Kanäle der Digitalausgabe vor dem
Programmstart 0-Bits ausgegeben werden. Das alles machen wir mit
der Prozedur ANLAGENSTART aus Beisp. 4.13. Vorher haben wir das
Bitmuster ALLESAUS als benannte Konstante vereinbart, damit unser
Programm nicht nur für den Rechner, sondern auch für uns verständlich wird.

```
DCL ALLESAUS INV BIT(12) INIT('000'B4),
    EIN INV BIT(1) INIT('1'B),
    AUS INV BIT(1) INIT('0'B),
    HALLENLUEFTER INV FIXED INIT(5);
    .
    .
ANLAGENSTART:PROC;
  /**********************************************************
   * Die Prozedur eröffnet die MOTOREN-Datenstationen und   *
   * bringt sie in den Anfangszustand "ausgeschaltet"        *
   * Version 1.1 / 7.7.84 / Frevert                          *
   **********************************************************/
  OPEN MOTOREN;
  SEND ALLESAUS TO MOTOREN;
END;/* Prozedur ANLAGENSTART */
```

Beisp. 4.14: Eröffnen der Datenstationen und Ausschalten der
             Motoren

Zum Ein- und Ausschalten der einzelnen Motoren schreiben wir eine
weitere Prozedur SCHALTEN (Beisp. 4.15). Für ihren Aufruf benutzen wir einige Konstanten, die wir in Beisp. 4.14 gleich mit
vereinbart haben. Dadurch wird der Aufruf in Beisp. 4.15 wieder
sehr leicht verständlich.

```
SCHALTEN:PROC(MOTORNUMMER,ZUSTAND);
  /*****************************************************************
   * Die Prozedur schaltet den Motor mit MOTORNUMMER in den     *
   * gewuenschten Zustand                                       *
   * Version 1.1 / 7.7.84 / Frevert                             *
   *****************************************************************/
  SEND ZUSTAND TO MOTOREN(MOTORNUMMER);
END;/* Prozedur SCHALTEN */

CALL SCHALTEN(HALLENLUEFTER,EIN);
```

<u>Beisp. 4.15:</u> Prozedur zum Ein- oder Ausschalten eines einzelnen
            Motors, sowie deren Aufruf

```
SYSTEM;
  DIGITALAUSGABE:DGA<-PDVLS(4);
  .
  .
PROBLEM;
  SPC DIGITALAUSGABE DATION OUT BASIC;
  .
  .

  DCL ALLESAUS INV BIT(12) INIT('000'B4),
      EIN INV BIT(1) INIT('1'B),
      AUS INV BIT(1) INIT('0'B),
      HALLENLUEFTER INV FIXED INIT(5),
      ERSTERMOTOR INV FIXED INIT(10),
      ALLEMOTOREN INV FIXED INIT(22);
  DCL DIGITALAUSGABEKANAL FIXED;
  .
  .
  ANLAGENSTART:PROC;
  /******************************************************************
   * Die Prozedur eröffnet die MOTOREN-Datenstationen und        *
   * bringt sie in den Anfangszustand "ausgeschaltet"            *
   * Fuer KAE EPR1300                                            *
   * Version 2.1 / 7.7.84 / Frevert                             *
   ******************************************************************/
    OPEN DIGITALAUSGABE BY PC(DIGITALAUSGABEKANAL);
    DIGITALAUSGABEKANAL:=ALLEMOTOREN;
    SEND ALLESAUS TO DIGITALAUSGABE;
  END;/* Prozedur ANLAGENSTART */

  SCHALTEN:PROC(MOTORNUMMER,ZUSTAND);
  /******************************************************************
   * Die Prozedur schaltet den Motor mit MOTORNUMMER in den      *
   * gewuenschten Zustand (Version fuer KAE EPR1300)             *
   * Version 2.1 / 7.7.84 / Frevert                             *
   ******************************************************************/
    DIGITALAUSGABEKANAL:=MOTORNUMMER-ERSTERMOTOR+1;
    SEND ZUSTAND TO DIGITALAUSGABE;
  END;/* Prozedur SCHALTEN */
```

<u>Beisp. 4.16:</u> Die Prozeduren aus Beisp. 4.14 und Beisp. 4.15,
            umgeschrieben für eine andere Anlage

Dadurch, daß wir den Umgang mit unseren Motoren in Prozeduren versteckt haben, brauchen wir nur diese "schwarzen Kästen" zu ändern, wenn unsere Anlage mit einem anderen Rechner ausgestattet werden soll und der Hersteller andere Vorschriften für die Programmierung seiner Prozeßperipherie macht; bei dem Rechnertyp EPR 1300 von Krupp Atlas-Elektronik, auf dem die meisten Beispiele getestet wurden, hätten Systemteil und Prozeduren beispielsweise so ausgesehen, wie es in Beisp. 4.16 gezeigt ist. Sie sehen etwas anders aus; unser sonstiges Programm würde aber so bleiben, wie es war, weil sich die Aufrufe nicht geändert haben.

```
STROMAUSGABE:PROC(MASTROM FLOAT);
  /************************************************************
   * Die Prozedur gibt den Strom (mA) mit der Analogausgabe   *
   * aus                                                      *
   * Version 1.1 / 7.7.84 / Frevert                           *
   ***********************************************************/
  DCL FIXEDSTROM FIXED;
  FIXEDSTROM:=ROUND(MASTROM * 100);
  SEND FIXEDSTROM TO ANALOGAUSGABE);
END;/* Prozedur STROMAUSGABE */
```

<u>Beisp. 4.17:</u> Prozedur zur Ausgabe eines Stromes

Zum Schluß dieses Kapitels wollen wir noch eine Prozedur (Beisp. 4.17) ansehen, die einen Strom über eine Analogausgabe aussendet. Der Maximalstrom beträgt 20 mA; um ihn auszugeben, muß eine FIXED-Zahl mit dem Wert 2000 übertragen werden; die Ströme können auch negativ sein. Um eine bequeme Programmierung zu erreichen, darf der Benutzer beim Aufruf der Prozedur die Ströme als FLOAT-Zahlen angeben.

5 Module und ihre Schnittstellen

In Kapitel 1.1 haben wir gelernt, daß ein PEARL-Programm aus vielen Moduln bestehen darf, die wir einzeln übersetzen können. Wir wissen inzwischen auch, daß ein Modul die Objekte eines anderen Moduls nur benutzen kann, wenn sie dort mit der Eigenschaft GLOBAL vereinbart worden sind. Wir werden diese Kenntnisse in Zukunft anwenden, um unsere Programme leichter wartbar und robuster zu machen. Wir werden dabei zunächst lesen, nach welchen Gesichtspunkten wir Programme in Module aufteilen sollten, die noch nicht für Echtzeit-Verarbeitung geschrieben sind und deshalb nur eine einzige Task enthalten; im nächsten Teil werden dann noch einige Regeln für die Gliederung von Echtzeit-Programm-Moduln hinzukommen.

Eine grundsätzliche Regel können wir jedoch schon hier formulieren: wir sollten uns bei jedem Programm genau überlegen, wie wir es so in Module aufteilen können, daß die einzelnen Module möglichst wenig von den anderen sehen müssen. Daraus ergibt sich, daß Programmteile, die sehr eng zusammenarbeiten, in einen Modul gehören.

Dem Systemteil und benannten Konstanten, die von allen Teilen unseres Programmes benutzt werden, widmen wir einen eigenen Modul.

5.1 Abstrakte Datentypen

In den Kapiteln 4.6 und 4.7 haben wir uns mit der Datenhaltung für ein Hochregallager beschäftigt. Dessen Daten waren ursprünglich in einer Matrix von Verbunden im Hauptspeicher gehalten worden; dann haben wir sie zunächst in ein ALPHIC-Datei geschrieben, aus der wir etwas später zwei Dateien gemacht haben, weil uns das praktischer erschien. Schließlich sind wir noch einen Schritt weiter gegangen und haben sie in Interndarstellung in Plattenspeicherdateien gehalten.

Jede dieser Verbesserungen würde sich in einem großen Programm auf viele Programmteile auswirken und dort eine Flut von Änderungen notwendig machen, die alle getestet werden müßten. Wir haben aber inzwischen gelernt, daß es große Vorteile bietet, wenn wir nicht direkt mit Zuweisungen oder Ein/Ausgabe-Anweisungen auf Daten zugreifen, sondern dies mit Hilfe von Prozedur-Aufrufen tun. Dann brauchen wir nämlich nur die Zugriffsprozeduren zu ändern und können deren Aufrufe in den übrigen Programmteilen so lassen, wie sie waren. Wir sollten deshalb in Zukunft grundsätzlich die Entwicklung von Programmen damit beginnen, daß wir uns überlegen, mit welchen Daten wir eigentlich arbeiten müssen, ohne daran zu denken, ob sie nun als FIXED oder FLOAT oder als Matrix oder Verbund vereinbart werden sollen, sondern zunächst nur die Mechanismen entwerfen, mit denen wir Daten einlesen, zwischenspeichern oder ausgeben wollen. In der Informatik gibt es für dieses Konglomerat aus ganz allgemeiner Datenbeschreibung und den Zugriffsmöglichkeiten den Begriff "abstrakter Datentyp".

Bei der praktischen Realisierung eines abstrakten Datentyps müssen wir in PEARL Prozedurköpfe entwickeln; wie die Prozeduren innen aussehen, wird sich aus praktischen Aspekten wie Speicherplatz-Bedarf und Schnelligkeit des Zugriffs ergeben. Um zu verhindern, daß irgend jemand bei der Programmentwicklung oder bei der späteren Wartung doch direkt, unter Umgehung der Prozeduren auf die Daten zugreift, werden wir die Daten in einem Modul "verstecken" und nur die Zugriffs-Prozeduren global bekannt machen. In einem gut konstruierten PEARL-Programm gibt es deshalb keine globalen Variablen. Dadurch dauert es zwar etwas länger, bis ein Variablenwert in einen anderen Modul geholt worden ist, aber das ist halt der Preis, den wir für die bessere Struktur und geringere Fehleranfälligkeit unserer Programme zahlen müssen. Durch unordentlichen Aufbau von Programmen kann man eventuell etwas Zeit sparen; wirklich durchschlagende Verminderungen von Rechenzeiten bekommen wir jedoch nur durch grundlegende Strategie-Änderungen, und die erfordern bei schlecht strukturierten Programmen meist eine völlige Neuprogrammierung.

```
MODULE (LAGER);                           /* evtl. Klammern streichen */
/***********************************************************************
 * Der Modul enthaelt die Zugriffsprozeduren für die Lager-       *
 * Datenbank, sowie alle fuer den Test benötigten Programm-       *
 * teile                                                          *
 * Version 1.1 / 8.7.84 / Frevert                                 *
 ***********************************************************************/
/*********************** Nur fuer Test *********************************/
/*&*/  SYSTEM;                             /* EPR1300            /*$*/
/*&*/     TERMINAL:DIS<->SDVLS(2);                              /*$*/
/*&*/     LAGERDATEI:LAGFILE<->SDVLS(4);                        /*$*/
/*&*/     ARTIKELDATEI:ARTFILE<->SDVLS(5);                      /*$*/
/*&*/     EINGABEFEHLER:SGARRAY(3)->SGLST(3);                   /*$*/
/***********************************************************************/
PROBLEM;
  TYPE LAGERFACH STRUCT(/(ANZAHL,BESTELLNUMMER)FIXED)/);
  TYPE ARTIKEL STRUCT(/BEZEICHNUNG CHAR(20),GEWICHT FLOAT/);
/*********************** Nur fuer Test *********************************/
/*&*/  SPC TERMINAL DATION INOUT ALPHIC                         /*$*/
/*&*/       DIM(,) TFU MAX FORWARD CONTROL(ALL);                /*$*/
/*&*/  SPC EINGABEFEHLER SIGNAL;                                /*$*/
/***********************************************************************/
  SPC (LAGERDATEI,ARTIKELDATEI) DATION INOUT ALL
      DIM(,) TFU DIRECT NOSTREAM CONTROL(ALL) GLOBAL;
  DCL MAXBESTELLNUMMER FIXED INIT(0),
      REGALZEILENZAHL INV FIXED INIT(10),
      REGALFACHZAHL INV FIXED INIT(35),
      LAGERDATEINAME INV CHAR(10) INIT('LAGER-DA'),
      ARTIKELDATEINAME INV CHAR(10) INIT ('ARTIKEL-DA');
/*********************** Nur fuer Test *********************************/
/*&*/  KOPFFORMAT:FORMAT((A(5),X,A(5),X,A(4),X,A(6),X,A(6),  /*$*/
/*&*/                 X,A(20),X,A(9),SKIP;                    /*$*/
/*&*/  LAGERFORMAT:FORMAT((F(5),X,F(5),X,F(4),X,F(6),X,F(6), /*$*/
/*&*/                 X,A(20),X,E(9,2,3),SKIP;                /*$*/
/*&*/  ARTIKELKOPF:FORMAT(A(6),X,A(9),SKIP;                   /*$*/
/*&*/  ARTIKELFORMAT:FORMAT(A(6),X,A(9),SKIP;                 /*$*/
/***********************************************************************/
LAGERINIT:PROC GLOBAL;
   /**********************************************************************
    * Die Prozedur eroeffnet die Dateien und holt deren Kenn-   *
    * daten aus der ersten Zeile                                *
    * Version 1.1 / 8.7.84 / Frevert                            *
    **********************************************************************/
  DCL ERSTERARTIKEL ARTIKEL;
  OPEN LAGERDATEI BY IDF(LAGERDATEINAME),OLD;
  OPEN ARTIKELDATEI BY IDF(ARTIKELDATEINAME),OLD;
  READ FROM LAGERDATEI BY LINE(1);
  READ REGALZEILENZAHL,REGALFACHZAHL FROM LAGERDATEI;
  READ FROM ARTIKELDATEI BY LINE(1);
  READ ERSTERARTIKEL.BEZEICHNUNG,
      ERSTERRARTIKEL.GEWICHT       FROM ARTIKELDATEI;
  MAXBESTELLNUMMER:=ROUND ERSTERARTIKEL.GEWICHT;
END;/* Prozedur LAGERINIT */
```

Beisp. 5.1, Teil 1 Modul, der den abstrakten Datentyp Hochregal-
                    lager enthält, sowie die für einen Test not-
                    wendigen Programmteile

```
LAGERCLOSE:PROC GLOBAL;
   /****************************************************************
   * Die Prozedur schliesst die Dateien                          *
   * Version 1.1 / 8.7.84 / Frevert                              *
   ****************************************************************/
   DCL HILFSARTIKEL ARTIKEL;
   HIFLSARTIKEL.BEZEICHNUNG:=' ';
   HILFSARTIKEL.GEWICHT:=TOFLOAT MAXBESTELLNUMMMER;
   WRITE HILFSARTIKEL.BEZEICHNUNG,
         HILFSARTIKEL.GEWICHT        TO ARTIKELDATEI;
   CLOSE LAGERDATEI;
   CLOSE ARTIKELDATEI,
END;/* Prozedur LAGERCLOSE */

HOECHSTEBESTELLNUMMER:PROC RETURNS(FIXED) GLOBAL;
   /******************************************************************
   * Die Funktions-Prozedur ermittelt die hoechste Bestell-      *
   * nummer in der Artikeldatei                                  *
   * Version 1.2 / 7.7.84 / Frevert                              *
   ******************************************************************/
   RETURN(MAXBESTELLNUMMER);
END;/* Prozedur HOECHSTEBESTELLNUMMER */

LAGERDATEN:PROC((R,Z,F) FIXED,FACHDATEN LAGERFACH IDENT,
                   DIESERARTIKEL ARTIKEL IDENT) GLOBAL;
   /******************************************************************
   * Die Prozedur liest die Daten für das Fach in Regal R,       *
   * Regalzeile Z und Fachnummer Z aus der Datenbank             *
   * Version 1.2 / 7.7.84 / Frevert                              *
   ******************************************************************/
   DCL DATEIZEILE FIXED;
   DATEIZEILE:=(  (R-1)*REGALZEILENZAHL
               +(Z-1)                          )*REGALFACHZAHL
               +F+1;          /* Kenndaten in 1. Zeile            */
   READ FROM LAGERDATEI BY LINE(DATEIZEILE); /* Positionierung   */
   READ FACHHDATEN.ANZAHL,
        FACHDATEN.BESTELLNUMMER FROM LAGERDATEI;
   CALL ARTIKELDATEN(FACHDATEN.BESTELLNUMMER,DIESERARTIKEL);
END;/* Prozedur LAGERDATEN */

ARTIKELDATEN:PROC(BESTELLNUMMER FIXED,
                   ARTIKELDATEN ARTIKEL IDENT) GLOBAL;
   /******************************************************************
   * Die Prozedur liest die Daten für den Artikel mit der        *
   * Bestellnummer aus der Datenbank                             *
   * Version 1.2 / 7.7.84 / Frevert                              *
   ******************************************************************/
   DCL DATEIZEILE FIXED;
   DATEIZEILE:=BESTELLNUMMER+1;              /* Kenndaten in 1.Zeile */
   READ FROM ARTIKELDATEI BY LINE(DATEIZEILE);
   READ DIESERARTIKEL.BEZEICHNUNG,
        DIESERARTIKEL.GEWICHT        FROM ARTIKELDATEI;
END;/* Prozedur ARTIKELDATEN */
```

<u>Beisp. 5.1 Teil 2</u>

```
EINLAGERN:PROC((R,Z,F) FIXED,FACHDATEN INV LAGERFACH IDENT)
              GLOBAL;
   /*************************************************************
    * Die Prozedur bringt die Daten für das Fach in Regal R,    *
    * Regalzeile Z und Fachnummer Z in die Lagerdatei           *
    * Version 1.2 / 7.7.84 / Frevert                            *
    *************************************************************/
   DCL DATEIZEILE FIXED;
   DATEIZEILE:=( (R-1)*REGALZEILENZAHL
                 +(Z-1)                        )*REGALFACHZAHL
                 +F+1;           /* Kenndaten in 1. Zeile       */
   WRITE TO LAGERDATEI BY LINE(DATEIZEILE);  /* Positionierung  */
   WRITE FACHHDATEN.ANZAHL,
         FACHDATEN.BESTELLNUMME TO LAGERDATEI;
   WRITE TO LAGERDATEI BY SKIP;
END;/* Prozedur EINLAGERN */

NEUERARTIKEL:PROC(ARTIKELDATEN INV ARTIKEL IDENT)
                                    RETURNS(FIXED) GLOBAL;
   /*************************************************************
    * Die Prozedur bringt die Daten eines neuen Artikels in     *
    * die Artikeldatei und korrigiert die maximale Artikelzahl; *
    * die Bestellnummer wird zurueckgegeben.                    *
    * Version 1.1 / 8.7.84 / Frevert                            *
    *************************************************************/
   DCL DATEIZEILE FIXED;
   MAXBESTELLNUMMER:=MAXBESTELLNUMMER+1;
   DATEIZEILE:=MAXBESTELLNUMMER+1;     /* in 1. Zeile Kenndaten */
   WRITE TO ARTIKELDATEI BY LINE(DATEIZEILE);
   WRITE ARTIKELDATEN.BEZEICHNUNG,
         ARTIKELDATEN.GEWICHT       TO ARTIKELDATEI;
   WRITE TO ARTIKELDATEI BY SKIP;
   RETURN(MAXBESTELLNUMMER);
END;/* Prozedur NEUERARTIKEL */
```

<u>Beisp. 5.1 Teil 3:</u> Ende der zu testenden Programmteile

```
/*********************** Nur fuer Test ***********************/
/*&*/  BEFEHLSEINGABE:PROC(VOREINSTELLUNG BIT(1),            /*$*/
/*&*/                      FRAGE CHAR(30),                   /*$*/
/*&*/                      GERAET DATION INOUT ALPHIC        /*$*/
/*&*/                           DIM(,) TFU MAX              /*$*/
/*&*/                           FORWARD CONTROL(ALL) IDENT)  /*$*/
/*&*/                RETURNS(BIT(1)) GLOBAL;                 /*$*/
/*&*/     /*************************************************  /*$*/
/*&*/     * Die Prozedur dient zum Einlesen von Bedien-  *   /*$*/
/*&*/     * Befehlen                                     *   /*$*/
/*&*/     * Version 1.1 / 8.7.84 / Frevert               *   /*$*/
/*&*/     *************************************************/  /*$*/
/*&*/     DCL ANTWORT CHAR(2) INIT('NE');                    /*$*/
/*&*/     IF VOREINSTELLUNG  THEN                            /*$*/
/*&*/       ANTWORT:='JA';                                   /*$*/
/*&*/     FIN;                                               /*$*/
/*&*/     ON EINGABEFEHLER: PUT TO GERAET BY SKIP;           /*$*/
/*&*/     REPEAT                                             /*$*/
/*&*/       PUT FRAGE,'? (',ANTWORT,') :' TO GERAET          /*$*/
/*&*/                                   BY (3)A,SKIP;        /*$*/
/*&*/       GET ANTWORT FROM GERAET;                         /*$*/
/*&*/       IF ANTWORT=='JA' OR ANTWORT=='NE' THEN           /*$*/
/*&*/         RETURN(ANTWORT=='JA');                         /*$*/
/*&*/        ELSE                                            /*$*/
/*&*/         PUT 'BITTE JA ODER NE' TO GERAET;              /*$*/
/*&*/       FIN;                                             /*$*/
/*&*/     END;                                               /*$*/
/*&*/  END;/* Prozedur BEFEHLSEINGAGE */                     /*$*/
/*&*/                                                        /*$*/
/*&*/  ZEILENEINGABE:PROC(FRAGE CHAR(30),                    /*$*/
/*&*/                     GERAET DATION INOUT ALPHIC         /*$*/
/*&*/                          DIM(,) TFU MAX               /*$*/
/*&*/                          FORWARD CONTROL(ALL) IDENT)   /*$*/
/*&*/                RETURNS(CHAR(80));                      /*$*/
/*&*/     /*************************************************  /*$*/
/*&*/     * Die Prozedur dient zur Eingabe von Text-     *   /*$*/
/*&*/     * zeilen                                       *   /*$*/
/*&*/     * Version 1.1 / 8.7.84 / Frevert               *   /*$*/
/*&*/     *************************************************/  /*$*/
/*&*/     DCL ZEILE CHAR(80);                                /*$*/
/*&*/     DCL OK BIT(1) INIT('1'B);                          /*$*/
/*&*/     ON EINGABEFEHLER:BEGIN                             /*$*/
/*&*/                       OK:='0'B;                        /*$*/
/*&*/                       PUT TO GERAET BY SKIP;           /*$*/
/*&*/                      END;                              /*$*/
/*&*/     REPEAT                                             /*$*/
/*&*/       OK:='1'B;                                        /*$*/
/*&*/       PUT FRAGE,'? :' TO GERAET BY (2)A,SKIP;          /*$*/
/*&*/       GET ZEILE FROM GERAET;                           /*$*/
/*&*/       IF OK THEN RETURN(ZEILE); FIN;                   /*$*/
/*&*/       PUT 'FEHLEINGABE' TO GERAET;                     /*$*/
/*&*/     END;                                               /*$*/
/*&*/  END;/* Prozedur ZEILENEINGABE */                      /*$*/
/*&*/                                                        /*$*/
```

Beisp. 5.1 Teil 4: Hilfsprozeduren für Test

```
/*&*/ FIXEDEINGABE:PROC(FRAGE CHAR(30),                        /*$*/
/*&*/                   GERAET DATION INOUT ALPHIC             /*$*/
/*&*/                          DIM(,) TFU MAX                  /*$*/
/*&*/                          FORWARD CONTROL(ALL) IDENT)     /*$*/
/*&*/              RETURNS(FIXED);                             /*$*/
/*&*/     /********************************************        /*$*/
/*&*/     * Die Prozedur dient zur Eingabe von FIXED-    *     /*$*/
/*&*/     * Zahlen                                       *     /*$*/
/*&*/     * Version 1.1 / 8.7.84 / Frevert               *     /*$*/
/*&*/     ********************************************/        /*$*/
/*&*/     DCL ANTWORT FIXED;                                  /*$*/
/*&*/     ON EINGABEFEHLER:BEGIN                              /*$*/
/*&*/                      OK:='0'B;                          /*$*/
/*&*/                      PUT TO GERAET BY SKIP;             /*$*/
/*&*/                    END;                                 /*$*/
/*&*/     REPEAT                                              /*$*/
/*&*/       OK:='1'B;                                         /*$*/
/*&*/       PUT FRAGE,'? :' TO GERAET BY (2)A,SKIP;           /*$*/
/*&*/       GET ZEILE FROM GERAET;                            /*$*/
/*&*/       IF OK THEN RETURN (ANTWORT); FIN;                 /*$*/
/*&*/       PUT 'FEHLEINGABE' TO GERAET;                      /*$*/
/*&*/     END;                                                /*$*/
/*&*/ END;/* Prozedur FIXEDEINGABE */                         /*$*/
/*&*/                                                         /*$*/
/*&*/ FLOATEINGABE:PROC(FRAGE CHAR(30),                       /*$*/
/*&*/                   GERAET DATION INOUT ALPHIC            /*$*/
/*&*/                          DIM(,) TFU MAX                 /*$*/
/*&*/                          FORWARD CONTROL(ALL) IDENT)    /*$*/
/*&*/              RETURNS(FLOAT);                            /*$*/
/*&*/     /********************************************       /*$*/
/*&*/     * Die Prozedur dient zur Eingabe von FLOAT-    *    /*$*/
/*&*/     * Zahlen                                       *    /*$*/
/*&*/     * Version 1.1 / 8.7.84 / Frevert               *    /*$*/
/*&*/     ********************************************/       /*$*/
/*&*/     DCL ANTWORT FLOAT;                                 /*$*/
/*&*/     ON EINGABEFEHLER:BEGIN                             /*$*/
/*&*/                      OK:='0'B;                         /*$*/
/*&*/                      PUT TO GERAET BY SKIP;            /*$*/
/*&*/                    END;                                /*$*/
/*&*/     REPEAT                                             /*$*/
/*&*/       OK:='1'B;                                        /*$*/
/*&*/       PUT FRAGE,'? :' TO GERAET BY (2)A,SKIP;          /*$*/
/*&*/       GET ZEILE FROM GERAET;                           /*$*/
/*&*/       IF OK THEN RETURN (ANTWORT); FIN;                /*$*/
/*&*/       PUT 'FEHLEINGABE' TO GERAET;                     /*$*/
/*&*/     END;                                               /*$*/
/*&*/ END;/* Prozedur FLOATEINGABE */                        /*$*/
/*&*/                                                         /*$*/
```

Beisp. 5.1 Teil 5: Weitere Hilfsprozeduren für Test

```
/*&*/ MAIN: TASK;                                                  /*$*/
/*&*/    /*****************************************************     /*$*/
/*&*/    * Die Task dient zum Test des abstrakten         *        /*$*/
/*&*/    * Datentyps Hochregal-Datenbank                  *        /*$*/
/*&*/    * Version 1.1 / 8.7.84 / Frevert                 *        /*$*/
/*&*/    ******************************************************/    /*$*/
/*&*/    DCL (BESTELLNUMMER,REGALNR,ZEILENR,FACHNR) FIXED,         /*$*/
/*&*/        DIESERARTIKEL ARTIKEL,                                /*$*/
/*&*/        DIESESFACH LAGERFACH,                                 /*$*/
/*&*/        (EINLAGERUNG,ARTIKELERGAENZEN,ARTIKELLISTE,           /*$*/
/*&*/         INHALTANZEIGE,WIEDERHOLEN   )     BIT(1) INIT        /*$*/
/*&*/        (  '0'B,          '0'B,            '0'B,              /*$*/
/*&*/           '0'B,          '1'B);                              /*§*/
/*&*/    OPEN TERMINAL;                                            /*$*/
/*&*/    IF BEFEHLSEINGABE('0'B,'NEUES  LAGER',TERMINAL)           /*$*/
/*&*/      THEN                        /* Dateien neu anlegen */   /*$*/
/*&*/       OPEN LAGERDATEI BY IDF(LAGERDATEINAME),ANY;            /*$*/
/*&*/       OPEN ARTIKELDATEI BY IDF(ARTIKELDATEINAME),ANY;        /*$*/
/*&*/       DIESERARTIKEL.ANZAHL:=0;                               /*$*/
/*&*/       DIESERARTIKEL.BESTELLNUMMER:=0;                        /*$*/
/*&*/       DIESESFACH.BEZEICHNUNG:=0;                             /*$*/
/*&*/       DIESESFACH.GEWICHT:=0.0;                               /*$*/
/*&*/       WRITE REGALZEILENZAHL,REGALFACHZAHL                    /*$*/
/*&*/                         TO LAGERDATEI;                       /*$*/
/*&*/       WRITE TO LAGERDATEI BY SKIP;                           /*$*/
/*&*/          /* Anfangs leere Lager- und Artikeldatei */        /*$*/
/*&*/       TO REGALZAHL*REGALZEILENZAHL*REGALFACHZAHL REPEAT      /*$*/
/*&*/         WRITE DIESESFACH.ANZAHL,                             /*$*/
/*&*/               DIESESFACH.BESTELLNUMMER TO LAGERDATEI;        /*$*/
/*&*/         WRITE TO LAGERDATEI BY SKIP;                         /*$*/
/*&*/       END;                                                   /*$*/
/*&*/       WRITE DIESERARTIKEL.BEZEICHNUNG,                       /*$*/
/*&*/             DIESERARTIKEL.GEWICHT TO ARTIKELDATEI;           /*$*/
/*&*/       WRITE TO ARTIKELDATEI BY SKIP;                         /*$*/
/*&*/       CLOSE ARTIKELDATEI;                                    /*$*/
/*&*/       CLOSE LAGERDATEI;                                      /*$*/
/*&*/    FIN;     /* Neue Dateien eingerichtet */                  /*$*/
/*&*/    /* Test von LAGERINIT                              */     /*$*/
/*&*/    CALL LAGERINIT;                                           /*$*/
/*&*/    REPEAT      /* Solange Testwiederholung gewuenscht */     /*$*/
/*&*/      ARTIKELLISTE:=BEFEHLSEINGABE(ARTIKELLISTE,              /*$*/
/*&*/                     'ARTIKELLISTE',TERMINAL);                /*$*/
/*&*/      IF ARTIKELLISTE THEN   /* Artikelliste ausgeben */      /*$*/
/*&*/        PUT 'BESTNR','BEZEICHNUNG','GEWICHT'                  /*$*/
/*&*/             TO TERMINAL BY R(ARTIKELKOPF);                   /*$*/
/*&*/    /* Test von HOECHSTBESTELLNUMMER                   */     /*$*/
/*&*/        FOR BESTELLNUMMER TO HOECHSTBESTELLNUMMER REPEAT      /*$*/
/*&*/    /* Test von ARTIKELDATEN                           */     /*$*/
/*&*/        CALL ARTIKELDATEN(BESTELLNUMMER,DIESERARTIKEL);       /*$*/
/*&*/         PUT BESTELLNUMMER,                                   /*$*/
/*&*/             DIESERARTIKEL.BEZEICHNUNG,                       /*$*/
/*&*/             DIESERARTIKEL.GEWICHT                            /*$*/
/*&*/              TO TERMINAL BY R(ARTIKELFORMAT);                /*$*/
/*&*/        END;     /* von Ausgabe der Artikelliste */           /*$*/
/*&*/     FIN;           /* Folgt Test von EINLAGERN */            /*$*/
```

Beisp. 5.1 Teil 6: Anfang der Test-Task

```
/*&*/       EINLAGERUNG:=BEFEHLSEINGABE(EINLAGERUNG,          /*$*/
/*&*/                    'EINLAGERN',TERMINAL);               /*$*/
/*&*/       IF EINLAGERUNG THEN          /* Artikel einlagern */ /*$*/
/*&*/         REGALNR:=FIXEDEINGABE('REGALNR',TERMINAL);      /*$*/
/*&*/         ZEILENR:=FIXEDEINGABE('ZEILENR',TERMINAL);      /*$*/
/*&*/         FACHNR:=FIXEDEINGABE('FACHNR',TERMINAL);        /*$*/
/*&*/         DIESESFACH.ANZAHL:=FIXEDEINGABE('ANZAHL',       /*$*/
/*&*/                                  TERMINAL);             /*$*/
/*&*/         DIESESFACH.BESTELLNR:=FIXEDEINGABE              /*$*/
/*&*/                          ('BESTELLNR',TERMINAL);        /*$*/
/*&*/       /* Test von EINLAGERN; letztes Fach testen!!    */ /*$*/
/*&*/         CALL EINLAGERN(REGALNR,ZEILENR,FACHNR,          /*$*/
/*&*/                          DIESESFACH);                   /*$*/
/*&*/       FIN; /* folgt Test von NEUERARTIKEL */            /*$*/
/*&*/       ARTIKELERGAENZEN:=BEFEHLSEINGABE(ARTIKELERGAENZEN,/*$*/
/*&*/                    'ARTIKELEINGAE',TERMINAL);           /*$*/
/*&*/       IF ARTIKELERGAENZEN THEN /* neuen Artikel geben*/ /*$*/
/*&*/         DIESERARTIKEL.BEZEICHNUNG:=ZEILENEINGABE        /*$*/
/*&*/                          ('BEZEICHNUNG',TERMINAL);      /*$*/
/*&*/         DIESERARTIKEL.GEWICHT:=FLOATEINGABE             /*$*/
/*&*/                          ('GEWICHT',TERMINAL);          /*$*/
/*&*/         BESTELLNUMMER:=NEUERARTIKEL(BESTELLNUMMER,      /*$*/
/*&*/                          DIESERARTIKEL);                /*$*/
/*&*/         PUT 'DIE NEUE BESTELLNUMMER IST',               /*$*/
/*&*/             BESTELLNUMMER TO TERMINAL;                  /*$*/
/*&*/       FIN; /* von EINLAGERN-Test; folgt LAGERDATEN */   /*$*/
/*&*/       INHALTANZEIGE:=BEFEHLSLESEN(INHALTANZEIGE,        /*$*/
/*&*/                    'DATEN ANZEIGEN',TERMINAL);          /*$*/
/*&*/       IF INHALTANZEIGE THEN          /*Inhalt eines Faches /*$*/
/*&*/         REGALNR:=FIXEDEINGABE('REGALNR',TERMINAL);      /*$*/
/*&*/         ZEILENR:=FIXEDEINGABE('ZEILENR',TERMINAL);      /*$*/
/*&*/         FACHNR:=FIXEDEINGABE('FACHNR',TERMINAL);        /*$*/
/*&*/       /* Test von LAGERDATEN                          */ /*$*/
/*&*/         CALL LAGERDATEN(REGALNR,ZEILENR,FACHNR,         /*$*/
/*&*/                          DIESESFACH);                   /*$*/
/*&*/         PUT 'REGAL','ZEILE','FACH','ANZAHL',            /*$*/
/*&*/             'BESTNR','BEZEICHNUNG','GEWICHT'            /*$*/
/*&*/            TO TERMINAL BY R(KOPFFORMAT);                /*$*/
/*&*/         PUT REGALNR,ZEILENR,FACHNR,DIESESFACH.ANZAHL,   /*$*/
/*&*/           DIESEFACH.BESTELLNUMMER,                      /*$*/
/*&*/           DIESESFACH.BEZEICHNUNG,DIESESFACH.GEWICHT     /*$*/
/*&*/                    TO TERMINAL BY R(LAGERFORMAT);       /*$*/
/*&*/       FIN; /* von LAGERDATEN-Test */                    /*$*/
/*&*/       WIEDERHOLEN:=BEFEHLSEINGABE(WIEDERHOLEN,          /*$*/
/*&*/                    'WIEDERHOLEN',TERMINAL);             /*$*/
/*&*/       IF NOT WIEDERHOLEN THEN GOTO EXIT;FIN;            /*$*/
/*&*/     END; /* von Test-Wiederholung */                   /*$*/
/*&*/     EXIT::                                              /*$*/
/*&*/     CALL LAGERCLOSE; /* Test von LAGERCLOSE */          /*$*/
/*&*/     PUT 'PROGRAMM BEENDET' TO TERMINAL;                 /*$*/
/*&*/     CLOSE TERMINAL;                                     /*$*/
/*&*/ END;/* Task MAIN */                                     /*$*/
/********************************************************************/
MODEND;
```

<u>Beisp. 5.1:</u> Modul, der den abstrakten Datentyp Hochregallager
          enthält, sowie die für einen Test notwendigen Pro-
          grammteile

Beisp. 5.1 zeigt einen Modul, der alle Zugriffsprozeduren auf unsere Hochregallager-Datenbank enthält. Er ist ein gutes Beispiel für die eben gemachte Behauptung: wir können ein Programm, das mit diesem Modul arbeitet, ziemlich leicht sehr viel schneller machen, indem wir die Lagerdaten nicht in Plattenspeicherdateien halten, sondern direkt im Hauptspeicher. Alle dazu notwendigen Änderungen würden nur die Prozeduren dieses Moduls betreffen und sind an einem Tag durchzuführen und zu testen. Wenn andererseits die READ- und WRITE-Anweisungen direkt in einem großen Prozeß-Programm stünden, würde das Ändern und Testen wahrscheinlich wochenlange Arbeit bedeuten.

Wenn wir den Modul genau betrachten, entdecken wir außer den eigentlichen Zugriffsprozeduren noch zwei Prozeduren LAGERINIT und LAGERCLOSE, in denen die Dateien eröffnet und geschlossen und noch einige kleine Organisations-Aufgaben erledigt werden. In ihnen wird der Modul sozusagen ein- und ausgeschaltet. Wir sehen hier die Ähnlichkeit unseres "schwarzen Programm-Kastens" mit einem elektronischen Gerät; auch das muß ja erst eingeschaltet werden, bevor es benutzt werden kann.

5.2 Teststrategien

Viele Vorschriften für das Programmieren mit PEARL dienen dem Zweck, Programmierfehler schon bei der Übersetzung des Programmes erkennbar zu machen und dadurch Testzeit zu sparen; trotzdem werden ohne Fehlermeldung übersetzte Programme noch eine Menge Fehler enthalten, die wir beim Programmtest entdecken werden. Leider ist es so, daß wir durch Tests nur feststellen können, daß ein Programm Fehler enthält; wir können aber nicht beweisen, daß nach dem Test keine Fehler mehr vorhanden sind, weil es praktisch undurchführbar ist, alle im wirklichen Betrieb vorkommenden Möglichkeiten in Tests vorweg zu nehmen. Das Modul-Konzept von PEARL gibt uns aber das Mittel, Tests systematisch und reproduzierbar durchzuführen.

Wenn ein Anfänger sein erstes längeres Programm entwickelt, steht er normalerweise beim Beginn des Testens vor einer völligen

Katastrophe; kein Teil des Programmes führt seine Aufgabe so aus, wie es sollte, und es erfordert detektivischen Scharfsinn, herauszubekommen, an welcher Stelle ein bestimmter Fehler verursacht wird. Nach einer derartigen Erfahrung sollten wir nie wieder versuchen, ein Programm im Ganzen zu testen, sondern es als erfahrene Entwickler in "schwarze Kästen" aufteilen und die zunächst einzeln testen. Beim Zusammenfügen dieser Teile zum ganzen Programm werden dann immer noch Fehler genug da sein, aber wir wissen jetzt wenigstens, daß die Teile die getesteten Aufgaben fehlerlos erfüllen und daß die Fehler aus dem Zusammenbau oder nicht getesteten Arbeitsweisen der "schwarzen Kästen" herrühren müssen.

Wir werden deshalb jeden Modul zunächst einzeln testen. Dabei beginnen wir mit den Moduln, die keine Task enthalten. Wenn wir uns an die bisher gelernten Grundsätze halten, sind es nur Prozeduren, die in ihnen mit der Eigenschaft GLOBAL vereinbart worden sind; deshalb ergänzen wir die Moduln durch eine Task, die die Prozeduren testet, und kopieren den Inhalt des Systemteil-Moduls mit hinein. Möglicherweise brauchen wir für den Test auch noch Ein/Ausgabe-Prozeduren; auch die kopieren wir in den Modul oder schreiben sie uns. Dadurch wird aus jedem Modul ein eigenständiges Programm.

Das Programm in Beisp. 5.1 zeigt uns, daß die für den Test benötigten Programmteile in der Regel mindestens so lang sind, wie die zu testenden Prozeduren. Der Arbeitsaufwand, sie zu schreiben, macht sich aber schnell bezahlt, wenn wir ihn mit dem Aufwand für unsystematisches Testen vergleichen. Die Prozeduren BEFEHLSEINGABE, FIXEDEINGABE usw. werden wir für spätere Module verwenden können, bei denen Testdaten interaktiv eingegeben werden sollen. Solche interaktiven Tests haben übrigens den Nachteil, daß man dem Programm nicht ansehen kann, welche Fälle wirklich getestet worden sind. Deshalb stehen die Testvorschriften mit im Programm. In der Praxis werden diese Vorschriften am besten durch jemanden formuliert, der das Programm nicht selbst geschrieben hat; der Programmierer probiert sonst nämlich nur die Dinge aus, an die er selbst gedacht hat, sodaß ihm die wirklich schlimmen Sonderfälle beim Test entgehen.

Erst nachdem wir den Modul ausreichend getestet haben, setzen wir
die zusätzlichen Teile in Kommentarzeichen oder verschieben sie
hinter das MODEND. Auf diese Weise ist dokumentiert, wie der
Modul getestet worden ist, und wir können außerdem den Einzeltest
jederzeit wiederholen und verbessern. Bei unserem Beispiel sind
die Test-Teile deshalb mit den Rändern /*$*/ und /*&*/ versehen,
die mit Hilfe eines Editor-Programmes im Handumdrehen zu Kommen-
tar-Anfängen und -Enden gemacht werden können.

5.3 Modulschnittstellen

Wir haben schon gelernt, daß alle Objekte, die von anderen Moduln
gesehen werden sollen, mit der Eigenschaft GLOBAL vereinbart
werden müssen. Damit das PEARL-Übersetzungssystem beim Zusammenfügen der Moduln zu einem Programm nachprüfen kann, ob die Objekte in einem anderen Modul richtig benutzt werden, müssen sie
außerdem in dem anderen Modul in einer Schnittstellen-Spezifikation aufgeführt werden. Figur 5.1 zeigt, wie eine solche Schnittstellen-Spezifikation geschrieben werden muß (einige der Schlüsselwörter sind uns noch unbekannt; wir werden sie im nächsten
Teil kennenlernen).

Alle Objekte aus fremden Moduln bekommen in diesen Schnittstellen-Spezifikationen die Eigenschaft GLOBAL; nur wenn sich der Systemteil im selben Modul wie die Beschreibung einer Datenstation
befindet, darf GLOBAL weggelassen werden. Bei der Beschreibung
dürfen Einschränkungen hinsichtlich der Eigenschaften der beschriebenen Objekte gemacht werden: STREAM-Datenstationen dürfen
als NOSTREAM beschrieben werden, ursprünglich aus Variablen be-
stehende Matrizen dürfen mit der Eigenschaft INV versehen werden
(aber selbstverständlich nicht umgekehrt). Das gibt uns die Möglichkeit, Datenobjekte in dem Modul, in dem sie vereinbart worden
sind, mit Anfangswerten zu füllen, die dann von den anderen
Moduln wie Konstante benutzt werden.

Bis auf eine Ausnahme werden die Objekte in den Schnittstellen-
Spezifikationen mit derselben Typenbezeichnung versehen, wie wir
sie aus Vereinbarungen kennen. Nur bei Prozeduren gibt es eine

Ausnahme (Figur 5.2); sie werden unter Verwendung des Schlüsselwortes ENTRY (Eingang) beschrieben, weil es bei ihnen ja
darauf ankommt, daß beim Eintreten in die Prozedur am Eingang die
Argumente richtig zu den Parametern passen. Logischerweise brauchen dabei die Parameternamen nicht genannt zu werden; in der
Prozedureingangsbeschreibung stehen hinter ENTRY nur die Parame-
tertypen.

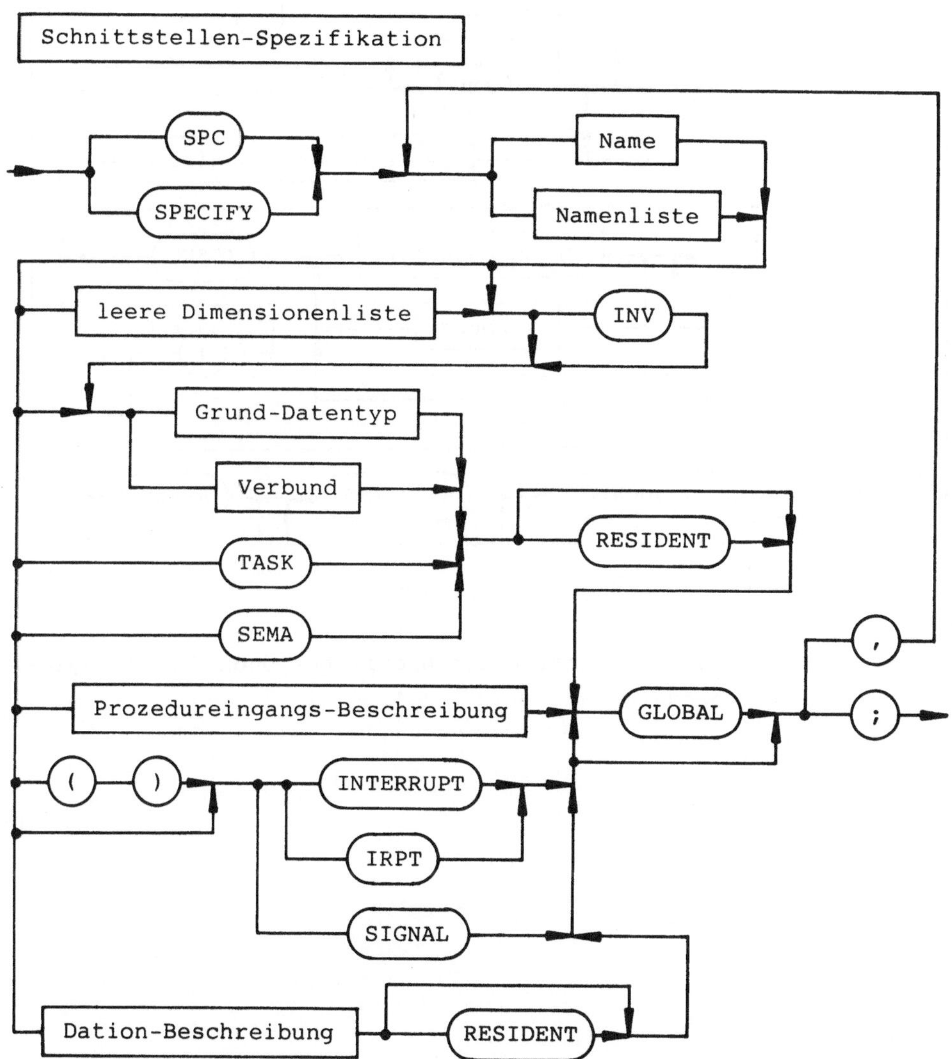

Figur 5.1: Schnittstellen-Spezifikation

Weil das Zusammenpassen der Moduln normalerweise erst nach ihrer
Übersetzung geprüft wird, dürfen neue Typen nicht global definiert werden; bei vielen PEARL-Systemen gibt es aber die Hilfs-
programme, mit denen Typdefinitionen auf einen Schlag in sämtli-
chen Moduln eines Programmes geändert werden können.

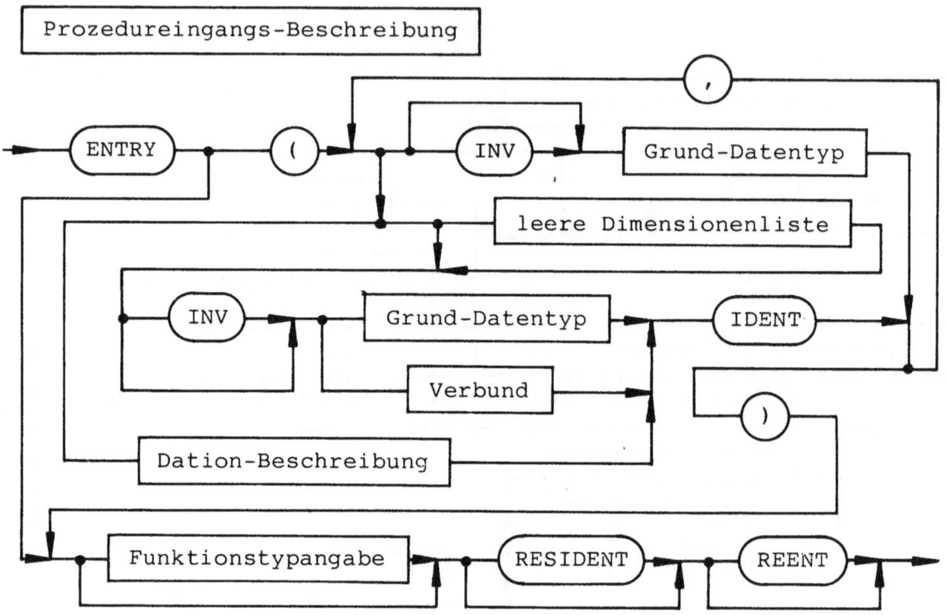

<u>Figur 5.2:</u> Prozedureingangs-Beschreibung

Beisp. 5.2 zeigt die Schnittstellen-Spezifikationen für die globalen Zugriffsprozeduren aus Beisp. 5.1.

```
TYPE LAGERFACH STRUCT(/(ANZAHL,BESTELLNUMMER)FIXED)/);
TYPE ARTIKEL STRUCT(/BEZEICHNUNG CHAR(20),GEWICHT FLOAT/);
SPC LAGERINIT ENTRY GLOBAL,
   /**********************************************************
    * Die Prozedur eroeffnet die Dateien und holt deren Kenn-  *
    * daten aus der ersten Zeile                               *
    **********************************************************/

   LAGERCLOSE ENTRY GLOBAL,
   /**********************************************************
    * Die Prozedur schliesst die Dateien                      *
    **********************************************************/

   HOECHSTEBESTELLNUMMER ENTRY RETURNS(FIXED) GLOBAL,
   /**********************************************************
    * Die Funktions-Prozedur ermittelt die hoechste Bestell-  *
    * nummer in der Artikeldatei                              *
    **********************************************************/

   EINLAGERN ENTRY(FIXED,FIXED,FIXED,INV LAGERFACH IDENT)
                                            GLOBAL,
   /**********************************************************
    * Die Prozedur bringt die Daten für das Fach in Regal R,  *
    * Regalzeile Z und Fachnummer Z in die Lagerdatei         *
    **********************************************************/

   LAGERDATEN ENTRY(FIXED,FIXED,FIXED,LAGERFACH) IDENT GLOBAL,
   /**********************************************************
    * Die Prozedur liest die Daten für das Fach in Regal R,   *
    * Regalzeile Z und Fachnummer Z aus der Datenbank         *
    **********************************************************/

   ARTIKELDATEN ENTRY(FIXED,ARTIKEL IDENT) GLOBAL,
   /**********************************************************
    * Die Prozedur liest die Daten für den Artikel mit der    *
    * Bestellnummer aus der Datenbank                         *
    **********************************************************/

   NEUERARTIKEL ENTRY(FIXED,INV ARTIKEL IDENT)
                             RETURNS(FIXED) GLOBAL;
   /**********************************************************
    * Die Prozedur bringt die Daten eines neuen Artikels in   *
    * die Artikeldatei und korrigiert die maximale Artikelzahl; *
    * die Bestellnummer wird zurueckgegeben.                  *
    **********************************************************/

SPC BEFEHLSEINGABE ENTRY(BIT(1),CHAR(30),
      DATION INOUT ALPHIC (,) TFU MAX FORWARD CONTROL(ALL) IDENT)
      RETURNS(BIT(1)) GLOBAL;
         /***********************************************
          * Die Prozedur dient zum Einlesen von Bedien-  *
          * Befehlen                                     *
          ***********************************************/
```

<u>Beisp. 5.2:</u> Schnittstellen-Spezifikation für den Modul aus Beisp.
          5.1

6 Echtzeit-Programmierung

Wir haben bisher "nur" gelernt, wie man ganz normale Rechen- und
Datenverwaltungs-Programme mit PEARL schreiben kann, die irgendwann gestartet werden und immer auf die gleiche Art und Weise
ablaufen, wenn sie mit denselben Eingabedaten arbeiten; ihr Ver-
halten ist vollständig reproduzierbar, und Fehler, die im Test
nicht entdeckt worden sind, können nur auf ungewöhnlichen Kombinationen der Daten beruhen, mit denen sie arbeiten. So kann zum
Beispiel zufällig der Nenner eines Bruches Null werden, sodaß der
Rechner die Division nicht ausführen kann, oder irgendjemand gibt
als Regalnummer für unsere Hochregallager-Datenbank eine negative
Zahl ein, sodaß der Rechner auf einen nicht existierenden Daten-
satz zuzugreifen versucht. In der normalen Datenverarbeitung wird
dann das Programm mit einer Fehlermeldung abgebrochen, der Fehler
wird gesucht und eliminiert, und das Programm wird neu gestartet
und tut dann (hoffentlich) das, was wir von ihm erwarten. Solch
ein Programm können wir mit einer Bahnanlage vergleichen, auf der
nur ein einziger Zug verkehrt. Der fährt irgendwann los, durch-
läuft je nach Weichenstellung mal dieses oder mal jenes Gleisstück, fährt vielleicht auch eine Zeitlang im Kreise und kommt
schließlich am Bestimmungsort an, wenn Gleise und Weichen in
Ordnung waren.

Ganz anders sieht die Sache aus, wenn mehrere Züge gleichzeitig
auf der Bahnanlage verkehren. Auch da kann zunächst alles scheinbar in Ordnung sein, bis irgendwann zufällig zwei Züge gleichzeitig dasselbe Gleisstück benutzen und zusammenstoßen. Das
Stichwort, das hier die Katastrophe verursacht hat, ist "gleichzeitig", und mit diesem "gleichzeitig" müssen wir uns herumschla-
gen, wenn wir Echtzeit-Programme schreiben. In ihnen ist das
gleichzeitige Eintreten zweier Ereignisse oft so unwahrschein-
lich, daß es bei Tausenden von Programmtests nicht auftritt -
aber irgendwann wird es nach dem Gesetz von Murphy beim echten
Betrieb passieren, und wenn, dann so, daß der größtmögliche
Schaden entsteht.

Als Menschen können wir einfache Kausalketten wenn.... dann...
einigermaßen gut verfolgen; in schwierigen Fällen können wir

dabei Entscheidungstabellen, Ablaufpläne, Strukturdiagramme oder andere graphische Mittel zu Hilfe nehmen; unser Vorstellungsvermögen neigt aber dazu, in Streik zu treten, wenn es sich mit der zeitlichen Verfilzung mehrerer Kausalketten beschäftigen soll, weil dann die Zeit sozusagen eine weitere Dimension bildet, die eine Darstellung der Zusammenhänge auf einem Bogen Papier unmöglich macht. Deshalb müssen wir als Echtzeit-Programmierer einerseits versuchen, unser Vorstellungsvermögen für zeitliche Abläufe zu stärken, und andererseits dafür sorgen, daß sich an den Berührungspunkten zweier Kausalketten die Dinge nicht gleichzeitig, sondern nacheinander abspielen. Dafür gibt es Mittel und Rezepte, von denen dieser Teil des Buches handeln wird.

An dieser Stelle sollten wir noch ein paar Überlegungen zu "gleichzeitig" anstellen. Wenn wir "gleichzeitig" sagen, gehört eigentlich immer dazu, daß wir auch definieren, was wir darunter verstehen wollen. Moderne Prozeßrechner können zwei Tasks wirklich gleichzeitig im Sinne von "in derselben millionstel Sekunde" ausführen, wenn die eine rechnet und die andere eine Ein/Ausgabe mit einem Gerät macht. Wenn wir "gleichzeitig" jedoch im Sinne von "in derselben Sekunde" definieren, dann wird gleichzeitig für viele Tasks gerechnet, auch wenn nur ein Rechenwerk da ist und die Tasks sich in dessen Benutzung abwechseln.

Neulinge in der Echtzeit-Programmierung, die schon etwas über Rechner verstehen, neigen manchmal dazu zu sagen: "In Wirklichkeit kann das ja nicht gleichzeitig passieren, weil nur ein Rechenwerk da ist", und machen deshalb ganz schlimme Programmierfehler. In Wirklichkeit kann nämlich das PEARL-Betriebssystem einer Task das Rechenwerk jederzeit zugunsten einer anderen wegnehmen. Oft geht auch das große Wundern und die tagelange Fehlersuche los, wenn der Rechner erweitert wird und noch ein Rechenwerk hinzubekommt.

```
MODULE (LESEN);                             /* evtl. Klammern streichen */
/******************************************************************************
 * Programm zum Einlesen von Texten aus einer Datei und          *
 * ihrer Ausgabe auf dem Terminal                                *
 * Version 1.1 / 6. 7. 84 / Frevert                              *
 ******************************************************************************/
SYSTEM;                             /* Fuer KAE EPR1300                     */
  TERMINAL:DIS<->SDVLS(2);
  DATEI    :DIS->SDVLS(4);
PROBLEM;
  SPC TERMINAL DATION INOUT ALPHIC DIM(,) TFU MAX
                              FORWARD STREAM CONTROL(ALL);
  SPC DATEI DATION IN ALPHIC DIM (,) TFU MAX
                              FORWARD STREAM CONTROL(ALL);

  ZEILENLESEN:PROC(FILE DATION IN ALPHIC DIM (,) TFU MAX
                   FORWARD STREAM CONTROL(ALL) IDENT)
              RETURNS(CHAR(80)) RESIDENT;
    /*****************************************************************
     * Die Funktionsprozedur liest eine Textzeile aus dem          *
     * File ein und positioniert auf die nächste Zeile             *
     * Version 1.1 / 7.7.84 / Frevert                              *
     *****************************************************************/
    DCL ZEILE CHAR(80);
    GET ZEILE FROM FILE BY LIST;
    GET FROM FILE BY SKIP;
    RETURN(ZEILE);
  END;/* Prozedur ZEILENLESEN */

  MAIN: TASK RESIDENT;
    /*****************************************************************
     * Die Task dient zum Test der Prozedur ZEILENLESEN            *
     * Version 1.1 / 7.7.84 / Frevert                              *
     *****************************************************************/
    DCL TEXTZEILE CHAR(80),
        DATEINAME CHAR(20);
    OPEN TERMINAL;
    PUT 'GIB NAMEN DER TEXTDATEI' TO TERMINAL;
    DATEINAME:=ZEILENLESEN(TERMINAL);
    OPEN DATEI BY IDF(DATEINAME),OLD;
      TEXTZEILE:=ZEILENLESEN(DATEI);
      PUT TEXTZEILE TO TERMINAL BY A,SKIP;
      IF TEXTZEILE.CHAR(1:2)=='//' THEN   /* Markierung der    */
        GOTO EXIT;                        /* letzten Zeile     */
      FIN;
    END;
    EXIT:;                            /* Marke mit Leeranweisung    */
    CLOSE DATEI;
    PUT 'PROGRAMM BEENDET' TO TERMINAL;
    CLOSE TERMINAL;
  END;/* Task MAIN */
MODEND;
```

<u>Beisp. 6.1:</u> Funktions-Prozedur zum Einlesen von Textzeilen im
          Testprogramm

6.1 Reaktion auf Ausnahme-Situationen

In Kapitel 1.5 wird erwähnt, daß das Einlesen von Zeichenketten-Werten aus einer Datei seine Tücken haben kann. Wenn wir nämlich eine kleine Funktionsprozedur ZEILENLESEN (Beisp. 6.1) für das Einlesen von Textzeilen aus einer Datenstation schreiben und testen, stellen wir fest, daß die nicht richtig arbeitet, wenn wir sie zum Einlesen von Textzeilen aus einer Datei verwenden, in der ein PEARL-Programmtext steht; wir bekommen beim Programmtest Fehlermeldungen, die uns melden, daß Zeilen zu kurz sind. Das liegt daran, daß wegen der Eigenschaft TFU MAX auch Zeilen in solch einer Datei stehen können, die kürzer sind als 80 Zeichen, sodaß die CHAR(80)-Variable ZEILE in der Funktionsprozedur durch die GET-Anweisung nicht bis zum Schluß gefüllt werden kann.

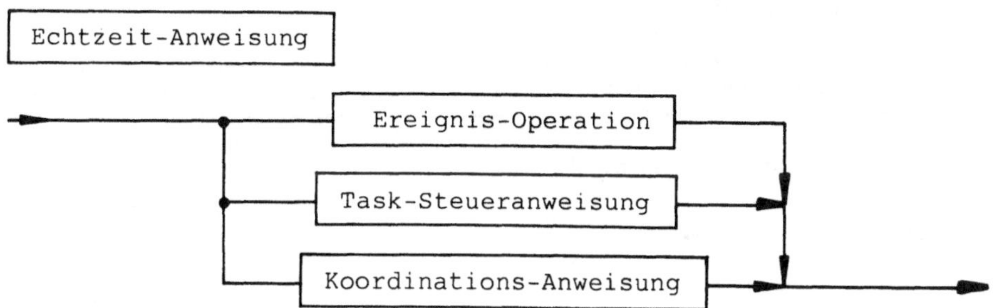

<u>Figur 6.1:</u> Echtzeit-Anweisung

Bei derartigen Fehlern wird im Rechnersystem ein sogenanntes Signal ausgelöst; die Standard-Reaktion des Betriebssystems auf ein Signal ist die Ausgabe eines Fehlermeldungs-Textes. In PEARL können wir dafür sorgen, daß an Stelle des Betriebssystems unser Programm auf das Signal reagiert, indem wir eine Ausnahme-Planung (Figur 6.3) verwenden. Sie ist die erste der Echtzeitanweisungen (Figur 6.1), auf die wir eingehen wollen; die Ausnahme-Planung ist nämlich diejenige Echtzeit-Anweisung, die wir auch in Programmen mit nur einer Task verwenden müssen, um auf solche Fehler wie den erwähnten reagieren zu können.

Zunächst müssen wir uns jedoch überlegen, daß ein Signal etwas ist, das von außen in únser Programm kommt; deshalb muß es im

Systemteil beschrieben und im Problemteil spezifiziert werden
(Beisp. 6.2). (Signale dürfen übrigens wie Datenstationen zu
einer eindimensionalen Matrix zusammengefaßt werden.) Wenn das
erledigt ist, können wir einplanen, was gemacht werden soll, wenn
das Signal im Ausnahmefall, der ein Fehler ja ist, vom Rechnersystem abgegeben wird.

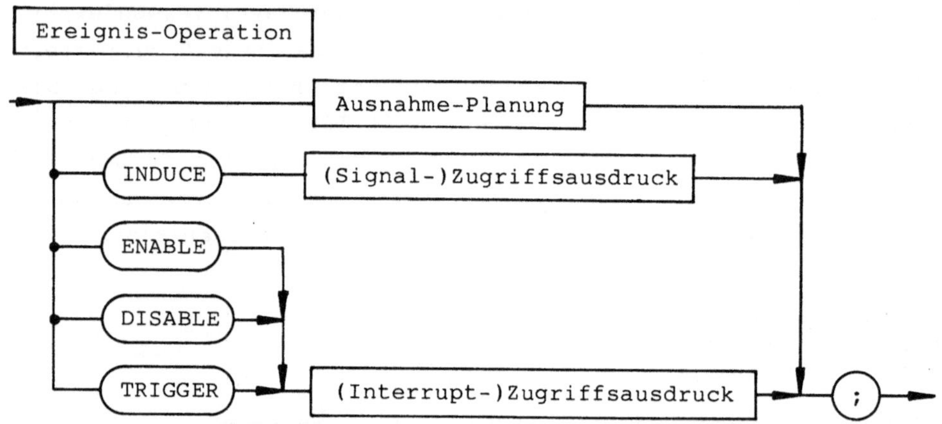

Figur 6.2: Ereignis-Operation

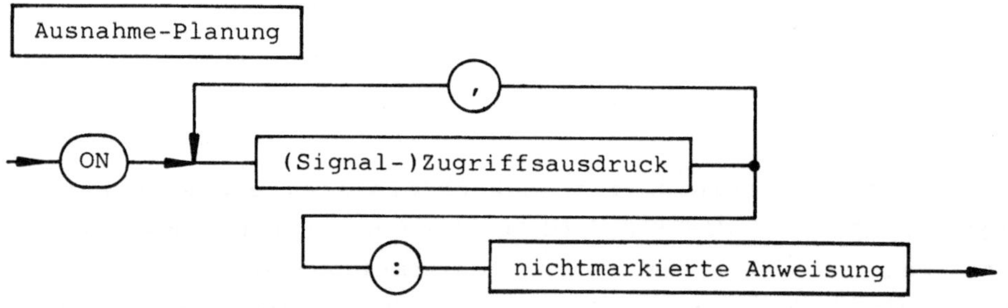

Figur 6.3: Ausnahme-Planung

Figur 6.3 zeigt uns, wie wir das schreiben müssen. Unser Signal
EINGABEFEHLER soll ja, anstatt eine Fehlermeldung auf dem Bild-
schirm zu bewirken, gar nichts veranlassen, weil es ganz in
Ordnung ist, daß die Zeilen in unserer Datei keine 80 Zeichen
lang sind; deshalb schreiben wir als die Anweisung, die in der
Ausnahme-Planung stehen muß, einfach eine Leeranweisung:

```
      ON EINGABEFEHLER: ;
```
Das muß im Programm vor der Anweisung stehen, die zu der Ausnah-
me-Situation führen kann, also in unserer Prozedur direkt hinter
der Vereinbarung (Beisp. 6.3).

Das Einlesen von ZEILE und das Positionieren auf den nächsten
Zeilenanfang (SKIP) müssen wir mit zwei Anweisungen machen; so
vermutet der Computer nämlich, daß möglicherweise nach dem GET
ZEILE.. noch etwas in die Variable eingelesen werden soll (das
könnte ja mit einer weiteren GET-Anweisung geschehen); deshalb
löst er das Signal EINGABEFEHLER erst aus, wenn er das GET...BY
SKIP ausführen soll, denn da kann er den Braten frühestens rie-
chen; dann steht die zu kurze Zeile aber schon in unserer Variablen ZEILE. Bei einer einzigen GET-Anweisung
```
      GET ZEILE FROM FILE BY LIST,SKIP;
```
hätte er das Signal ausgelöst, bevor er den Inhalt der Dateizeile
in unsere Variable kopieren konnte.


```
SYSTEM;
  EINGABEFEHLER:SGARRAY(3)-> SGLST(3);
  .
  .
PROBLEM;
  SPC EINGABEFEHLER SIGNAL;
  .
  .
```

<u>Beisp. 6.2:</u> Benennung und Spezifikation eines Signals


```
ZEILENLESEN:PROC(FILE DATION IN ALPHIC DIM (,) TFU MAX
               FORWARD STREAM CONTROL(ALL) IDENT)
             RETURNS(CHAR(80)) RESIDENT;
   /**************************************************************
    * Die Funktionsprozedur liest eine Textzeile aus dem        *
    * File ein und positioniert auf die nächste Zeile           *
    * Nebenwirkung: E/A-Fehlermeldungen sind ausgeschaltet      *
    * Version 1.2 / 7.7.84 / Frevert                            *
    **************************************************************/
   DCL ZEILE CHAR(80);
   ON EINGABEFEHLER:;              /* Verhindert Fehlermeldung  */
   GET ZEILE FROM FILE BY LIST; /* bei zu kurzer Zeile          */
   GET FROM FILE BY SKIP;
   RETURN(ZEILE);
 END; /* Prozedur ZEILENLESEN */
```

<u>Beisp. 6.3:</u> Prozedur mit Ausnahme-Planung

Figur 6.3 zeigt, daß hinter "ON...:" nur eine einzige Anweisung stehen darf; wenn der Computer ein ganzes Programmstück als Reaktion auf ein Signal ausführen soll, müssen wir deshalb einen Begin-Block hinter den Doppelpunkt schreiben. Außerdem sagt Figur 6.3 aus, daß zwischen ON und dem Doppelpunkt auch eine ganze Liste von Signal-Zugriffsausdrücken stehen darf: dann wird die Ausnahme-Reaktion durchgeführt, wenn eines der Signale erzeugt wird.

Weitere Beispiele für Ausnahme-Planungen befinden sich in Beisp. 5.1. Bei jeder der Eingabe-Prozeduren FIXEDEINGABE, FLOATEINGABE und ZEILENEINGABE können Eingabefehler durch falsche Bedienung passieren, beispielsweise bei FIXEDEINGABE durch Eingabe eines Wertes in FLOAT-Schreibweise. In einem solchen Falle muß der Fehler mitgeteilt werden, damit die Eingabe wiederholt wird. Damit diese Fehlermeldung in eine neue Zeile ausgegeben wird, muß vorher ein SKIP ausgegeben werden. Deshalb stehen dort hinter
        ON EINGABEFEHLER:
zwei Anweisungen, die durch Einfügen in einen Begin-Block formal zu einer einzigen gemacht werden.

Auch bei der Prozedur BEFEHLSEINGABE in Beisp. 5.1 ist von einer Ausnahme-Planung Gebrauch gemacht worden; sie ist so geschrieben, daß nur die Return-Taste gedrückt zu werden braucht, um die Voreinstellung einer Antwort zu übernehmen. Deshalb ist die Bedienung des Testprogrammes einfacher geworden, als wenn wir die alte Version der Prozedur aus Beisp. 3.11 genommen hätten. In der Test-Task von Beisp. 5.1 merkt sich das Programm die jeweils letzte Antwort; deshalb können Test-Wiederholungen sehr leicht und schnell gemacht werden.

Falls infolge eines Signals ein Programmstück wiederholt werden muß, bewirken wir das am besten durch eine Konstruktion, wie sie in Beisp. 6.4 gezeigt wird; es wäre schlecht programmiert, wenn wir es durch die darunter stehende Variante machen würden, weil dadurch Programme auf anscheinend rätselhafte Weise wieder von vorn begonnen werden können.

```
DCL OK BIT(1);
  .
  .
  .
ON FEHLEINGABE:OK:='0'B;        /* Ausnahme-Planung              */
OK:='0'B;                       /* damit eine Wiederholung       */
WHILE NOT OK REPEAT            /* nur eine Wiederholung, falls  */
  OK:='1'B;                     /* alles ok                      */
  /* folgen Anweisungen, die möglicherweise das Signal           */
  /* FEHLEINGABE auslösen                                        */
  /* Fehlermeldung oder ähnliche Reaktion                        */
END;
-----------------------------------------------------------------
ON FEHLEINGABE: GOTO NOCHMAL;
NOCHMAL:;                       /* Leeranweisung mit Sprungmarke */
  /* folgen Anweisungen, die möglicherweise das Signal           */
  /* FEHLEINGABE auslösen                                        */
```

<u>Beisp. 6.4:</u> Zwei Konstruktionen für Programmteil-Wiederholung als
          Folge einer Signal-Auslösung; die untere Variante ist
          sehr schlecht, weil sie einen ungewollten Rücksprung
          nach NOCHMAL bewirken kann, wenn das Signal später
          zufällig in anderem Zusammenhang ausgelöst wird.

```
EINLAGERN:PROC((R,Z,F) FIXED,FACHDATEN INV LAGERFACH IDENT)
          GLOBAL;
  /*****************************************************************
   * Die Prozedur bringt die Daten für das Fach in Regal R,      *
   * Regalzeile Z und Fachnummer Z in die Lagerdatei,            *
   * Dabei wird das Signal EINGABEFEHLER ausgelöst, wenn R, Z    *
   * oder F einen unzulässigen Wert haben                        *
   * Version 2.2 / 9.7.84 / Frevert                              *
   *****************************************************************/
  DCL DATEIZEILE FIXED;
  IF R LT 1 OR R GT REGALZAHL          /* Prüfung auf Einhaltung */
    OR Z LT 1 OR Z GT REGALZEILENZAHL /* der zulaessigen Werte  */
    OR F LT 1 OR F GT REGALFACHZZAHL THEN
    INDUCE EINGABEFEHLER;              /* Ausloesung des Signals */
  ELSE                                 /* Normalfall             */
    DATEIZEILE:=( (R-1)*REGALZEILENZAHL
            +(Z-1)                          )*REGALFACHZAHL
            +F+1;         /* Kenndaten in 1. Zeile              */
    WRITE TO LAGERDATEI BY LINE(DATEIZEILE); /* Positionierung */
    WRITE FACHHDATEN.ANZAHL,
        FACHDATEN.BESTELLNUMME TO LAGERDATEI;
    WRITE TO LAGERDATEI BY SKIP;
  FIN;
END;/* Prozedur EINLAGERN */
```

<u>Beisp. 6.5:</u> Auslösung eines Signals bei Prozedur-Aufruf mit unzu-
          lässigen Argument-Werten.

Normalerweise werden Signale außerhalb unserer Programme ausgelöst; für den Programmtest dürfen wir sie jedoch durch INDUCE-
Anweisungen auch selbst erzeugen. Daraus können wir bei der

Prozedur EINLAGERN aus Beisp. 5.1 Nutzen ziehen. Die kann ja nur richtig funktionieren, wenn Regalnummer, Zeilennummer und Fachnummer wirklich ein Fach aus unserem Hochregallager bezeichnen; falls eine dieser Zahlen zu groß oder zu klein ist, müßte eine Fehlermeldung erfolgen, anstatt daß versucht wird, Daten für ein nicht existierendes Fach einzutragen. Beisp. 6.5 zeigt eine entsprechende Variante der Prozedur.

6.2 Taskzustände

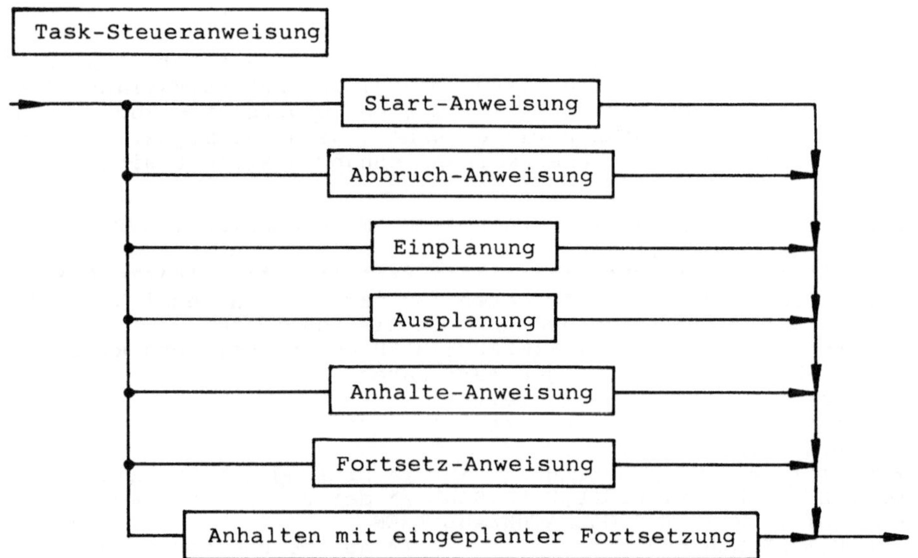

Figur 6.4: Task-Steueranweisung

In Kapitel 1.4 haben wir gelernt, daß ein PEARL-Programm mehrere Tasks enthalten darf, im Unterschied zu FORTRAN- oder PASCAL-Programmen, bei denen die einzige Task "Hauptprogramm" genannt wird. Ein solches Hauptprogramm wird dort automatisch beim Laden des Programmes gestartet und dadurch zum Ablauf gebracht. Die PEARL-Tasks unterscheiden sich von Hauptprogrammen dadurch, daß sie normalerweise gar nicht laufen, sondern ruhen oder warten und nur infolge irgendwelcher Ereignisse in einem industriellen Prozeß ihre Arbeit aufnehmen. Figur 6.5 zeigt, welche Zustände eine Task einnehmen kann. Die Übergänge zwischen diesen Zuständen werden durch Task-Steueranweisungen bewirkt (Figur 6.4).

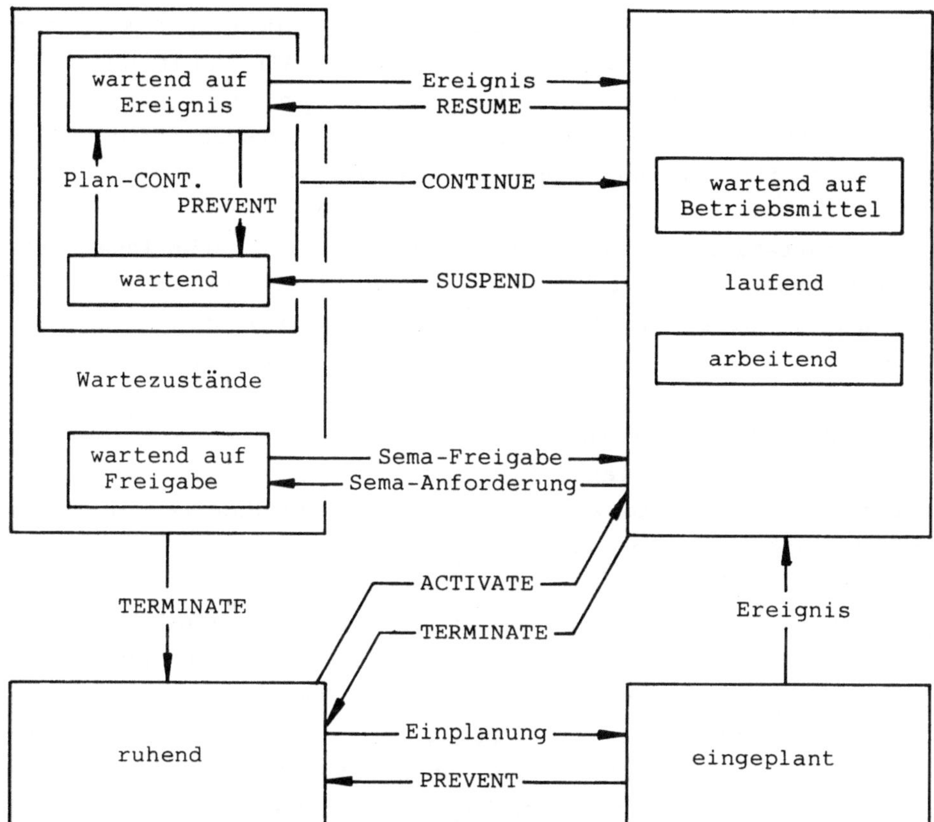

<u>Figur 6.5:</u> Taskzustände in PEARL. Eine Task kann durch ACTIVATE gestartet und durch TERMINATE abgebrochen werden. Im aktiven Zustand werden ihr die für ihre Arbeit notwendigen Betriebsmittel durch das Betriebssystem zugeteilt. Durch Anforderung eines Semaphors, durch SUSPEND und RESUME kann sie sich selbst in einen Wartezustand versetzen; dabei kann sie ihre Fortsetzung bei Eintreffen eines Ereignisses selbst planen (RESUME) oder sich von Anweisungen in anderen Tasks abhängig machen. Durch Einplanungen kann das Betriebssystem aufgefordert werden, eine Task in Abhängigkeit von Ereignissen (Unterbrechungen oder Uhrzeiten) zu starten.

Nachdem ein PEARL-Programm in den Hauptspeicher eines Rechners geladen ist, ruhen seine Tasks zunächst einmal, bis eine von ihnen je nach Rechnersystem automatisch oder durch einen Terminal-Befehl gestartet wird (bei dem System Krupp Atlas-Elektronik EPR 1300, auf dem die Beispiele getestet wurden, wird die Task MAIN automatisch gestartet). Diese erste Task muß dann dafür sorgen, daß auch die übrigen zum Laufen kommen. Das kann sie direkt durch eine Start-Anweisung mit ACTIVATE tun (Figur 6.6), oder sie kann dafür sorgen, daß die anderen Tasks nach einer gewissen Zeit oder ausgelöst durch ein Ereignis im technischen Prozeß gestartet werden, indem sie sie einplant.

Jede gestartete Task läuft, bis sie entweder ihr natürliches Ende erreicht oder durch eine Abbruch-Anweisung (Figur 6.7) mit TERMINATE gewaltsam in den Ruhezustand zurückversetzt wird. "Gestartet" bedeutet dabei aber nicht, daß sie ununterbrochen tätig ist; sie kann vielmehr aus verschiedenen Ursachen (z. B. durch eine SUSPEND-Anhalte-Anweisung) in einen gewollten Wartezustand gebracht werden; sie läuft dann erst weiter, wenn das Ereignis eintritt, auf das sie wartet, oder wenn ihr das Weiterlaufen durch CONTINUE befohlen wird.

Im rechten oberen Teil von Figur 6.5 ist angedeutet, daß eine laufende Task auch ungewollt warten kann, wenn das Rechenwerk oder ein anderer Teil des Rechnersystems, den sie gerade benutzen möchte, von einer anderen Task belegt ist. Das Betriebssystem des Rechners teilt den Tasks diese sogenannten Betriebsmittel zu; dabei richtet es sich nach den Task-Prioritäten und zieht in der Regel diejenige Task vor, der wir im Task-Kopf eine höhere Priorität gegeben haben als derjenigen, die gleichzeitig dasselbe Betriebsmittel benutzen möchte.

6.2.1 Starten und Abbrechen

Wir wollen uns zunächst ein ganz einfaches Programm ansehen, bei der die erste Task noch eine andere durch eine Start-Anweisung (Figur 6.6) startet. Beide Tasks geben ein paar Textzeilen auf dem Terminal aus. Danach wird die zweite Task durch eine Abbruch-Anweisung (Figur 6.7) abgebrochen. Für dieses Programm brauchen wir nur Beisp. 1.7 zu nehmen und dort die Task MAIN zu streichen. Beisp. 6.6 zeigt die beiden neuen Tasks, die wir an ihrer Stelle einfügen.

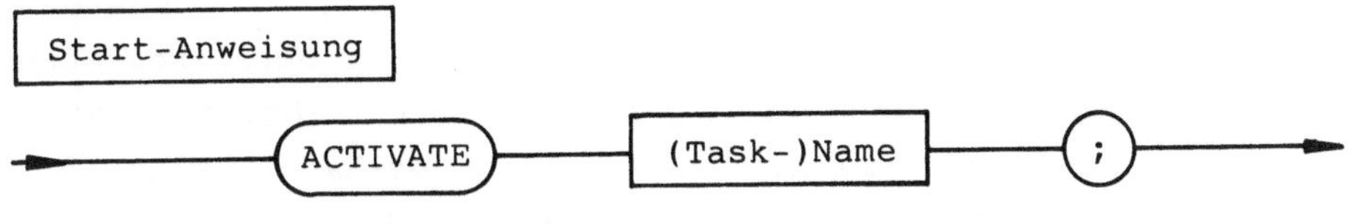

Figur 6.6: Start-Anweisung

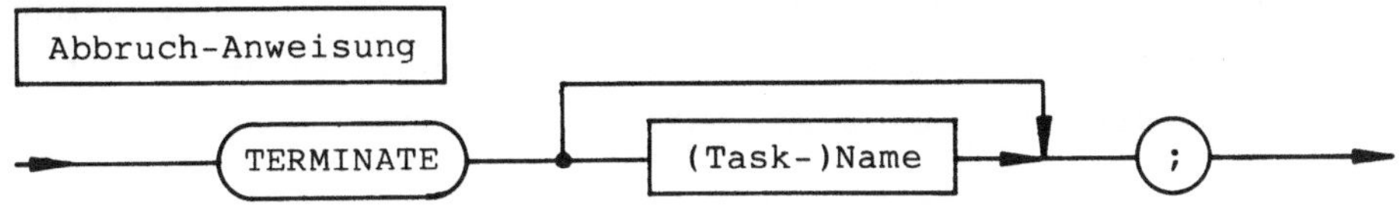

Figur 6.7: Abbruch-Anweisung

```
MAIN: TASK RESIDENT;
   /********************************************************************
    * Die Task startet eine andere Task und gibt dann einige   *
    * Texte aus, bevor sie die andere Task abbricht            *
    * Version 1.1 / 11.7.84 / Frevert                          *
    ********************************************************************/
   OPEN TERMINAL;
   ACIVATE ANDERETASK;                 /* Start der anderen Task    */
   PUT 'DIE ANDERE TASK IST GESTARTET' TO TERMINAL;
   FOR ZAEHLER TO 3 REPEAT            /* 3-mal Text ausgeben       */
      PUT 'TASK MAIN IST BEI DER ',ZAEHLER,'-TEN AUSGABE'
                                      TO TERMINAL;
   END;
   TERMINATE ANDERETASK;               /* Die andere wird gekillt   */
   PUT 'DIE ANDERE IST GEKILLT' TO TERMINAL;
END;/* Task MAIN */

ANDERETASK:TASK RESIDENT;
   /********************************************************************
    * Die Task versucht, 20 Texte auszugeben                   *
    * Version 1.1 / 11.7.84 / Frevert                          *
    ********************************************************************/
   PUT 'DIE ANDERE TASK IST JETZT AN DER ARBEIT' TO TERMINAL;
   FOR ZAEHLER TO 20 REPEAT            /* 20-mal Text ausgeben      */
      PUT 'DIE ANDERE TASK IST BEI DER ',ZAEHLER,'-TEN AUSGABE'
                                      TO TERMINAL;
   END;
END;/* Task ANDERETASK */
```

Beisp. 6.6: Tasks für ein kleines Programm mit 2 gleichzeitig
            laufenden Tasks

Wenn wir das Programm starten, erscheinen die Textzeilen der beiden Tasks auf dem Terminal-Bildschirm miteinander vermischt (Beisp. 6.7). Das liegt daran, daß die eine Task jedesmal das Betriebsmittel Rechenwerk des Computers abgibt, wenn sie das Betriebsmittel Terminal benutzt; deshalb kann das Betriebssystem der anderen Task das Rechenwerk geben; die will aber nach ganz kurzer Zeit auch das Terminal haben und muß deshalb warten, bis es von der ersten abgegeben wird. Die kann jetzt dafür das Rechenwerk haben, benutzt es aber nur, um festzustellen, daß sie eigentlich das Terminal schon wieder braucht; also muß sie auf die andere Task warten. Wenn MAIN dann die 5 Texte ausgegeben hat, wird die andere Task abgebrochen und geht in den Ruhezustand, kann also nicht alle 20 Textzeilen ausgeben.

```
DIE ANDERE TASK IST JETZT AN DER ARBEIT
DIE ANDERE TASK IST GESTARTET
DIE ANDERE TASK IST BEI DER            1 -TEN AUSGABE
TASK MAIN IST BEI DER           1 -TEN AUSGABE
DIE ANDERE TASK IST BEI DER             2 -TEN AUSGABE
TASK MAIN IST BEI DER           2 -TEN AUSGABE
DIE ANDERE TASK IST BEI DER             3 -TEN AUSGABE
TASK MAIN IST BEI DER           3 -TEN AUSGABE
DIE ANDERE TASK IST BEI DER             4 -TEN AUSGABE
DIE ANDERE TASK IST GEKILLT
```

Beisp. 6.7: Ergebnisse des Programmes aus Beisp. 6.6

Bei aufmerksamer Betrachtung von Beisp. 6.7 fällt uns auf, daß die Task MAIN ihre Startmeldung erst macht, nachdem die von ihr gestartete andere Task schon eine Meldung ausgegeben hat. Offensichtlich bevorzugt das Betriebssystem des Test-Rechners eine neu gestartete Task vor derjenigen, die sie gestartet hat; bei anderen Rechnersystemen kann das anders sein, weil die PEARL-Norm hier keine Vorschriften macht. Wir können das ändern, indem wir den Tasks Prioritäten geben (Beisp. 6.8 und Figur 6.8). Dadurch kommen die ersten beiden Textzeilen aus Beisp. 6.7 in die umgekehrte Reihenfolge, und die andere Task wird vor der 6. Ausgabe gekillt (Beisp. 6.9). Offensichtlich ist eine Task umso wichtiger, je niedriger die Zahl hinter PRIO ist.

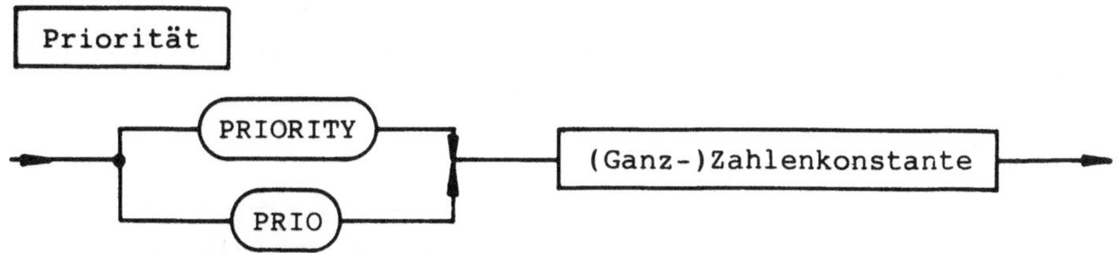

Figur 6.8: Priorität

MAIN: TASK PRIO 1 RESIDENT;

ANDERETASK:TASK PRIO 2 RESIDENT;

Beisp. 6.8: Task-Köpfe mit Festlegung von Prioritäten für das
Beisp. 6.6. Die Priorität ist umso höher, je niedri-
ger der hinter PRIO angegebene Zahlenwert ist.


```
DIE ANDERE TASK IST GESTARTET
DIE ANDERE TASK IST JETZT AN DER ARBEIT
TASK MAIN IST BEI DER            1 -TEN AUSGABE
DIE ANDERE TASK IST BEI DER           1 -TEN AUSGABE
TASK MAIN IST BEI DER            2 -TEN AUSGABE
DIE ANDERE TASK IST BEI DER           2 -TEN AUSGABE
TASK MAIN IST BEI DER            3 -TEN AUSGABE
DIE ANDERE TASK IST BEI DER           3 -TEN AUSGABE
DIE ANDERE TASK IST GEKILLT
```

Beisp. 6.9: Ergebnisse des Programmes aus Beisp. 6.6 mit den
geänderten Task-Köpfen aus Beisp. 6.7; wegen der
höheren Priorität von MAIN hat sich die Reihenfolge
der ersten beiden Zeilen gegenüber Beisp. 6.7 umgekehrt.

6.2.2 Einplanen und Ausplanen

Weil das Experimentieren so viel Spaß macht, wollen wir jetzt das
Programm ein klein wenig ändern: wir nehmen die Aktivierung mit
in den Wiederholungsblock, sodaß die andere Task nicht einmal,
sondern dreimal gestartet wird (Beisp. 6.10).

Wenn wir das Programm jetzt laufen lassen, sieht es zunächst
ungefähr so aus wie beim ersten Mal. Dann aber scheint der Computer verrückt zu spielen: die andere Task scheint immer wieder neu
zu beginnen, obwohl sie doch gekillt worden ist. Das liegt daran,
daß der Computer sich die beiden neuen Aktivierungen gemerkt hat

und sie jetzt der Reihe nach ausführt (Beisp. 6.11). Wir wollen
eine Task, die nicht sofort, sondern später zum Laufen kommt, als
eingeplant bezeichnen.

```
MAIN: TASK PRIO 1 RESIDENT;
  /******************************************************************
   * Die Task startet eine andere Task dreimal und gibt dabei  *
   * einige Texte aus, bevor sie die andere Task abbricht      *
   * Version 2.1 / 11.7.84 / Frevert                           *
   ******************************************************************/
  OPEN TERMINAL;
  FOR ZAEHLER TO 3 REPEAT            /* 3-mal Text ausgeben       */
    PUT 'TASK MAIN IST BEI DER ',ZAEHLER,'-TEN AUSGABE'
    ACIVATE ANDERETASK;             /* Start der anderen Task    */
    PUT 'DIE ANDERE TASK IST GESTARTET' TO TERMINAL;
                                            TO TERMINAL;
  END;
  TERMINATE ANDERETASK;             /* Die andere wird gekillt   */
  PUT 'DIE ANDERE IST GEKILLT' TO TERMINAL;
END;/* Task MAIN */
```

Beisp. 6.10: Geänderte Version von Beispiel 6.6. Die andere Task
             wird jetzt dreimal hintereinander gestartet.

```
DIE ANDERE TASK IST GESTARTET
DIE ANDERE TASK IST JETZT AN DER ARBEIT
TASK MAIN IST BEI DER            1 -TEN AUSGABE
DIE ANDERE TASK IST BEI DER             1 -TEN AUSGABE
DIE ANDERE TASK IST GESTARTET
DIE ANDERE TASK IST BEI DER             2 -TEN AUSGABE
TASK MAIN IST BEI DER           2 -TEN AUSGABE
DIE ANDERE TASK IST BEI DER             3 -TEN AUSGABE
DIE ANDERE TASK IST GESTARTET
DIE ANDERE TASK IST BEI DER             4 -TEN AUSGABE
TASK MAIN IST BEI DER           3 -TEN AUSGABE
DIE ANDERE TASK IST BEI DER             5 -TEN AUSGABE
DIE ANDERE TASK IST GEKILLT
DIE ANDERE TASK IST JETZT AN DER ARBEIT
   .
   .
   .
DIE ANDERE TASK IST JETZT AN DER ARBEIT
   .
   .
   .
```

Beisp. 6.11: Ergebnisse des Programmes mit der geänderten Task
             MAIN aus Beisp. 6.10. Von den 3 Starts wird zunächst
             nur einer ausgeführt; die anderen 2 werden gepuffert
             und kommen zum Zuge, nachdem die gestartete Task
             beendet ist, sodaß die Task noch zweimal hinter-
             einander ausgeführt wird.

Eine Task, die noch einmal aktiviert wird, während sie noch
läuft, ist offensichtlich gleichzeitig gestartet und eingeplant.

Die PEARL-Norm schreibt nicht vor, wieviele Aktivierungen sich
der Rechner merken muß; deshalb dürfen PEARL-Systeme auch einen
Fehler melden, indem sie ein Signal auslösen, wenn eine aktive
Task noch einmal gestartet wird. Manche Systeme lassen nur eine
zusätzliche Aktivierung zu und lösen das Fehler-Signal beim dritten Startversuch aus.

In der Praxis werden Tasks normalerweise nicht unmittelbar nacheinander mehrmals gestartet; in der Prozeßdatenverarbeitung kommt
es jedoch sehr häufig vor, daß eine Task im Abstand von einigen
Sekunden oder zu bestimmten Zeiten, etwa jede volle Stunde,
gestartet werden muß. Derartige Aufgaben können wir durch Einplanungen lösen. Der Syntax-Graph Figur 6.9 und Beisp. 6.12 zeigen
uns, daß Einplanungen so gemacht werden dürfen, daß eine Task zu
einer bestimmten Uhrzeit, nach einer Zeitdauer oder auch immer
wieder in gewissen Abständen oder zu festen Uhrzeiten gestartet
wird; außerdem gibt es noch die Möglichkeit, daß wir uns bei
einer Einplanung auf ein Ding beziehen, das in Figur 6.9 IRPT
genannt ist; wir werden mehr darüber in Kapitel 6.2.3. lesen.

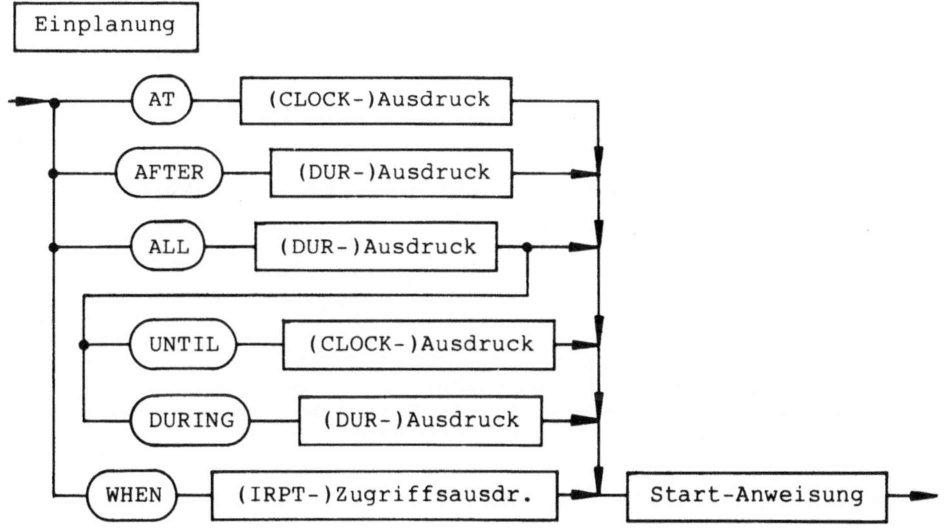

<u>Figur 6.9:</u> Einplanung

Wenn wie in Beisp. 6.12 einige Einplanungen derselben Task aufeinander folgen, gilt immer nur diejenige, die der Rechner zu-

letzt ausgeführt hat. Falls irgendetwas aufgrund mehrerer Ursachen gemacht werden soll, müssen wir in Basis-PEARL Hilfskon-
struktionen wie in Beisp. 6.13 verwenden. (In Full PEARL hätte
die Einplanung

        AT 8:0:0, AT 12:0:0, AT 18:0:0 ACTIVATE KLINGELN;

dieselbe Wirkung wie Beisp. 6.13.)


```
AT 8:0:0 ACTIVATE KLINGELN;                          /* um 8 Uhr           */
ALL 1 HRS UNTIL 18:0:0 ACTIVATE KLINGELN; /* Jede volle Stunde */
                                                     /* bis 18.00 Uhr      */
AFTER 5 SEC ACTIVATE KLINGELN;                       /* nach 5 Sekunden    */
ALL 1 HRS DURING 12 HRS ACTIVATE KLINGELN;/* jede volle Stunde */
                                                     /* während 12 Stunden*/
ALL ZEITINTERVALL DURING ARBEITSZEIT                 /* mit variablen      */
                  ACTIVATE KLINGELN;       /* Zeiten             */
```

Beisp. 6.12: Einplanungen; gültig ist immer nur die zuletzt aus-
            geführte.


```
AT 8:0:0 ACTIVATE MORGENKLINGEL;
AT 12:0:0 ACTIVATE MITTAGSKLINGEL;
AT 18:0:0 ACTIVATE ABENDKLINGEL;
MORGENKLINGEL:TASK;
   ACTIVATE KLINGELN;
END;
MITTAGSKLINGEL:TASK;
   ACTIVATE KLINGELN;
END;
ABENDKLINGEL:TASK;
   ACTIVATE KLINGELN;
END;
```

Beisp. 6.13: Einplanungen für KLINGELN zu drei verschiedenen
            Zeiten

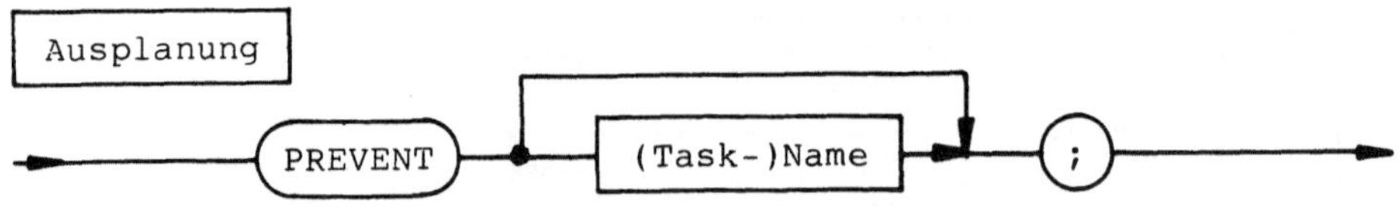

Figur 6.10: Ausplanung

Einmal gemachte Einplanungen können durch Ausplanungen aufgehoben
werden (Figur 6.10). In Beisp. 6.10 wären die beiden letzten
Task-Durchläufe deshalb mit

        PREVENT ANDERETASK;

verhindert worden, wenn wir diese Anweisung vor dem

      TERMINATE ANDERETASK;

eingefügt hätten. Dabei ist die Reihenfolge wichtig: wir müssen immer erst die Ausplanung vornehmen und dann die Task abzubrechen versuchen, wenn wir sicher verhindern wollen, daß eine Task weitermacht; bei der umgekehrten Reihenfolge passiert das, was Beisp. 6.14 zeigt: nachdem die andere Task abgebrochen worden ist, wurde sie sofort wieder gestartet, weil die Einplanung noch bestand und erst danach durch PREVENT gelöscht wurde.

```
        .
TERMINATE ANDERETASK;
PUT 'DIE ANDERE TASK IST GEKILLT' TO TERMINAL;
PREVENT ANDERETASK;
PUT 'DIE ANDERE TASK IST AUSGEPLANT' TO TERMINAL;
        .
        .

DIE ANDERE TASK IST BEI DER          4 -TEN AUSGABE
DIE ANDERE TASK IST GEKILLT
DIE ANDERE TASK IST JETZT AN DER ARBEIT
DIE ANDERE TASK IST AUSGEPLANT
DIE ANDERE TASK IST BEI DER          1 -TEN AUSGABE
        .
        .
```

Beisp. 6.14: Oben zwei Zeilen der Task MAIN aus Beisp. 6.10, hinter die die PREVENT-Anweisung eingefügt ist. Das Ergebnis darunter zeigt, daß die andere Task zwar nach der 4-ten Ausgabe-Operation gekillt wird, aber wegen der gepufferten Aktivierung sofort wieder gestartet wird, sodaß die PREVENT-Anweisung zu spät kommt, um dies zu verhindern.

Am Anfang dieses Kapitels haben wir gelesen, was passiert, wenn eine schon gestartete Task noch einmal gestartet wird, bevor sie beendet war. Wie ist es aber, wenn eine Task durch TERMINATE beendet werden soll, obwohl sie noch gar nicht gestartet ist oder schon ihr natürliches Ende erreicht hat? Wir könnten es leicht ausprobieren, indem wir in Beisp. 6.10 die ANDERETASK nur 2 oder 3 Wiederholungen machen und nur einmal durch MAIN starten lassen, sodaß sie schon beendet ist, bevor MAIN die Abbruch-Anweisung ausführt.

Die Basis-PEARL-Norm schreibt vor, daß beim Versuch, eine nicht aktive Task mit TERMINATE abzubrechen, ein Fehler-Signal erzeugt werden soll. Wir können uns aber überlegen, daß es normalerweise keinen Sinn hat, auf ein derartiges Signal mit einer anderen Ausnahme-Planung zu reagieren, als gar nichts zu tun; das Fehler-Signal sagt uns nämlich nur, daß die Task im Augenblick des TERMINATE nicht aktiv war; diese Aussage kann im nächsten Augenblick schon nicht mehr stimmen, weil in einem System mit echter Parallelarbeit eine Task jederzeit wieder aktiv werden kann, also auch in der kurzen Zeit zwischen Erzeugung des Fehler-Signals und Durchführung der zugehörigen Ausnahme-Reaktion. Deshalb ist es kein grober Verstoß gegen die Norm, wenn in einem solchen Fall auf unserem Test-Rechner das TERMINATE ANDERETASK gar nichts bewirkt. Ähnlich ist es mit den anderen Task-Steueranweisungen (mit Ausnahme von ACTIVATE): wenn sie nicht ausgeführt werden können, haben sie auf vielen PEARL-Systemen einfach keine Wirkung.

Deshalb ist es sehr wichtig, daß wir immer die Reihenfolge PREVENT - TERMINATE verwenden, wenn wir den Ablauf einer eingeplanten Task mit Sicherheit verhindern wollen; bei umgekehrter Reihenfolge könnte es passieren, daß die Task noch nicht läuft und das TERMINATE ins Leere schlägt; sie könnte dann zufällig in der kurzen Zeit bis zur Ausführung des PREVENT gestartet werden; wir hätten dann einen der berüchtigten Fehler, wie sie in Echtzeit-Programmen manchmal erst nach jahrelangem Betrieb zum ersten Mal auftreten.

6.2.3 Start durch Unterbrechungen

Wenn wir mit einem Rechner Echtzeit-Datenverarbeitung treiben wollen, ist es notwendig, daß der Rechner unverzüglich Kenntnis von denjenigen Ereignissen in seiner Umwelt erhält, auf die er sofort reagieren soll. Deshalb besitzen Prozeßrechner sogenannte Interrupt-(Unterbrechungs-)Eingänge: ein elektrisches Signal an einem dieser Eingänge bewirkt eine Unterbrechung des gerade laufenden Programmes und kann das Betriebssystem veranlassen, die sofortige Reaktion auf die Unterbrechung zu starten. Danach wird das unterbrochene Programm normalerweise fortgesetzt. Wir können derartige Unterbrechungen mit Telefonanrufen vergleichen, die uns ja auch veranlassen können, zunächst etwas anderes zu machen, bevor wir mit der unterbrochenen Arbeit fortfahren.

Weil diese Unterbrechungen wieder etwas sind, was von außen auf ein Programm einwirkt, müssen wir sie wie DATIONs und SIGNALs im Systemteil benennen und im Problemteil spezifizieren; letzteres tun wir mit dem Schlüsselwort INTERRUPT oder seiner Abkürzung IRPT (Figur 5.1). Wie Datenstationen und Signale können wir dabei mehrere Unterbrechungen zu einer eindimensionalen Matrix zusammenfassen.

Nachdem wir die Benutzung einer Unterbrechung derart vorbereitet haben, können wir sie in Einplanungen verwenden (Figur 6.9) und auf diese Weise eine Task infolge einer Unterbrechung starten lassen.

Dabei gibt es jedoch noch etwas zu beachten: in der Praxis kann es vorkommen, daß durch Gerätefehler Unterbrechungen in sehr rascher Folge ausgelöst werden, oder daß während gewisser Zeiten Unterbrechungen nicht beachtet werden sollen. Deshalb haben Prozeßrechner die Möglichkeit, einzelne Unterbrechungs-Eingänge abzuschalten; das wird als Maskieren (disable) bezeichnet; umgekehrt wird das Wiedereinschalten Demaskieren (enable) genannt. Bevor wir also wirklich mit der Unterbrechung arbeiten, müssen wir sie demaskieren; die Schreibweise dafür entnehmen wir Figur 6.2.

Wir wollen jetzt ein kleines Beispiel ausprobieren, mit dem wir unsere Reaktionszeit testen können (Beisp. 6.15). Dazu nehmen wir das Interrupt-Signal, das am Terminal durch Drücken der ESCAPE-Taste ausgelöst wird. (Wenn diese Taste bei einem anderen Rechnertyp keine Unterbrechung auslösen sollte, müssen wir eine andere nehmen; es gibt bestimmt eine, weil wir sonst keine Möglichkeit hätten, "normale" Programme abzubrechen.) Das Programm soll 10 Sekunden nach dem Start "jetzt" auf dem Terminal ausgeben; dann sollen wir möglichst schnell die Escape-Taste drücken. (Auf dem EPR 1300 müssen wir dann noch "EV" eingeben, um die Escape-Unterbrechung an unser Programm weiterzuleiten.) Die Uhrzeiten erhalten wir dabei durch die Standard-Funktionsprozedur DAYTIME.

(Bei anderen Systemen hat die Prozedur möglicherweise einen anderen Namen, z. B. NOW.)

```
MODULE (REAKT);                         /* evtl. Klammern streichen */
/*****************************************************************
 * Das Programm ermittelt die Reaktionszeit zwischen einer      *
 * Ausgabe auf dem Terminal und dem Drücken der Escape-Taste    *
 * Version 1.1 / 14.7.84 / Frevert                              *
 *****************************************************************/
SYSTEM;                                 /* EPR 1300              */
  TERMINAL:DIS<->SDVLS(2);
  ESCAPETASTE:SIARRAY(11)->INLST(0);    /* Escape-Unterbrechung */
PROBLEM;
  SPC TERMINAL DATION INOUT ALPHIC DIM(,) TFU MAX FORWARD
                                        CONTROL(ALL);
  SPC ESCAPETASTE INTERRUPT;          /* Escape-Unterbrechung   */
  DCL STARTZEIT CLOCK;                /* wird von 2 Tasks benutzt; */
                                      /* nutzt; deshalb modulglobal */
  MAIN: TASK RESIDENT;
    /*****************************************************************
     * Die Task bereitet die Reaktionszeit-Messung vor, indem     *
     * sie eine Task einplant, die nach 10 Sekunden gestartet     *
     * werden soll                                                 *
     * Version 1.1 / 14. 7. 84 / Frevert                          *
     *****************************************************************/
    AFTER 10 SEC ACTIVATE JETZTTASK;
  END;/* Task MAIN */

  JETZTTASK:TASK;
    /*****************************************************************
     * Die Task plant die Task ein, die durch die Escape-Unter-*
     * brechung angestoßen werden soll, demaskiert die Escape- *
     * Unterbrechung, gibt "jetzt" aus und mißt die Uhrzeit     *
     * Version 1.1 / 14.7.84 / Frevert                          *
     *****************************************************************/
    WHEN ESCAPETASTE ACTIVATE REAKTIONSZEITRECHNUNG;
    ENABLE ESCAPETASTE                  /* Unterbrechung demas- */
                                        /* kieren               */
    PUT 'JETZT' TO TERMINAL;
    STARTZEIT:=DAYTIME;                 /* Holen der Uhrzeit     */
  END;/* Task JETZTTASK */

  REAKTIONSZEITRECHNUNG:TASK RESIDENT;
    /*****************************************************************
     * Die Task ermittelt die Reaktionszeit zwischen der Aus-  *
     * gabe von "jetzt" und der Betätigung der Escape-Taste  - *
     * Version 1.1 / 14.7.84 / Frevert                         *
     *****************************************************************/
    DCL REAKTIONSZEIT DURATION;
    REAKTIONSZEIT:=DAYTIME-STARTZEIT;
    PUT 'DIE REAKTIONSZEIT BETRUG',REAKTIONSZEIT TO TERMINAL;
  END;/* Task REAKTIONSZEITRECHNUNG */

MODEND;
```

Beisp. 6.15: Programm zur Messung der Zeit zwischen einer Terminal-Ausgabe und dem Drücken der Escape-Taste.

Die Task REAKTIONSZEITRECHNUNG bleibt durch den Zusatz RESIDENT
dauernd im Hauptspeicher, damit sie möglichst schnell durch die
Unterbrechung gestartet werden kann. Außerdem wollen wir uns
angewöhnen, Unterbrechungen möglichst erst zu demaskieren, nachdem die zugehörige Task eingeplant worden ist, damit eine vorzei-
tig ausgelöste Unterbrechung keine Fehlermeldung des Rechnersystems auslöst.

```
JETZTTASK:TASK;
   /******************************************************************
    * Die Task plant die Task ein, die durch die Escape-Unter-*
    * brechung angestoßen werden soll, demaskiert die Escape- *
    * Unterbrechung, gibt "jetzt" aus und mißt die Uhrzeit    *
    * Außerdem wird eine Task zur Überwachung eingeplant       *
    * Version 2.1 / 14.7.84 / Frevert                          *
    ******************************************************************/
   WHEN ESCAPETASTE ACTIVATE REAKTIONSZEITRECHNUNG;
   ENABLE ESCAPETASTE                        /* Unterbrechung demas- */
                                             /* kieren                */
   PUT 'JETZT' TO TERMINAL;
   STARTZEIT:=DAYTIME;                       /* Holen der Uhrzeit    */
   AFTER 5 SEC ACTIVATE UEBERWACHUNG;  /* Einplanen der Ueber- */
                                             /* wachenden Task        */
END;/* Task JETZTTASK */

REAKTIONSZEITRECHNUNG:TASK RESIDENT;
   /******************************************************************
    * Die Task ermittelt die Reaktionszeit zwischen der Aus-  *
    * gabe von "jetzt" und der Betätigung der Escape-Taste     *
    * Außerdem wir die Ueberwachung ausgeschaltet              *
    * Version 1.1 / 14.7.84 / Frevert                          *
    ******************************************************************/
   DCL REAKTIONSZEIT DURATION;
   REAKTIONSZEIT:=DAYTIME-STARTZEIT;
   PREVENT UEBERWACHUNG;                     /* Ausplanen             */
   PUT 'DIE REAKTIONSZEIT BETRUG',REAKTIONSZEIT TO TERMINAL;
END;/* Task REAKTIONSZEITRECHNUNG */

UEBERWACHUNG: TASK;
   /******************************************************************
    * Die Task gibt eine Meldung aus, wenn die Escape-Taste   *
    * nicht innerhalb einer Toleranz-Zeit betaetigt wurde      *
    * Version 1.1 / 14.7.84 / Frevert                          *
    ******************************************************************/
   PUT 'WUENSCHE WOHL ZU RUHEN' TO TERMINAL;
END;/* Task UEBERWACHUNG */
```

<u>Beisp. 6.16:</u> Ergänzung von Beisp.   6.15 durch eine Überwachung
            der Reaktionszeit und deren Ein- und Ausplanung in
            den Tasks JETZTTASK bzw. REAKTIONSZEITRECHNUNG.

Es ist offensichtlich nicht schwer, PEARL-Programme zu schreiben,
bei denen Tasks durch Unterbrechungen angestoßen werden. Wir
können unsere Kenntnisse über Einplanungen und Ausplanungen aber
auch dazu benutzen, Tasks dann anzustoßen, wenn innerhalb vorge-
gebener Zeit keine Unterbrechung erfolgt ist. Das ist insofern
wichtig, weil es uns die Möglichkeit gibt, das Nicht-Funktionie-
ren einer Anlage in einem industriellen Prozeß zu erkennen, die
sich regelmäßig durch Unterbrechungen beim steuernden Rechner
melden soll. Dazu brauchen wir nur eine Überwachungstask einzu-
planen, die sich nach einiger Zeit meldet, wenn die Unterbrechung
ausgeblieben ist; wenn sie jedoch kommt, wird die Überwachungstask ausgeplant. Beisp. 6.16 zeigt eine derartige Ergänzung des
Beispiels aus Beisp. 6.15.

Zu Testzwecken können auch Unterbrechungen durch unser Programm
selbst ausgelöst werden; dazu dient die TRIGGER-Anweisung (Figur
6.2). Unsere Escape-Betätigung könnten wir beispielsweise durch
          TRIGGER ESCAPETASTE;
simulieren.

Die Unterbrechungen unterscheiden sich übrigens in einer grund-
sätzlichen Hinsicht von den Signalen: Signale werden dadurch
erzeugt, daß eine Task irgendeinen Fehler macht; sie werden
deshalb nur an die Task weitergeleitet, die die Auslösung des
Signals bewirkt hat. Unterbrechungen hingegen können auf alle
Tasks einwirken, die auf sie warten, sei es, daß sie entsprechend
eingeplant sind oder daß sie ihre Fortsetzung eingeplant haben.
Deshalb kann eine Unterbrechung auch mehrere Tasks gleichzeitig
zum Start bringen.

6.2.4 Anhalten und Fortsetzen

Das Programm aus Beisp. 6.15 hat einen beträchtlichen Schön-
heitsfehler (den PEARL-Anfänger häufig machen): es besteht aus
viel zu vielen Tasks. Wenn wir uns den Ablauf nämlich genau
überlegen, folgen die einzelnen Aktionen "Warten", "jetzt Ausgeben" und Escape-Unterbrechung zeitlich nacheinander; es müßte
daher auch möglich sein, sie in eine einzige Task zu packen,

anstatt den Rechner zur Verwaltung von drei Tasks zu zwingen. Wir
müssen nur die Task MAIN dazu bringen, erst 10 Sekunden zu warten, dann "jetzt" auszugeben und dann noch einmal auf die Unterbrechung zu warten, bevor die Reaktionszeit von ihr ermittelt
wird. Das können wir durch die Task-Steueranweisung "Anhalten mit
eingeplanter Fortsetzung" (RESUME-Anweisung) bewirken, deren
Syntax in Figur 6.11 gezeigt wird.

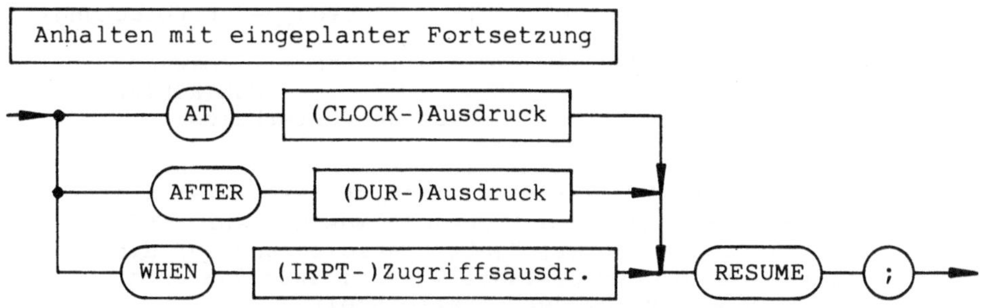

Figur 6.11: Anhalten mit eingeplanter Fortsetzung

Durch sie wird eine Task in den obersten der Wartezustände aus
Figur 6.5 versetzt; ein Ereignis wie eine Unterbrechung oder das
Erreichen eines Zeitpunktes veranlaßt dann das Betriebssystem,
sie wieder in den Zustand "laufend" zurückzuversetzen. Beisp.
6.17 zeigt das entsprechend abgeänderte Programm, wobei wir die
Überwachung aus Beisp. 6.16 beibehalten.

Durch die Verwendung von nur einer Task für die eigentliche
Messung haben wir außerdem erreicht, daß wir die Variable START-
ZEIT innerhalb der Task MAIN vereinbaren können. Wir werden
nämlich in Kapitel 6.4.1 sehen, daß modulglobale Variable in
Programmen mit mehreren Tasks zu besonderen Vorsichtsmaßnahmen
zwingen.

Das Anhalten mit eingeplanter Fortsetzung hat beim Umgang mit
Unterbrechungen übrigens einen großen Vorteil: es macht die Pro-
gramme unempfindlich gegen mehrfach ausgelöste Unterbrechungen
durch das Prellen von Tasten. In unserer ersten Version des
Programmes wäre durch Prellen der Escape-Taste die Task REAKTI-
ONSZEITRECHNUNG zweimal gestartet worden; in unserer verbesserten

Version stößt eine zweite Unterbrechung einfach ins Leere, weil
dann die Task nicht mehr auf Fortsetzung wartet.


```
MODULE (REAKT);                          /* evtl. Klammern streichen */
/***********************************************************************
 * Das Programm ermittelt die Reaktionszeit zwischen einer           *
 * Ausgabe auf dem Terminal und dem Drücken der Escape-Taste         *
 * Version 2.1 / 14.7.84 / Frevert                                   *
 ***********************************************************************/
SYSTEM;                                  /* EPR 1300                  */
  TERMINAL:DIS<->SDVLS(2);
  ESCAPETASTE:SIARRAY(11)->INLST(0);     /* Escape-Unterbrechung */
PROBLEM;
  SPC TERMINAL DATION INOUT ALPHIC DIM(,) TFU MAX FORWARD
                                      CONTROL(ALL);
  SPC ESCAPETASTE INTERRUPT;      /* Escape-Unterbrechung       */

  MAIN: TASK RESIDENT;
     /********************************************************************
      * Die Task fuehrt die Reaktionszeit-Messung aus, indem   *
      * sie 10 Sekunden wartet, "jetzt" ausgibt und auf die    *
      * Betaetigung der Escape-Taste wartet; außerdem sorgt sie *
      * für die Ueberwachung der Reaktionszeit                 *
      * Version 2.1 / 14. 7. 84 / Frevert                      *
      ********************************************************************/
     DCL STARTZEIT CLOCK;
     DCL REAKTIONSZEIT DURATION;
     AFTER 10 SEC RESUME;          /* Einplanung der Fortsetzung  */
     ENABLE ESCAPETASTE            /* Unterbrechung demaskieren   */
     PUT 'JETZT' TO TERMINAL;
     STARTZEIT:=DAYTIME;           /* Holen der Uhrzeit           */
     AFTER 5 SEC ACTIVATE UEBERWACHUNG; /* Einplanen der Ueber- */
                                        /* wachenden Task       */
     WHEN ESCAPETASTE RESUME;      /* Einplanung der Fortsetzung */
     REAKTIONSZEIT:=DAYTIME-STARTZEIT;
     PREVENT UEBERWACHUNG;                  /* Ausplanen          */
     PUT 'DIE REAKTIONSZEIT BETRUG',REAKTIONSZEIT TO TERMINAL;
  END;/* Task MAIN */

  UEBERWACHUNG: TASK;
     /********************************************************************
      * Die Task gibt eine Meldung aus, wenn die Escape-Taste  *
      * nicht innerhalb einer Toleranz-Zeit betaetigt wurde    *
      * Version 1.1 / 14.7.84 / Frevert                        *
      ********************************************************************/
     PUT 'WUENSCHE WOHL ZU RUHEN' TO TERMINAL;
  END;/* Task UEBERWACHUNG */

MODEND;
```

Beisp. 6.17: Verbessertes Programm zur Messung der Zeit zwischen
            einer Terminal-Ausgabe und dem Drücken der Escape-
            Taste.

Wenn wir jetzt noch einmal zu Figur 6.5 zurückblättern und uns
deren linken oberen Teil ansehen, stellen wir fest, daß eine
Task, die infolge einer RESUME-Anweisung auf ein Ereignis wartet,
durch eine Ausplanung mit PREVENT in einen unbedingten Wartezustand gerät. Wir können das Ausprobieren, indem wir die Überwachungstask aus unserem Beispiel mit einer derartigen Anweisung
versehen und sie zum Anspringen bringen, indem wir die Escape-
Taste nach der Ausgabe von "JETZT" nicht rechtzeitig betätigen
(Beisp. 6.18). Durch die Ausplanung bleibt jetzt die Escape-Taste
wirkungslos.

In denselben unbedingten Wartezustand kann sich eine Task auch
durch eine Anhalte-Anweisung bringen (Figur 6.12). Natürlich kann
sie sich aus ihm nicht selbst befreien; weil sie wartet, führt
sie ja keine Anweisungen aus und ist auf die Gnade einer anderen
Task angewiesen, die sie mit einer Fortsetz-Anweisung (Figur
6.13) zum Weiterlaufen veranlassen kann. Da die Überwachungstask
in Beisp. 6.18 eine derartige Anweisung enthält, können wir die
auch gleich mit ausprobieren.

Figur 6.12: Anhalte-Anweisung

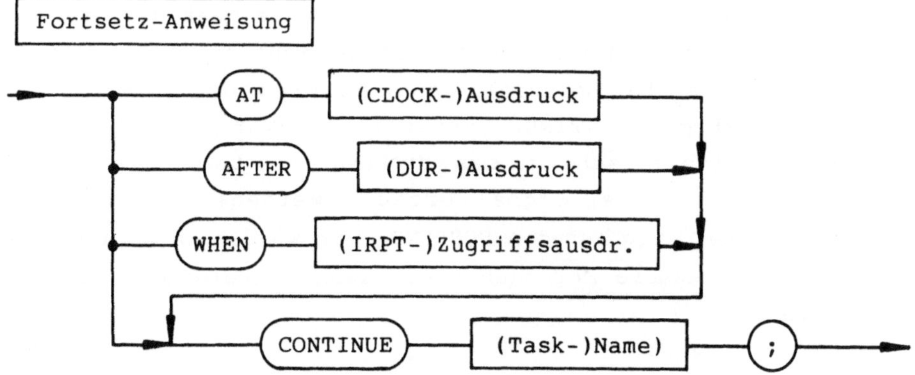

Figur 6.13: Fortsetz-Anweisung

```
UEBERWACHUNG: TASK;
   /*************************************************************
    * Die Task gibt eine Meldung aus, wenn die Escape-Taste    *
    * nicht innerhalb einer Toleranz-Zeit betaetigt wurde,     *
    * plant MAIN aus und wieder ein, nachdem irgendeine        *
    * Eingabe gemacht worden ist.                              *
    * Version 2.1 / 14.7.84 / Frevert                          *
    *************************************************************/
   DCL ZEICHEN CHAR(1);
   PUT 'WUENSCHE WOHL ZU RUHEN' TO TERMINAL;
   PREVENT MAIN;                    /* Ausplanen der Fortsetzung */
   PUT 'DIE ESCAPE-TASTE DUERFTE JETZT WIRKUNGSLOS SEIN, ',
       'BIS IRGENDEINE ANDERE ZEICHENTASTE GEDRUECKT WURDE'
                                         TO TERMINAL;
   GET ZEICHEN FROM TERMINAL;
   WHEN ESCAPETASTE CONTINUE MAIN; /* Wiedereinplanen          */
END;/* Task UEBERWACHUNG */
```

Beisp. 6.18: Geänderte Version der Task UEBERWACHUNG aus Beisp.
              6.17. Wenn die Escape-Taste so spät gedrückt wurde,
              daß diese Task gestartet wird, wird MAIN in den
              unbedingten Wartezustand versetzt und die Unterbre-
              chung ESCAPETASTE wirkungslos; gleichzeitig erwartet
              diese Task hier auf die Eingabe eines Zeichens, nach
              der Task MAIN wieder auf die Unterbrechung reagiert.

Die oben erwähnte Anhalte-Anweisung SUSPEND kann in Full PEARL
von einer Task dazu benutzt werden, eine andere Task anzuhalten
und später mit CONTINUE zum Weiterlaufen zu veranlassen. In
Basis-PEARL darf eine Task nur sich selber anhalten; wenn eine
andere sie dabei beeinflussen will, geht das durch Setzen einer
BIT(1)-Variablen (Beisp. 6.19).

Anfänger, die noch keine schlechten Erfahrungen gemacht haben,
verwenden die Anhalte-Anweisung auch, wenn eine Task darauf warten soll, daß eine andere ihre Arbeit gemacht hat. Beisp. 6.20
zeigt so ein schlechtes Beispiel. Wenn nämlich wider Erwarten die
Task LANGSAMERE mit CONTINUE fertig ist, bevor SCHNELLERE ihr
SUSPEND gemacht hat, schlägt das CONTINUE ins Leere (laut Norm
sollte dann ein Fehler-Signal erzeugt werden) und die Task
SCHNELLERE wartet ewig auf dem SUSPEND. Wir werden in Kapitel 6.4
lernen, daß es bessere Methoden gibt, Tasks miteinander zu syn-
chronisieren.

```
DCL SUSPENDIEREN BIT(1) INIT('0'B);
   .
   .
ANHALTEWILLIGE: TASK;
   .
   .
  IF SUSPENDIEREN THEN           /* wenn angehalten werden soll*/
    SUSPEND;                     /* halte an                  */
  FIN;
   .
END;

ANHALTER:TASK;
   .
   .
  SUSPENDIEREN:='1'B;            /* Zeichen für Anhalten geben */
   .
   .
  SUSPENDIEREN:='0'B;            /* Zeichen zurücknehmen      */
  CONTINUE ANHALTEWILLIGE;       /* fortsetzen lassen         */
   .
END;/* Task ANHALTER */
```

<u>Beisp. 6.19:</u> Der Task ANHALTEWILLIGE wird durch ANHALTER signa-
            lisiert, daß sie sich anhalten soll; danach wird sie
            von ANHALTER zur Fortsetzung gebracht.


```
SCHNELLERE:TASK;
   .
   .
  SUSPEND;                       /* anhalten, bis die andere  */
   .                             /* Fortsetzung bewirkt       */
END;/* Task SCHNELLERE */

LANGSAMERE:TASK;
   .
   .
  CONTINUE SCHNELLERE;           /* Fortsetzen lassen         */
   .
END;/* Task LANGSAMERE */
```

<u>Beisp. 6.20:</u> Falsche Task-Synchronisierung; die SCHNELLERE soll
            auf die LANGSAMERE warten, indem sie eine Anhalte-
            Anweisung ausführt. Wenn wider Erwarten LANGSAMERE
            das CONTINUE ausführt, bevor SCHNELLERE das SUSPEND
            machen konnte, bleibt letztere hängen.

Wir haben damit wieder ein Beispiel für die Tücken der Echtzeit-
Programmierung. Ein anderes ist auch ganz interessant: wir dürfen
nie

```
        AFTER 10 SEC CONTINUE;
        SUSPEND;
```

in eine Task schreiben, damit sie wartet und nach 10 Sekunden

fortgesetzt wird, obwohl das nach den Syntaxregeln zulässig ist.
Falls aber die Task aus irgendeinem Grunde nach dem CONTINUE für
mehr als 10 Sekunden unterbrochen wird, bleibt sie ewig auf dem
SUSPEND hängen; es ist so, als wenn ich den Wecker stelle, daß er
mich nach einer halben Stunde weckt, und dann erst nach 35 Minu-
ten schlafen gehe. Auch im täglichen Leben müssen Weckerstellen
und Schlafengehen eine einzige Handlung sein - wie in PEARL durch
RESUME.

6.3 Tasks mit gemeinsamen Prozeduren

Bei der Programmierung mit PEARL brauchen wir in der Regel für
jede Unterbrechung (Interrupt) eine Tasks, die auf das Ereignis
antwortet, das die Unterbrechung ausgelöst hat. Diese Tasks sind
jedoch oft für eine ganze Menge von Unterbrechungen praktisch
gleich. Nehmen wir zum Beispiel die Steuerung einer Spielzeug-
Eisenbahn, bei der hinter jeder Weiche und jedem Signal eine
Lichtschranke steht, mit der das Vorbeifahren eines Zuges erkannt
werden kann. Wenn eine dieser Lichtschranken eine Unterbrechung
auslöst, muß der Rechner zunächst prüfen, ob sie überhaupt kommen
durfte, und dann irgendwelche Maßnahmen treffen, die sich bei
schlauer Programmierung bei den verschiedenen Lichtschranken
praktisch nicht voneinander unterscheiden. Es wäre deshalb Unsinn, wenn wir bei elf Lichtschranken auch elf lange Tasks
schreiben müßten, die wir zu allem Überfluß auch alle eingehend
testen müßten. Stattdessen schreiben wir eine einzige Prozedur,
die von den elf Tasks aufgerufen werden kann.

Beisp. 6.21 zeigt einen Ausschnitt aus einem derartigen Programm.
Die 11 Tasks warten alle in derselben Prozedur auf einer RESUME-
Anweisung; wenn beispielsweise der Sensor Nr. 5 eine Unterbre-
chung verursacht, läuft die Task SENSORTASK5 weiter.

```
MODULE (BAHNU);                         /* evtl. Klammern streichen */
/***************************************************************************
 * Der Modul enthaelt alle Programmteile für die Bearbeitung   *
 * von 11 Lichtschranken-Unterbrechunhgen einer Modellbahn     *
 * Version 1.1 / 16. 7. 84 / Frevert                           *
 ***************************************************************************/
SYSTEM;                                 /* EPR 1300                */
  SENSORMELDUNG(1:11):SIARRAY(0:10)->INLST(16:26);
PROBLEM;
  SPC SENSORMELDUNG() INTERRUPT;
  BAHNUINIT: PROC GLOBAL;
  /***********************************************************************
   * Die Prozedur wird bei Programmstart aufgerufen; sie dient *
   * zum Start der Tasks, die auf die Sensormeldungen warten   *
   * und diese bearbeiten.                                     *
   * Version 1.1 / 16. 7. 84 / Frevert                         *
   ***********************************************************************/
    ACTIVATE SENSORTASK1;
      .
    ACTIVATE SENSORTASK11;
  END; /* Prozedur BAHNUINIT */
  SENSORPROZEDUR: PROC(TASKNR FIXED) RESIDENT REENT;
  /***********************************************************************
   * Die Prozedur demaskiert je eine Unterbrechung, wartet     *
   * in einer Endlos-Wiederholung auf deren Auslösung und      *
   * bearbeitet sie                                            *
   * Version 1.1 / 16. 7. 84 / Frevert                         *
   ***********************************************************************/
    ENABLE SENSORMELDUNG(TASKNR);
    REPEAT                                  /* unendlich oft    */
      WHEN SENSORMELDUNG(TASKNR) RESUME;    /* auf IRPT warten  */
        .                                   /* bearbeiten       */
    END;/* unendlich oft */
  END; /* Prozedur SENSORPROZEDUR */
  SENSORTASK1: TASK RESIDENT;
  /***********************************************************************
   * Die Tasks bearbeiten die Lichtschranken-Unterbrechungen   *
   * der Lichtschranken (hier Nr. 1), indem sie die Bearbei-   *
   * tungs-Prozeduren mit der Tasknr. als Argument aufrufen    *
   * Version 1.1 / 16. 7. 84 / Frevert                         *
   ***********************************************************************/
    CALL SENSORPROZEDUR(1);
  END; /* Task SENSORTASK1 */
    .
  SENSORTASK11: TASK RESIDENT;
    CALL SENSORPROZEDUR(11);
  END; /* Task SENSORTASK11 */
MODEND;
```

<u>Beisp. 6.21:</u> Ausschnitte aus einem Modul zur Bearbeitung von mehreren gleichartigen Unterbrechungen. 11 Tasks rufen dieselbe Prozedur auf und warten in dieser auf die jeweils zugeordnete Unterbrechung. Sie werden bei Programmstart durch Aufruf von BAHNUINIT gestartet.

```
MODULE (PROBE);                          /* evtl. Klammern streichen */
/*****************************************************************
 * Der Modul dient zum Ausprobieren der REENT-Eigenschaft von  *
 * Prozeduren.                                                 *
 * Version 1.1 / 16. 7. 84 / Frevert                          *
 *****************************************************************/
SYSTEM;                                  /* für EPR 1300           */
  TERMINAL:DIS<->SDVLS(2);
  ESCAPETASTE:SIARRAY(11)->INLST(0);
PROBLEM;
  SPC TERMINAL DATION INOUT ALPHIC DIM(,) TFU MAX FORWARD
                                       CONTROL(ALL);
  SPC ESCAPETASTE INTERRUPT;       /* Escape-Unterbrechung      */
  MORGENPROZEDUR: PROC(PERSON CHAR(7)) RESIDENT REENT;
     /*************************************************************
      * Die Prozedur simuliert die Morgentoilette einer Person, *
      * indem sie zunächst auf eine Unterbrechung wartet und    *
      * dann einige Zeilen auf dem Terminal ausgibt.            *
      * Version 1.1 / 16. 7. 84 / Frevert                       *
      *************************************************************/
     REPEAT                               /* unendlich oft        */
       PUT PERSON,'SCHLAEFT' TO TERMINAL;
       WHEN ESCAPETASTE RESUME;           /* warten, bis betaetigt*/
       PUT PERSON,'WACHT AUF' TO TERMINAL;
       PUT PERSON,'GEHT INS BADEZIMMER' TO TERMINAL;
       PUT PERSON,'BENUTZT DAS WC' TO TERMINAL;
       PUT PERSON,'DUSCHT SICH' TO TERMINAL;
       PUT PERSON,'PUTZT SICH DIE ZAEHNE' TO TERMINAL;
       PUT PERSON,'KAEMMT SICH' TO TERMINAL;
       PUT PERSON,'VERLAESST DAS BADEZIMMER' TO TERMINAL;
     END;                                 /* unendliche Wiederh.  */
  END;/* MORGENPROZEDUR */
  MAIN: TASK;
     /*************************************************************
      * Die Task demaskiert die Unterbrechung durch die Escape- *
      * taste und startet die anderen Tasks.                    *
      * Version 2.1 / 14. 7. 84 / Frevert                       *
      *************************************************************/
     ENABLE ESCAPETASTE;
     ACTIVATE VATER;    ACTIVATE MUTTER;    ACTIVATE SOHN;
     PUT 'DIE TASKS SIND BEREIT UND WARTEN AUF ESCAPE-TASTE'
                                       TO TERMINAL;
  END; /* Task MAIN */
  VATER:TASK RESIDENT;
    CALL MORGENPROZEDUR('VATER');
  END; /* Task VATER */
  MUTTER:TASK RESIDENT;
    CALL MORGENPROZEDUR('MUTTER');
  END; /* Task MUTTER */
  SOHN:TASK RESIDENT;
    CALL MORGENPROZEDUR('SOHN');
  END; /* Task SOHN */
MODEND;
```

Beisp. 6.22: Programm mit 3 Tasks, die durch MAIN gestartet wer-
             den und dann gemeinsam in einer Prozedur mit Endlos-
             Wiederholung auf Betätigung der Escape-Taste warten;
             danach geben sie einige Texte aus.

Mancher Programmierer, der bisher nur "gewöhnliche" Programme kennt, wird nicht glauben, daß das funktionieren kann; der Kernpunkt der Sache liegt jedoch in dem kleinen Wörtchen REENT in der Prozedur-Vereinbarung. Dadurch kann die Prozedur von beliebig vielen Tasks gleichzeitig aufgerufen werden und gleichzeitig für diese arbeiten. Technisch ist das übrigens nicht schwieriger, als wenn x Studenten in einem Ferienlager-Zelt schlafen: genau wie dort die Sache gutgeht, wenn jeder seine eigene Luftmatratze und seinen eigenen Schlafsack mitbringt, bringt bei einem PEARL-System jede Task einer REENT-Prozedur alles mit, was diese braucht, wenn sie für die Task arbeitet.

Wer das jetzt immer noch nicht glaubt, kann ein kleines Programm ausprobieren (Beisp. 6.22). In ihm machen auch alle Tasks so ungefähr dasselbe. Weil wir nicht an jedem Rechner eine Spielzeugeisenbahn voraussetzen können, werden hier die Tasks jedoch alle gemeinsam durch die Escape-Tasten-Unterbrechung zum Weiterlaufen gebracht.

```
VATER    SCHLAEFT
MUTTER   SCHLAEFT
SOHN     SCHLAEFT
DIE TASKS SIND BEREIT UND WARTEN AUF ESCAPE-TASTE
SOHN     WACHT AUF
MUTTER   WACHT AUF
VATER    WACHT AUF
SOHN     GEHT INS BADEZIMMER
MUTTER   GEHT INS BADEZIMMER
VATER    GEHT INS BADEZIMMER
    .
    .
```

Beisp. 6.23: Ergebnisse des Programms aus Beisp. 6.22. Alle 3 Tasks befinden sich in der Ausführung der Prozedur, wenn die Escapetasten-Unterbrechung sie zur Fortsetzung veranlaßt. Der Rechner führt jede PUT-Anweisung der Prozedur nacheinander für jede der Tasks aus.

Beisp. 6.23 zeigt die Ergebnisse eines Programmlaufes. Wir sehen deutlich, daß sich alle Tasks gleichzeitig in der Prozedur aufhalten und gleichzeitig durch die Escape-Taste zum Weiterlaufen gebracht werden.

6.4 Koordination und Synchronisation von Tasks

Das Programm-Ergebnis Beisp. 6.23 ist insofern etwas merkwürdig,
weil sich die ganze Task-Familie ziemlich ungeniert gleichzeitig
im Badezimmer tummelt. Daran können wir auch nichts ändern, wenn
wir den Tasks verschiedene Prioritäten geben; nur die Reihenfolge
mancher Ergebniszeilen wird dadurch beeinflußt, nicht aber der
gleichzeitige Ablauf der Tasks. Für die Prozeßrechnerei ist solch
ein Durcheinander unter Umständen sehr unangenehm; wir brauchen
nur daran denken, daß die Zeilen mehrzeiliger Fehlermeldungen auf
diese Weise vermischt werden könnten. Noch kritischer kann die
Sache werden, wenn mehrere Tasks gleichzeitig dieselbe modulglobale Variable benutzen wollen; die erste will 5 darin aufbewahren
und später wiederholen, die zweite 6; dann hängt es vom Zufall
ab, welcher Wert am Ende wirklich in der Variablen steht und von
den Tasks abgeholt werden kann.

Beisp. 6.24 zeigt ein Programm, bei dem zwei Tasks so eingeplant
werden, daß die erste nach 0.09 Sekunden gestartet wird und die
zweite nach 0.1 Sekunden. Der Testrechner hat eine Uhr mit einer
Auflösung von Hundertstel-Sekunden. Wenn die zweite Task zufällig
gerade am Ende einer Hundertstel-Sekunde eingeplant wird und die
erste am Anfang der nächsten Hundertstel-Sekunde, ergibt sich für
beide derselbe Startzeitpunkt und deshalb zufällig die falsche
zeitliche Reihenfolge. (Im Programm ist dem Zufall durch die
geschachtelten Wiederholungen vor den Einplanungen nachgeholfen
worden.) Wir lernen aus dem Beispiel, daß wir es irgendwie anders
machen müssen, wenn zwei Tasks ihre Tätigkeiten mit Sicherheit in
einer bestimmten Reihenfolge ausführen sollen.

Der Holländer DIJKSTRA hat vor knapp 20 Jahren ein ganz einfa-
ches, aber raffiniertes Hilfsmittel für die Lösung derartiger
Probleme erfunden, nämlich die sogenannten Semaphor-Operationen.
Semaphore (in PEARL abgekürzt SEMA genannt) sind ganz spezielle
Variable, die nur durch die Koordinations-Anweisungen Anfordern
(REQUEST) und Freigeben (RELEASE) verändert werden können (Figur
6.14). Der Witz dabei ist, daß zwei Tasks eine SEMA-Variable nie
gleichzeitig anfordern oder freigeben können, sondern daß das
Rechnersystem dafür sorgt, daß die Operationen stets zeitlich

nacheinander ausgeführt werden; wir können deshalb auch sagen,
daß SEMA-Operationen ununterbrechbar sind. Wir werden gleich
sehen, warum das so wichtig ist.

```
MODULE (ZUF);                             /* evtl. Klammern streichen */
/***********************************************************************
 * Das Programm gibt ein Beispiel für unerwartete Zufälle bei  *
 * der Echtzeitprogrammierung                                  *
 * Version 1.1 / 17. 7. 84 / Frevert                           *
 ***********************************************************************/
SYSTEM;                                   /* EPR 1300                  *
  TERMINAL:DIS<->SDVLS(2);
PROBLEM;
  SPC TERMINAL DATION INOUT ALPHIC DIM(,) TFU MAX FORWARD
                                    CONTROL(ALL);
  DCL MODULGLOBAL FIXED;
  MAIN: TASK;
     /*********************************************************************
      * Die Task plant 2 andere ein und wiederholt das so lange,*
      * bis sich etwas Unerwartetes ereignet                    *
      * Version 1.1 / 14. 7. 84 / Frevert                       *
      *********************************************************************/
     DCL ZAEHLER FIXED INIT(0);
     REPEAT                                /* unendlich oft         */
       AFTER 0.5 SEC RESUME;              /* Synchron mit Uhr      */
       TO ZAEHLER REPEAT                  /* schiebt die Zeit      */
         TO ZAEHLER REPEAT                /* immer weiter nach     */
           ZAEHLER:=ZAEHLER;              /* hinten durch Unsinn-  */
         END;                             /* Wiederholung          */
       END;
       AFTER 0.1 SEC ACTIVATE ZWEITE;     /* soll als Zweite nach  */
       AFTER 0.09 SEC ACTIVATE ERSTE;     /* der Ersten kommen     */
       AFTER 0.5 SEC RESUME;              /* bis die andern fertig */
       IF MODULGLOBAL==5 THEN             /* sollte nie passieren  */
         PUT 'DIE MODULGLOBALE VARIABLE HAT DEN WERT 5'
                                          TO TERMINAL;
         TERMINATE;                       /* Programmende          */
        ELSE
         ZAEHLER:=ZAEHLER+1;              /* Durrchlaeufe zaehlen  */
         PUT 'DER',ZAEHLER,'-TE DURCHLAUF' TO TERMINAL;
       FIN;
     END;/* unendliche Wiederholung */
  END;/*Task MAIN */
  ERSTE:TASK RESIDENT;
     MODULGLOBAL:=5;                       /* wird sofort ueber-    */
  END;/* Task ERSTE */                     /* schrieben             */
  ZWEITE:TASK RESIDENT;                    /* durch die Zuweisung   */
     MODULGLOBAL:=6;                       /* in der später gestar- */
  END;                                     /* teten Task            */
MODEND;
```

<u>Beisp. 6.24:</u> Zwei Tasks werden so eingeplant, daß die zweite nach
            der ersten gestartet werden soll.

```
          .
          .
DER       28 -TE DURCHLAUF
DIE MODULGLOBALE VARIABLE HAT DEN WERT 5
```

<u>Beisp. 6.25:</u> Das Ergebnis eines Testlaufs des Programmes 6.24 zeigt, daß die zweite Task vor der ersten gestartet wird, wenn sie zufällig in einer neu angefangenen Hundertstelsekunde eingeplant wird.

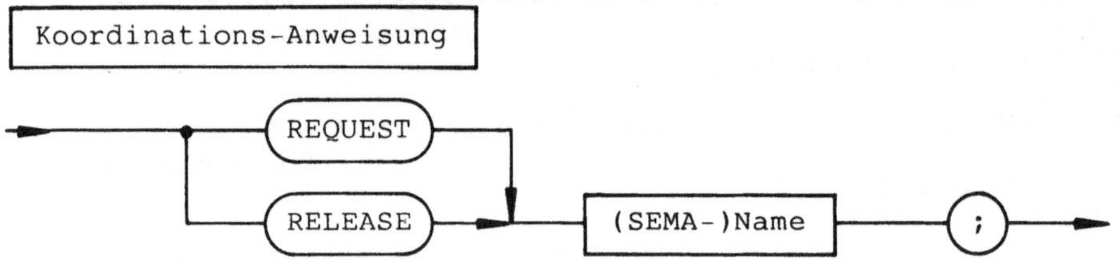

<u>Figur 6.14:</u> Koordinations-Anweisung

Weil Sema-Variable zur Koordination verschiedener Tasks dienen sollen, dürfen wir sie nur modulglobal vereinbaren (Figur 4.7), damit sie auch für die Tasks sichtbar sind; selbstverständlich dürfen sie dabei auch die Eigenschaft GLOBAL bekommen. Außerdem können wir ihnen bei der Vereinbarung eine Voreinstellung geben, die bewirkt, daß sie einen ganzzahligen Anfangswert bekommen, der aber nur größer oder gleich Null sein darf (Figur 6.15); SEMA-Variable können nämlich keine negativen Werte annehmen. Wenn wir die Voreinstellung weglassen, bekommt die Sema-Variable den Anfangswert 0.

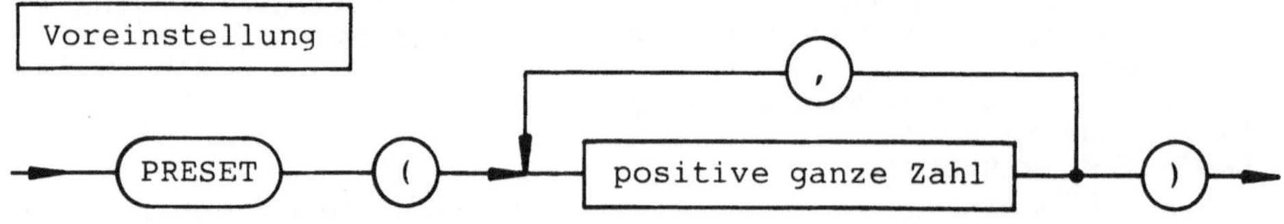

<u>Figur 6.15:</u> Voreinstellung

Die Wirkungsweise der Koordinations-Anweisungen ist folgende: durch die Freigabe (RELEASE) wird der momentane Wert der SEMA-Variablen um Eins erhöht; durch die Anforderung (REQUEST) wird er um Eins vermindert, wenn er größer als Null ist. Wenn er jedoch Null ist, kann die Verminderung nicht durchgeführt werden, und

die anfordernde Task wird in einen Wartezustand versetzt (Figur
6.5). Sie darf erst dann weiterlaufen, wenn irgendeine andere
Task die SEMA-Variable freigibt. Falls dabei mehrere Tasks auf
einer Anforderung warten, wird diejenige mit der höchsten Priorität genommen. Die weiterlaufende Task führt als erstes ihre
Anforderung aus - und die SEMA-Variable hat wieder den Wert Null.

Mit einem ganz ähnlichen Mechanismus wird übrigens bei Hallenbä-
dern mit automatischer Kassenanlage die Überfüllung verhindert.
Dort fordert jeder neue Besucher mit einer Taste und Geldeinwurf
eine kleine Metallscheibe an; wenn er sie bekommt, dient sie zum
Öffnen der Zugangs-Schranke. Er nimmt sie dann mit, weil er sie
später für die Ausgangs-Schranke braucht. Von dort wird sie
wieder in den Kassen-Automaten transportiert. Deshalb können nur
so viele Besucher ins Bad, wie Metallscheibchen da sind. Jeder,
der nicht sofort eines bekommt, muß warten, bis ein anderer Gast
das Bad verläßt und mit seinem Scheibchen die Kassenanlage freigibt.

Unsere beiden Tasks aus Beisp. 6.24 können wir offensichtlich
dadurch in die richtige Reihenfolge zwingen, daß die zweite an
ihrem Anfang einen Semaphor anfordert und die erste ihn an ihrem
Ende freigibt; der Anfangswert des Semaphors muß dabei Null sein.

6.4.1 <u>Kritische Abschnitte</u>

Wir können das jetzt gleich an unserem Badezimmer-Programm ausprobieren, indem wir es durch eine SEMA-Variable und je eine
Anforderung und Freigabe ergänzen (Beisp. 6.26). Den Teil der
Prozedur, in dem sich immer nur eine Task aufhalten darf, wollen
wir als "kritischen Abschnitt" bezeichnen.

Kritische Abschnitte sind alle Teile eines Programmes aus mehreren Tasks, in denen eine der Tasks mit einer modul- oder gar
programm-globalen Variablen arbeitet. Dabei kann ein kritischer
Abschnitt möglicherweise aus nur einer einzigen Anweisung bestehen. Beisp. 6.27 zeigt einen Ausschnitt aus einem Programm, bei
dem Tasks Fehlermeldungen ausgeben und diese gezählt werden;

jedesmal, wenn eine Meldung quittiert wird, wird die MELDUNGSZAHL
wieder zurückgezählt.

```
     .
     .
     .
  DCL BADEZIMMER SEMA PRESET(1);

  MORGENPROZEDUR: PROC(PERSON CHAR(7)) RESIDENT REENT;
     /**********************************************************
      * Die Prozedur simuliert die Morgentoilette einer Person, *
      * indem sie zunächst auf eine Unterbrechung wartet und    *
      * und dann einige Zeilen auf dem Terminal ausgibt.        *
      * Durch Koordinations-Anweisungen ist dafür gesorgt, dass *
      * immer nur eine Task im kritischen Abschnitt ist         *
      * Version 2.1 / 16. 7. 84 / Frevert                       *
      **********************************************************/
     REPEAT                                 /* unendlich oft        */
       PUT PERSON,'SCHLAEFT' TO TERMINAL;
       WHEN ESCAPETASTE RESUME;             /* warten, bis betaetigt*/
       PUT PERSON,'WACHT AUF' TO TERMINAL;
       REQUEST BADEZIMMER;                  /* SEMA-Anforderung     */
                                            /* nur eine darf        */
       PUT PERSON,'GEHT INS BADEZIMMER' TO TERMINAL;
       PUT PERSON,'BENUTZT DAS WC' TO TERMINAL;
       PUT PERSON,'DUSCHT SICH' TO TERMINAL;
       PUT PERSON,'PUTZT SICH DIE ZAEHNE' TO TERMINAL;
       PUT PERSON,'KAEMMT SICH' TO TERMINAL;
       PUT PERSON,'VERLAESST DAS BADEZIMMER' TO TERMINAL;
       RELEASE BADEZIMMER;                  /* SEMA-Freigabe        */
                                            /* die nächste darf     */
     END;                                   /* unendliche Wiederh.  */
  END;/* MORGENPROZEDUR */
```

<u>Beisp. 6.26:</u> Die Morgenprozedur aus Beisp. 6.22, bei der jetzt
durch die SEMA-Anforderung und spätere Freigabe
jeweils nur eine Task in den kritischen Abschnitt
zwischen Betreten und Verlassen des Badezimmers
gelangt.

In Wirklichkeit läuft die Anweisung MELDUNGSZAHL:=MELDUNGSZAHL-1;
so ab, wie es in Beisp. 6.28 gezeigt ist. Beisp. 6.29 stellt den
Ablauf dar, wenn die Task MELDUNGSQUITTUNG zugunsten von BEARBEI-
TUNG unterbrochen wird, während sie diese Anweisung gerade ausführt; offensichtlich entspräche es der Programmlogik, daß die
Variable MELDUNGSZAHL am Schluß den Inhalt 5 anstatt 4 haben
sollte.

Es ist selbstverständlich ein ganz dummer Zufall, wenn die MEL-
DUNGSQUITTUNG gerade im kritischen Abschnitt unterbrochen wird;
deshalb kann das Programm möglicherweise jahrelang fehlerlos

laufen. Das Badezimmer-Programm zeigt uns, wie wir auch diesen
Zufall unterbinden können: wir müssen in jede Task eine SEMA-
Anforderung

          REQUEST EINZELZUGRIFF;

schreiben, bevor sie den kritischen Abschnitt betritt, und die
SEMA-Variable beim Verlassen des kritischen Abschnittes mit

          RELEASE EINZELZUGRIFF;

wieder freigeben; der Anfangswert des Semaphors muß dabei 1 sein.
Beisp. 6.30 zeigt, wie die Unterbrechung dann ablaufen würde.

```
     •
DCL MELDUNGSZAHL FIXED;
     •
BEARBEITUNG:TASK RESIDENT;              /* wird durch Unterbre- */
     •                                  /* chung angestossen     */
     •
  MELDUNGSZAHL:=MELDUNGSZAHL+1;         /* bei Abgabe einer Feh-*/
     •                                  /* lermeldung            */
END; /* Task BEARBEITUNG */

MELDUNGSQUITTUNG:TASK;                  /* dient zur Loeschung   */
     •                                  /* von Meldungen nach    */
     •                                  /* Fehlerbeseitigung     */
  MELDUNGSZAHL:=MELDUNGSZAHL-1;         /* bei Loeschung         */
END; /* Task MELDUNGSQUITTUNG */
```

Beisp. 6.27: Ausschnitt aus einem Programm, in dem zwei Tasks auf
             eine modulglobale Variable zugreifen.


```
RECHENREGISTER:=MELDUNGSZAHL;
RECHENREGISTER:=RECHENREGISTER-1;
MELDUNGSZAHL:=RECHENREGISTER;
```

Beisp. 6.28: Wirklicher Ablauf der Anweisung
             MELDUNGSZAHL:=MELDUNGSZAHL-1;

Wir verstehen jetzt auch, warum die Koordinations-Anweisungen
ununterbrechbar sein müssen; wenn sie es nicht wären, könnten
zwei Tasks zufällig gleichzeitig versuchen, einen Semaphor anzufordern, und könnten dann zufällig beide Erfolg haben.

Wir haben durch die Beispiele gelernt, daß jeder Zugriff auf eine
modulglobale Variable, bei der deren Wert geändert wird, einen
kritischen Abschnitt darstellen kann. Deshalb werden wir uns als
erfahrene PEARL-Programmierer nach der Regel richten, Variable in
Echtzeit-Programmen möglichst innerhalb von Tasks und Prozeduren
zu vereinbaren; nur, wenn eine Variable wirklich dem Informati-

ons-Austausch zwischen Tasks oder Prozeduren dient, wollen wir
sie modulglobal machen.

```
MELDUNGSQUITTUNG:TASK;
   .
   .
   RECHENREGISTER:=MELDUNGSZAHL;              /* Inhalt: 5          */
/*---------------------- Taskwechsel ------------------------*/
   /* Programmunterbrechung und Start von BEARBEITUNG          */
   /* Der Inhalt des Rechenregisters wir in Speicher gerettet  */
BEARBEITUNG: TASK RESIDENT;
   .
   .
   RECHENREGISTER:=MELDUNGSZAHL;           /* Inhalt: 5          */
   RECHENREGISTER:=RECHENREGISTER+1;       /* Inhalt: 6          */
   MELDUNGSZAHL:=RECHENREGISTER;           /* Inhalt: 6          */
   .
END;/* BEARBEITUNG */
/*---------------------- Taskwechsel ------------------------*/
   .
   /* Die Task MELDUNGSQUITTUNG wird fortgesetzt. Der alte     */
   /* Inhalt 5 des Rechenregisters wird aus dem Speicher geholt */
   RECHENREGISTER:=RECHENREGISTER-1;       /* Inhalt: 4          */
   MELDUNGSZAHL:=RECHENREGISTER;           /* Inhalt: 4          */
   .
END;/* MELDUNGSQUITTUNG */
```

<u>Beisp. 6.29:</u> Möglicher Programmablauf bei Unterbrechung der Task
MELDUNGSQUITTUNG im kritischen Abschnitt; die Variable MELDUNGSZAHL bekommt dadurch einen falschen Inhalt.

Obwohl es eigentlich selbstverständlich ist, wollen wir hier auch
noch ausdrücklich feststellen, daß wir es auch mit einem kritischen Abschnitt zu tun haben, wenn eine REENT-Prozedur als einziger Programmteil auf eine modulglobale Variable zugreift; in
der Prozedur können sich ja mehrere Tasks gleichzeitig aufhalten
und dabei versuchen, den Variablenwert gleichzeitig zu ändern.

In der Praxis kommt es übrigens nicht selten vor, daß der gleichzeitige Zugriff auf globale Variable durch die physikalischen
Gegebenheiten eines Prozesses verhindert wird. Bei einem Hochregallager-Programm können zum Beispiel keine zwei Förderzeuge
gleichzeitig auf dasselbe Fach zugreifen; deshalb erfolgt auch
die Neu-Eintragung der Fachdaten nie gleichzeitig; hier besteht
die Koordinations-Aufgabe offensichtlich darin, daß wir eine
Kollision der Förderzeuge vermeiden müssen.

```
MELDUNGSQUITTUNG:TASK;
   .
   .
   REQUEST EINZELZUGRIFF;                     /* SEMA wird 0          */
   RECHENREGISTER:=MELDUNGSZAHL;              /* Inhalt: 5            */
/*---------------------- Taskwechsel ------------------------*/
   /* Programmunterbrechung und Start von BEARBEITUNG          */
   /* Der Inhalt des Rechenregisters wir in Speicher gerettet  */
BEARBEITUNG: TASK RESIDENT;
   .
   .
   REQUEST EINZELZUGRIFF;                     /* warten, da Sema 0    */
/*---------------------- Taskwechsel ------------------------*/
   /* Die Task MELDUNGSQUITTUNG wird fortgesetzt. Der alte     */
   /* Inhalt 5 des Rechenregisters wird aus dem Speicher geholt */
   RECHENREGISTER:=RECHENREGISTER-1;    /* Inhalt: 4            */
   MELDUNGSZAHL:=RECHENREGISTER;        /* Inhalt: 4            */
   RELEASE EINZELZUGRIFF;               /* Sema wird 1          */
/*---------------------- Taskwechsel ------------------------*/
   /* Die Task MELDUNGSQUITTUNG wird erneut unterbrochen        */
   /* und die Task BEARBEITUNG fortgesetzt                      */
   /* Die REQUEST-Operation von BEARBEITUNG wird durchgeführt;  */
   /* die Sema-Variable wird wieder 0                           */
   RECHENREGISTER:=MELDUNGSZAHL;        /* Inhalt: 4            */
   RECHENREGISTER:=RECHENREGISTER+1;    /* Inhalt: 5            */
   MELDUNGSZAHL:=RECHENREGISTER;        /* Inhalt: 5            */
   RELEASE EINZELZUGRIFF;               /* Sema wird 1          */
   .
END;/* BEARBEITUNG */
/*---------------------- Taskwechsel ------------------------*/
   .
   .
END;/* MELDUNGSQUITTUNG */
```

Beisp. 6.30: Ablauf der Programmunterbrechung, wenn die kriti-
             schen Abschnitte durch Koordinations-Anweisungen
             geschützt sind. Das Programm bringt jetzt das erwar-
             tete Ergebnis.

6.4.2 Verklemmungen

Anscheinend sind wir jetzt alle Probleme mit dem Spiel des Zu-
falls los; um aber eines besseren belehrt zu werden, brauchen wir
uns nur Beisp. 6.31 anzusehen. Dort wollen zwei Tasks ihre jewei-
lige Meldung in einen gemeinsamen Puffer schreiben und außerdem
auf dem Terminal ausgeben. Deshalb koordinieren sie sich mit zwei
Semaphor-Anforderungen, die sie aber leider in jeweils anderer
Reihenfolge machen. Beisp. 6.31 zeigt, was zufällig passieren
kann: die eine Task hat gerade PUFFERZUGRIFF angefordert und wird
unterbrochen, bevor sie TERMINALZUGRIFF anfordern kann. Die an-

dere fordert TERMINALZUGRIFF an und versucht PUFFERZUGRIFF zu
bekommen, der schon angefordert ist. Deshalb entsteht eine sogenannte Verklemmung, in der die beiden Tasks bis zum Sankt-Nimmer-
leins-Tag warten.

```
DCL (PUFFERZUGRIFF,TERMINALZUGRIFF) SEMA PRESET(1,1);
     .
ERSTETASK; TASK;
     .
  REQUEST PUFFERZUGRIFF;
  REQUEST TERMINALZUGRIFF;
  /* folgt Arbeit mit Puffer und Terminal */
  RELEASE TERMINALZUGRIFF;
  RELEASE PUFFERZUGRIFF;
     .
END; /* ERSTETASK */

ZWEITETASK; TASK;
     .
  REQUEST TERMINALZUGRIFF;
  REQUEST PUFFERZUGRIFF;
  /* folgt Arbeit mit Puffer und Terminal */
  RELEASE PUFFERZUGRIFF;
  RELEASE TERMINALZUGRIFF;
     .
END; /* ZWEITETASK */
```

<u>Beisp. 6.31:</u> Zwei Task versuchen, sich mit zwei Semaphoren zu
            koordinieren, die sie in umgekehrter Reihenfolge
            anfordern.

Wieder haben wir einen dieser dummen Zufälle, die bei Echtzeit-
Programmen möglicherweise erst nach jahrelangem Betrieb aufzutre-
ten brauchen. Wir können sie nur vermeiden, wenn wir unsere
Programme sehr übersichtlich schreiben und sorgfältig analysie-
ren. Dazu gehört, daß wir möglichst nie mit globalen Semaphoren
arbeiten, bei denen die Anforderungen über viele Moduln zerstreut
sein können, und den Zugriff auf Daten durch mehrere Tasks möglichst in Zugriffsprozeduren koordinieren, weil wir dann die
Koordinations-Anweisungen nur einmal zu schreiben brauchen, wie
wir es in Beisp. 6.26 getan haben.

Um zu zeigen, daß mögliche Verklemmungen beim Test sehr schwer zu
entdecken sind, wollen wir wieder ein kleines Programm ausprobieren. Wir nehmen dazu das "Fünf-Philosophen-Problem": Fünf Philosophen sitzen an einem Tisch. Jeder hat einen Teller vor sich.
Zwischen den Tellern liegt jeweils eine Gabel, also im ganzen

auch fünf Stück. Die Philosophen haben auf ihren Tellern ein Gericht, daß man nur mit zwei Gabeln essen kann. Jeder sitzt da und denkt nach, bis er hungrig ist. Dann nimmt er die Gabeln, die neben seinem Teller liegen, und ißt, bis er satt ist, die Gabeln wieder hinlegt und weiter nachdenkt. Es ist klar, daß immer nur zwei Philosophen gleichzeitig essen können, weil ja jeder zwei Gabeln braucht und nur fünf da sind. Außerdem können die beiden essenden Philosophen nicht nebeneinander sitzen. In unserem Programm Beisp. 6.33 nimmt jeder der Philosophen erst die rechte Gabel (für Philosoph 1 ist das Gabel 1) und dann die linke Gabel. Außerdem ißt der erste Philosoph alle 8 Sekunden, der zweite alle 12, der dritte alle 16, der vierte alle 20 und der fünfte alle 24 Sekunden. Der zweite beginnt außerdem 3 Sekunden nach dem ersten zu essen, die anderen folgen im Sekunden-Abstand.

```
ERSTETASK; TASK;
   .
   REQUEST PUFFERZUGRIFF;
/*---------------------------- Taskwechsel ----------------------------*/
   /* hier erfolgt eine Unterbrechung, die ZWEITETASK startet   */
ZWEITETASK; TASK;
   .
   REQUEST TERMINALZUGRIFF;
   REQUEST PUFFERZUGRIFF;              /* wartet auf Freigabe          */
/*---------------------------- Taskwechsel ----------------------------*/
   /* ERSTETASK wird fortgesetzt                                       */
   REQUEST TERMINALZUGRIFF;           /* wartet auf Freigabe          */
```

<u>Beisp. 6.32:</u> Möglicher Ablauf der Tasks aus Beisp. 6.31 bei zufälliger Unterbrechung nach Anforderung des ersten Semaphors.

Wir können uns ausrechnen, was passieren müßte: nach 240 Sekunden werden alle· Philosophen das erste Mal alle gleichzeitig gestartet, nehmen jeder ihre rechte Gabel - und warten vergeblich darauf, daß ihr Nachbar mit Essen fertig ist und seine Gabeln hinlegt. Damit die erwartete Verklemmung wirklich auftritt, warten sie in der Philosophenprozedur jeweils eine Sekunde zwischen dem Aufnehmen der Gabeln. Bei den ersten Tests, bei denen diese Wartezeit nicht vorhanden war, kam nämlich zufällig keine Verklemmung zustande.

```
MODULE (PHILO);                              /* evtl. Klammern streichen */
/**********************************************************************
 * Das Programm simuliert die 5 Philosophen, die mit zwei         *
 * Gabeln essen müssen und nur 5 Stück davon haben                *
 * Version 1.1 / 20. 7. 84 / Frevert                              *
 **********************************************************************/
SYSTEM;                                      /* EPR 1300                */
  TERMINAL:DIS<->SDVLS(2);
PROBLEM;
  SPC TERMINAL DATION INOUT ALPHIC DIM(,) TFU MAX FORWARD
                                    CONTROL(ALL);
  DCL (GABEL1,GABEL2,GABEL3,GABEL4,GABEL5) SEMA
                                    PRESET(1,1,1,1,1);
  PHILOSOPHENPROZEDUR:PROC(NR FIXED) RESIDENT REENT;
     /**********************************************************************
      * Von allen Philosophen-Tasks gemeinsam benutzt              *
      * Version 1.1 / 20. 7 84 / Frevert                          *
      **********************************************************************/
     PUT 'PHILOSOPH',NR,'HAT HUNGER' TO TERMINAL;
     CASE NR                            /* rechte Gabel nehmen  */
       ALT REQUEST GABEL1;
       ALT REQUEST GABEL2;
       ALT REQUEST GABEL3;
       ALT REQUEST GABEL4;
       ALT REQUEST GABEL5;
       OUT PUT 'FALSCHER PARAMETER' TO TERMINAL;
     FIN;
     PUT 'PHILOSOPH',NR,'HAT DIE RECHTE GABEL' TO TERMINAL;
     AFTER 1 SEC RESUME;                     /* dem Zufall helfen    */
     AFTER 10 SEC ACTIVATE UEBERWACHUNG;/* wenn Verklemmung da  */
     CASE NR                            /* linke Gabel nehmen   */
       ALT REQUEST GABEL5;
       ALT REQUEST GABEL1;
       ALT REQUEST GABEL2;
       ALT REQUEST GABEL3;
       ALT REQUEST GABEL4;
       OUT PUT 'FALSCHER PARAMETER' TO TERMINAL;
     FIN;
     PUT 'PHILOSOPH',NR,'HAT DIE LINKE GABEL' TO TERMINAL;
     PUT 'PHILOSOPH',NR,'LEGT DIE GABELN HIN' TO TERMINAL;
     CASE NR                            /* Gabeln hinlegen      */
       ALT RELEASE GABEL5;RELEASE GABEL1;
       ALT RELEASE GABEL1;RELEASE GABEL2;
       ALT RELEASE GABEL2;RELEASE GABEL3;
       ALT RELEASE GABEL3;RELEASE GABEL4;
       ALT RELEASE GABEL4;RELEASE GABEL5;
       OUT PUT 'FALSCHER PARAMETER' TO TERMINAL;
     FIN;
     PUT 'PHILOSOPH',NR,'HAT DIE GABELN HINGELEGT' TO TERMINAL;
     PUT 'PHILOSOPH',NR,'DENKT WIEDER' TO TERMINAL;
  END; /* PHILOSOPHENPROZEDUR */
```

Beisp. 6.33, Teil 1: Programm zur Simulation der 5 Philosophen.

```
MAIN: TASK RESIDENT;
   /*********************************************************
    * Die Task plant die Philosophen-Tasks ein             *
    * Version 1.1 / 20.7.84 / Frevert                      *
    *********************************************************/
   ALL 8 SEC ACTIVATE PHILOSOPH1;
   AFTER 12 SEC RESUME;
   ALL 12 SEC ACTIVATE PHILOSOPH2;
   AFTER 4 SEC RESUME;
   ALL 16 SEC ACTIVATE PHILOSOPH3;
   AFTER 4 SEC RESUME;
   ALL 20 SEC ACTIVATE PHILOSOPH4;
   AFTER 4 SEC RESUME;
   ALL 24 SEC ACTIVATE PHILOSOPH5;
END; /* Task MAIN */

PHILOSOPH1:TASK PRIO 1 RESIDENT;
   CALL PHILOSOPHENPROZEDUR(1);
END; /* Task PHILOSOPH1 */
PHILOSOPH2:TASK PRIO 1 RESIDENT;
   CALL PHILOSOPHENPROZEDUR(2);
END; /* Task PHILOSOPH2 */
PHILOSOPH3:TASK PRIO 1 RESIDENT;
   CALL PHILOSOPHENPROZEDUR(3);
END; /* Task PHILOSOPH3 */
PHILOSOPH4:TASK PRIO 1 RESIDENT;
   CALL PHILOSOPHENPROZEDUR(4);
END; /* Task PHILOSOPH4 */
PHILOSOPH5:TASK PRIO 1 RESIDENT;
   CALL PHILOSOPHENPROZEDUR(5);
END; /* Task PHILOSOPH5 */

UEBERWACHUNG: TASK PRIO 5;
   /*********************************************************
    * Wird in PHILOSOPHENPROZEDUR immer wieder neu eingeplant *
    * und tritt nur bei Verklemmung in Aktion, indem sie     *
    * kurzzeitig neue Gabel gibt und Verklemmung auflöst;    *
    * muss dazu geringere Prioritaet als Philosophen haben   *
    * Version 1.1 / 20. 7. 84 / Frevert                     *
    *********************************************************/
   PUT 'VERKLEMMUNG WIRD AUFGELOEST' TO TERMINAL;
   RELEASE GABEL1;
   REQUEST GABEL1;
END; /* Task UEBERWACHUNG */
MODEND;
```

Beisp. 6.33: Programm zur Simulation der 5 Philosophen.

Beisp. 6.34 zeigt das Ergebnis; es beginnt mit der 415. Zeile,
die von den Philosophen ausgegeben wird. Nachdem alle Philosophen
ihre eine Gabeln haben, meldet sich einige Sekunden später eine
Überwachungstask und stellt für ganz kurze Zeit noch eine Gabel
Nr. 1 zur Verfügung. Diese Überwachungstask ist von jedem der
Philosophen immer wieder eingeplant worden. Dadurch ist ihr ge-

planter Startzeitpunkt immer wieder gestrichen und neu eingetragen worden, bevor sie wirklich gestartet werden konnte; erst, als alle Philosophen nicht mehr weiter konnten, trat sie in Aktion. Weil sie die zusätzliche Gabel sofort wieder an sich nehmen möchte, muß sie niedrigere Priorität als die Philosophen haben, damit die schneller zuschnappen.

```
            .
            .
PHILOSOPH          1 DENKT WIEDER
PHILOSOPH          5 HAT HUNGER
PHILOSOPH          5 HAT DIE RECHTE GABEL
PHILOSOPH          4 HAT HUNGER
PHILOSOPH          3 HAT HUNGER
PHILOSOPH          4 HAT DIE RECHTE GABEL
PHILOSOPH          3 HAT DIE RECHTE GABEL
PHILOSOPH          2 HAT HUNGER
PHILOSOPH          2 HAT DIE RECHTE GABEL
PHILOSOPH          1 HAT HUNGER
PHILOSOPH          1 HAT DIE RECHTE GABEL
UEBERWACHUNG LOEST VERKLEMMUNG AUF
PHILOSOPH          2 HAT DIE LINKE GABEL
PHILOSOPH          2 IST SATT UND LEGT DIE GABELN HIN
PHILOSOPH          2 DENKT WIEDER
PHILOSOPH          3 HAT DIE LINKE GABEL
```

Beisp. 6.34: Ergebnis des Programmes Beisp. 6.33, beginnend mit der 415. ausgegebenen Zeile. In der 5.-letzten Zeile wird die Verklemmung gemeldet.

Die Auflösung einer Verklemmung durch eine Überwachungstask ist sicher eine sehr unfeine Methode, denn sie birgt die Gefahr in sich, daß die Koordination der Tasks gründlich durcheinander gerät; das Programmbeispiel vermag uns aber zu zeigen, wie wir Vorkehrungen treffen können, daß Verklemmungen erkannt werden. Ohne die Überwachungstask würde unser Programm nämlich einfach sang- und klanglos stehen bleiben.

Die immer wieder erneute Einplanung einer Überwachungstask ist auch ein gutes Mittel, um zu überwachen, daß Unterbrechungen (Interrupts) wirklich innerhalb einer Höchstzeit aufeinander folgen.

Das Fünf-Philosophen-Problem ist übrigens keine rein akademische Spielerei; genau dieselben Probleme treten nämlich auf, wenn Mikrorechner mit einer Ringleitung zusammengeschaltet sind und

Datenübertragungen von einem Nachbarn zum anderen machen wollen.

Die Verklemmung in unserem Programm entsteht durch die falsche Reihenfolge der Semaphor-Anforderungen; deshalb kann man die Verklemmungsmöglichkeit dadurch beseitigen, daß man einen der Philosophen zuerst die linke Gabel nehmen läßt. Das ist aber nur ein Herumdoktern; die hier vorgestellte Lösung ist insofern prinzipiell schlecht, als sie viel zu viele Semaphore enthält und dadurch so unübersichtlich ist; wir werden in Kapitel 6.4.6 sehen, daß wir das Problem bei beliebiger Philosophenzahl prinzipiell mit drei Semaphoren lösen können.

Es gibt übrigens außer der falschen Reihenfolge von Semaphor-Anforderungen noch einige andere Möglichkeiten für das Entstehen von Verklemmungen. Die trivialste ist die, daß weniger Freigaben als Anforderungen durch die Tasks gemacht werden; das kann zum Beispiel dadurch passieren, daß eine Freigabe nur in dem einen Zweig einer Wenn-Anweisung steht. Deshalb wollen wir uns nach Möglichkeit davor hüten, in Wenn-Anweisungen überhaupt Freigaben zu machen.

Eine ganz böse Sache ist es aber auch, wenn eine Task in einem kritischen Abschnitt durch eine andere durch TERMINATE abgebrochen wird. Deshalb sollten wir auch die TERMINATE-Anweisung so selten wie möglich verwenden. Wenn wir uns für einen Augenblick vorstellen, daß Tasks Menschen sind, dann entspricht das TERMINATE einem Totschlag; und eines der Probleme beim Totschlag ist, daß man hinterher "die Schweinerei mit der Leiche" hat. Eine etwas feinere Methode ist, den anderen zum Selbstmord zu treiben; in PEARL-Programmen entspricht der einer Task, die immer wieder eine BIT(1)-Variable abfragt, um festzustellen, ob sie sich selbst terminieren soll.

6.4.3 Leser und Schreiber

Wir haben gelernt, daß wir den Zugriff mehrerer Tasks auf gemeinsame Daten koordinieren müssen; unumgänglich ist das, wenn die Tasks den Daten neue Werte geben. Andererseits dürfen aber ruhig

mehrere Tasks gleichzeitig zugreifen, wenn sie die Datenwerte nur
lesen wollen. Wir müssen dann nur dafür sorgen, daß nicht gleichzeitig geschrieben wird, weil sonst eventuell nicht zusammengehörende alte und neue Datenwerte gelesen werden. In Full PEARL gibt
es für dieses Leser-Schreiber-Problem eigens spezielle Koordinations-Anweisungen, die mit sogenannten BOLT-Variablen arbeiten.
Wir können dieses Problem aber auch mit Semaphoren lösen.

Dazu müssen wir uns zunächst überlegen, daß wir eine SEMA-Variable benötigen, um die Leser auf einer Anforderung warten zu lassen, wenn ein Schreiber schreibt. Eine zweite benötigen wir, um
die Schreiber warten zu lassen. Diese beiden Semaphore sind
sozusagen die Einfahrt-Signale für den Datenzugriff (das ursprünglich griechische Wort Semaphor bezeichnet in England Eisen-
bahn-Signale und Verkehrs-Ampeln). Außerdem müssen wir die Leser
zählen, die gerade lesen bzw. lesen wollen, und das auch bei den
Schreibern tun. Wenn dann ein Schreibwilliger feststellt, daß
kein anderer schreibt oder liest, kann er sein Einfahrt-Signal
auf "Grün" stellen. Da wir das Zählen mit globalen Variablen tun
müssen, sind die Zählvorgänge natürlich kritische Abschnitt, die
wir mit einer dritten SEMA-Variablen vor gleichzeitiger Ausführung schützen müssen.

Beisp. 6.35 zeigt einen Modul, der die Koordinierungs-Aufgabe mit
vier globalen Prozeduren erledigt, deren Namen in Anlehnung an
die entsprechenden Bolt-Koordinierungsanweisungen gebildet sind.
Immer wenn ein Leser oder Schreiber fertig ist, sorgt er dafür,
daß eventuell wartende Schreiber bzw. Leser auch an die Reihe
kommen.

Durch eine ganz kleine Änderung der Prozedur ENTERLESEN können
wir übrigens dafür sorgen, daß die Leser einem eventuell wartenden Schreiber den Vortritt lassen: die Wenn-Anweisung braucht nur
in

        IF SCHREIBENDE == 0 AND SCHREIBWILLIGE /= 0 THEN
geändert zu werden. Dadurch werden die schreibwilligen Tasks
bevorzugt; sonst kann es nämlich passieren, daß immer irgendein
neuer Leser zu lesen beginnt, bevor seine Vorgänger alle damit
aufgehört haben, sodaß die Schreiber nie zum Zuge kommen. Wir

können leicht einsehen, daß es in einem solchen Falle auch nichts
nutzen würde, wenn die Schreiber höhere Priorität als die Leser
hätten.

```
MODULE (SLES);                          /* evtl. Klammern streichen */
/*****************************************************************
 * Der Modul enthaelt Prozeduren zur Leser-Schreiber-Koordina- *
 * tion vor und nach dem Lesen bzw. Schreiben                  *
 * Version 1.1 / 21. 7. 84 / Frevert                           *
 *****************************************************************/
PROBLEM;
  DCL (LESENDE,LESEWILLIGE,SCHREIBENDE,SCHREIBWILLIGE) FIXED
  INIT(     0,         0,          0,           0 );
  DCL (LESEWARTEN,SCHREIBWARTEN,EINZELZUGRIFF) SEMA
  PRESET (     0,          0,          1          );

  ENTERLESEN:PROC REENT GLOBAL;
    /********************************************************
     * Die Prozedur muss von jeder lesenden Task vor Beginn  *
     * des Lesens aufgerufen werden.   *
     * Version 1.1 / 21. 7. 84 / Frevert                     *
     ********************************************************/
    REQUEST EINZELZUGRIFF;               /* Anfang kr. Abschnitt */
    IF SCHREIBENDE == 0 THEN             /* schreibt niemand?    */
      LESENDE:=LESENDE+1;                /* Lesen erlaubt        */
      RELEASE LESEWARTEN;                /* Sema auf Gruen       */
    ELSE
      LESEWILLIGE:=LESEWILLIGE+1;        /* nur zaehlen          */
    FIN;
    RELEASE EINZELZUGRIFF;               /* Ende kr. Abschnitt   */
    REQUEST LESEWARTEN;                  /* evtl. warten         */
  END; /* Prozedur ENTERLESEN */

  RESERVESCHREIBEN:PROC REENT GLOBAL;
    /********************************************************
     * Die Prozedur muss von jeder schreibenden Task vor    *
     * Beginn des Schreibens aufgerufen werden.             *
     * Version 1.1 / 21. 7. 84 / Frevert                    *
     ********************************************************/
    REQUEST EINZELZUGRIFF;               /* Anfang kr. Abschnitt */
    IF SCHREIBENDE == 0 AND LESENDE == 0 THEN
      SCHREIBENDE:=SCHREIBENDE+1;        /* Schreiben erlaubt    */
      RELEASE SCHREIBWARTEN;             /* Sema auf Gruen       */
    ELSE
      SCHREIBWILLIGE:=SCHREIBWILLIGE+1;/* nur zaehlen          */
    FIN;
    RELEASE EINZELZUGRIFF;               /* Ende kr. Abschnitt   */
    REQUEST SCHREIBWARTEN;               /* evtl. warten         */
  END; /* Prozedur RESERVESCHREIBEN */
```

<u>Beisp. 6.35, Teil 1.</u> Modul mit vier Prozeduren zur Leser-
                         Schreiber-Koordination

```
LEAVELESEN:PROC REENT GLOBAL;
   /************************************************************
    * Die Prozedur muss von jeder lesenden Task nach          *
    * Beendigung des Lesens aufgerufen werden.                *
    * Version 1.1 / 21. 7. 84 / Frevert                       *
    ************************************************************/
   REQUEST EINZELZUGRIFF;                    /* Anfang kr. Abschnitt */
   LESENDE:=LESENDE-1;                       /* zaehlen              */
   IF LESENDE == 0 AND SCHREIBWILLIGE /=0 THEN

      RELEASE SCHREIBWARTEN;                 /* Sema auf Gruen       */
      SCHREIBWILLIGE:=SCHREIBWILLIGE-1;/* zaehlen              */
      SCHREIBENDE:=SCHREIBENDE+1;
   FIN;
   RELEASE EINZELZUGRIFF;                    /* Ende kr. Abschnitt   */
END; /* Prozedur LEAVELESEN */

FREESCHREIBEN:PROC REENT GLOBAL;
   /************************************************************
    * Die Prozedur muss von jeder schreibenden Task nach      *
    * Beendigung des Schreibens aufgerufen werden.            *
    * Version 1.1 / 21. 7. 84 / Frevert                       *
    ************************************************************/
   REQUEST EINZELZUGRIFF;                    /* Anfang kr. Abschnitt */
   IF SCHREIBWILLIGE /= 0 THEN               /* Schreiber bevorzugt  */
     SCHREIBWILLIGE:=SCHREIBWILLIGE-1;/* zaehlen              */
     RELEASE SCHREIBWARTEN;                  /* Sema auf Gruen       */
   ELSE
     SCHREIBENDE:=SCHREIBENDE-1;             /* wieder 0             */
     TO LESEWILLIGE REPEAT                   /* alle lesen lassen    */
        LESEWILLIGE:=LESEWILLIGE-1;          /* zaehlen              */
        LESENDE:=LESENDE+1;
        RELEASE LESEWARTEN;                  /* Signal auf Gruen     */
     END; /* alle lesen lassen */
   FIN;
   RELEASE EINZELZUGRIFF;                    /* Ende kr. Abschnitt   */
END; /* Prozedur FREESCHREIBEN */

MODEND;
```

<u>Beisp. 6.35:</u> Modul mit vier Prozeduren zur Leser-Schreiber-Koor-
           dination

Es gibt übrigens eine kürzere, aber etwas trickreiche Lösung für
das Leser-Schreiber-Problem, auf die man nicht so leicht durch
konsequentes Nachdenken kommt. Sie ist in Beisp. 6.36 gezeigt;
auch hier ist es nicht schwer, sich zu überlegen, daß die Sache
funktioniert.

```
MODULE (SLES);                            /* evtl. Klammern streichen */
/**********************************************************************
 * Der Modul enthaelt Prozeduren zur Leser-Schreiber-Koordina- *
 * tion vor und nach dem Lesen bzw. Schreiben                  *
 * Version 2.1 / 21. 7. 84 / Frevert                           *
 **********************************************************************/
PROBLEM;
  DCL LESENDE FIXED INIT(0);
  DCL (SCHREIBEN,EINZELZUGRIFF) SEMA PRESET (1,1);
  ENTERLESEN:PROC REENT GLOBAL;
    /******************************************************************
     * Die Prozedur muss von jeder lesenden Task vor Beginn   *
     * des Lesens aufgerufen werden.    *
     * Version 2.1 / 21. 7. 84 / Frevert                      *
     ******************************************************************/
    REQUEST EINZELZUGRIFF;               /* Anfang kr. Abschnitt */
    LESENDE:=LESENDE+1;                  /* Leser zaehlen        */
    IF LESENDE == 1 THEN                 /* nur erster Leser     */
      REQUEST SCHREIBEN;                 /* bis Schreiber fertig */
    FIN;
    RELEASE EINZELZUGRIFF;               /* Ende kr. Abschnitt   */
  END; /* Prozedur ENTERLESEN */
  RESERVESCHREIBEN:PROC REENT GLOBAL;
    /******************************************************************
     * Die Prozedur muss von jeder schreibenden Task vor      *
     * Beginn des Schreibens aufgerufen werden.               *
     * Version 2.1 / 21. 7. 84 / Frevert                      *
     ******************************************************************/
    REQUEST SCHREIBEN;                   /* evtl. warten         */
  END; /* Prozedur RESERVESCHREIBEN */
  LEAVELESEN:PROC REENT GLOBAL;
    /******************************************************************
     * Die Prozedur muss von jeder lesenden Task nach         *
     * Beendigung des Lesens aufgerufen werden.               *
     * Version 2.1 / 21. 7. 84 / Frevert                      *
     ******************************************************************/
    REQUEST EINZELZUGRIFF;               /* Anfang kr. Abschnitt */
    LESENDE:=LESENDE-1;                  /* zaehlen              */
    IF LESENDE == 0 THEN                 /* letzter Leser        */
      RELEASE SCHREIBEN;                 /* Schreiben frei       */
    FIN;
    RELEASE EINZELZUGRIFF;               /* Ende krit.Abschnitt  */
  END; /* Prozedur LEAVELESEN */
  FREESCHREIBEN:PROC REENT GLOBAL;
    /******************************************************************
     * Die Prozedur muss von jeder schreibenden Task nach     *
     * Beendigung des Schreibens aufgerufen werden.           *
     * Version 2.1 / 21. 7. 84 / Frevert                      *
     ******************************************************************/
    RELEASE SCHREIBEN;                   /* naechster Schreiber; */
  END; /* Prozedur FREESCHREIBEN */
MODEND;
```

<u>Beisp. 6.36:</u> Modul mit vier Prozeduren zur Leser-Schreiber-Koor-
          dination. Falls ein Schreiber schreibt, bleibt der
          erste Leser auf REQUEST SCHREIBEN hängen, alle
          nachfolgenden auf REQUEST EINZELZUGRIFF.

Bei einem echten Programm würden wir selbstverständlich wieder
einen "abstrakten Datentyp" realisieren und die Aufrufe der Prozeduren ENTERLESEN usw. der beiden Beispiele in die Zugriffsprozeduren für die Daten packen, die verändert oder nur gelesen
werden sollen; dann brauchten wir nicht nachzuprüfen, ob wirklich
jede Task, die Daten lesen oder schreiben will, wirklich vorher
und nachher auf die vorgeschriebene Art ENTERLESEN usw. aufruft.

6.4.4 Umlaufpuffer

Bei der Echtzeit-Datenverarbeitung kommt es relativ häufig vor,
daß irgendwelche Daten-Ausgaben soviel Zeit erfordern, daß man
mit einer Task zur Bearbeitung von Ereignissen nicht darauf
warten möchte. In solchen Fällen kann man die Daten im Hauptspeicher zwischenspeichern und eine Extratask für die Ausgabe verwenden. Stellen wir uns zum Beispiel vor, daß Grenzwert-Überschreitungen in einer Anlage einerseits eine schnelle Reaktion des
Rechners erfordern, daß sie aber außerdem auf einem langsamen
Blattschreiber protokolliert werden sollen. Wenn jetzt eine Task,
die solch einen Grenzwert überwacht, sich selbst mit der Meldung
aufhält, ist sie dadurch für ziemlich lange Zeit blockiert.
Stattdessen sollten wir die Fähigkeit moderner Prozeßrechner
ausnutzen, Ein/Ausgabe-Geräte und Zentraleinheit echt gleichzeitig arbeiten zu lassen.

Im täglichen Leben gibt es eine Fülle von Beispielen für ähnliche
Vorkommnisse. Nehmen wir zum Beispiel einen Betriebsleiter; dem
würde ihm nicht im Traum einfallen, Briefe und Berichte selbst zu
schreiben, weil er damit viel zu lange für wichtigere Aufgaben
ausfallen würde, sondern er wird alle Text in ein Diktiergerät
sprechen und von einer Schreibdame tippen lassen. Dabei wird er
in der Regel gleich eine ganze Menge Bänder besprechen, wenn er
einmal anfängt, seinen Schriftkram zu erledigen, sodaß die
Schreibdame längere Zeit damit beschäftigt ist, während er schon
wieder etwas anderes tun kann. Wenn wir uns vorstellen, wie dabei
verfahren wird, sehen wir auch, wie wir ähnliche Programmieraufgaben erledigen können. (Man entwirft übrigens Programme am besten dadurch, daß man sich zunächst einmal genau vorstellt, wie

man die Aufgabe als Mensch lösen würde; als zweiten Schritt
überlegt man sich mögliche Verbesserungen; als dritten Schritt
bringt man dann dem Rechner bei, es genau so zu machen.)

Unser Betriebsleiter wird die besprochenen Bänder der Schreibdame
geben. Sie wird die Bänder in ein kleines Regal stellen; wenn
dort schon unerledigte Aufgaben stehen, wird sie die neuen rechts
daneben stellen. Nach dem Abtippen eines Bandes wird sie das
nächste vom linken Ende der Reihe nehmen, damit die Aufträge in
der richtigen Reihenfolge erledigt werden, und alle übrigen Bänder nach links schieben, damit rechts Platz für neue Aufträge
bleibt. Die abgetippten Bänder wird sie an einem anderen Platz
aufbewahren, damit der Betriebsleiter sie wieder verwenden kann.
Wenn kein derartiges Band mehr da ist, muß der Betriebsleiter mit
neuen Diktaten warten, bis ein Band abgetippt ist; wenn alle
Schreibaufträge erledigt sind, muß die Schreibdame auf einen
neuen warten.

Im Prinzip wissen wir jetzt, wie unser Programm aussehen muß. Der
Betriebsleiter würde eine Task sein. Aus dem Besprechen der
Bänder machen wir eine Prozedur. (Damit ermöglichen wir auch dem
Assistenten und anderen Personen, diktierte Texte tippen zu las-
sen.) Statt des Regals benutzen wir eine eindimensionale Matrix,
bei der jeder Platz die Daten aufnimmt, die ein Band enthält.
Anstelle der Schreibdame benötigen wir eine Task, die eine
Schreib-Prozedur aufruft. Die möglichen Warte-Vorgänge erledigen
wir mit Semaphor-Anforderungen.

Ein paar Kleinigkeiten sind noch schlecht an unserem Beispiel:
Das Verschieben der Bänder entspricht Umspeicher-Vorgängen, die
den Rechner unnötig Zeit kosten. Außerdem ist es Verschwendung,
je einen Aufbewahrungsplatz für die besprochenen und abgetippten
Bänder zu haben; die müßten ja beide so groß sein, daß notfalls
alle Bänder hineinpassen. Deshalb ist es besser, nur einen für
alle Bänder zu nehmen und das erste volle und das erste abgetippte Band durch je einen Merk-Zeiger zu kennzeichnen. Wenn ein
Merkzeiger nach rechts ans Regalende kommt, wird er links auf den
Regalanfang gesetzt. Noch besser wäre es, wenn wir ein kreis-
förmiges Regal hätten, an dem die Merkzeiger umlaufen könnten:

einen Umlaufpuffer.

```
MODULE (ULPU);                           /* evtl. Klammern streichen */
/*********************************************************************
 * Der Modul enthaelt einen Umlaufpuffer zur Zwischenspei-          *
 * cherung von Meldungen durch eine globale Prozedur, sowie         *
 * eine Task zur Weitergabe der Meldungen an die eigentliche        *
 * Ausgabeprozedur. Der Modul muss durch Aufruf von ULPUINIT        *
 * initialisiert werden                                             *
 * Version 1.1 / 22. 7. 84 / Frevert                                *
 *********************************************************************/
PROBLEM;
  TYPE MELDUNG STRUCT(/ UHRZEIT CLOCK, TEXT CHAR(60) /);
  SPC MELDUNGSAUSGABE ENTRY(INV MELDUNG IDENT) GLOBAL;
  DCL PUFFER (20) MELDUNG,
      EINZEIGER FIXED INIT(1),
      (LEEREPLAETZE, VOLLEPLAETZE,EINZELZUGRIFF) SEMA
     PRESET(        0,            0,              1  ),
      ERRSTESMAL BIT(1) INIT('1'B);
  ULPUINIT: PROC GLOBAL;
     /*****************************************************************
      * Die Prozedur dient zur Initialisierung des Moduls und    *
      * muß vor Benutzung der uebrigen Teile aufgerufen werden   *
      * Version 1.1 / 22. 7. 84 / Frevert                        *
      *****************************************************************/
     IF ERSTESMAL THEN                          /* vorsichtshalber      */
        ERSTESMAL:='0'B;
        TO 1 UPB PUFFER REPEAT                   /* um evtl. Aenderung  */
           RELEASE LEEREPLAETZE;                 /* der Puffergroesse   */
        END;                                     /* zu beruecksichtigen */
        ACTIVATE AUSGABE;
     FIN;
  END; /* Prozedur ULPUINIT */

  MELDUNGMACHEN:PROC(DIESEMELDUNG INV MELDUNG IDENT)
                              RESIDENT REENT GLOBAL;
     /*****************************************************************
      * Die Prozedur dient zur Zwischenspeicherung der Meldungen*
      * Version 1.1 / 22. 7. 84 / Frevert                       *
      *****************************************************************/
     REQUEST EINZELZUGRIFF;                      /* auf EINZEIGER;      */
     REQUEST LEEREPLAETZE;                       /* Platz frei?         */
     PUFFER(EINZEIGER).UHRZEIT:=DIESEMELDUNG.UHRZEIT;
     PUFFER(EINZEIGER).TEXT:=DIESEMELDUNG.TEXT;
     RELEASE VOLLEPLAETZE;                       /* Platz gefuellt      */
     EINZEIGER:=EINZEIGER+1;                     /* naechster Platz     */
     IF EINZEIGER GT 1 UPB PUFFER THEN  /* am Anfang?           */
        EINZEIGER:=1;
     FIN;
     RELEASE EINZELZUGRIFF;
  END; /* Prozedur MELDUNGMACHEN */
```

<u>Beisp. 6.37 Teil 1:</u> Modul für Zwischenspeicherung von Meldungen
                         in einem Umlaufpuffer

```
  AUSGABE: TASK RESIDENT;
    /***********************************************************
     * Die Task dient zur Ausgabe der Meldungen durch Aufruf   *
     * der in einem anderen Modul befindlichen MELDUNGSAUSGABE  *
     * Version 1.1 / 22. 7. 84 / Frevert                        *
     ***********************************************************/
    DCL AUSZEIGER FIXED INIT(1);
    DCL DIESEMELDUNG MELDUNG;
    REPEAT                                /* endlos oft            */
      REQUEST VOLLEPLAETZE;               /* Platz gefüllt?        */
      DIESEMELDUNG.UHRZEIT:=PUFFER(AUSZEIGER).UHRZEIT;
      DIESEMELDUNG.TEXT:=PUFFER(AUSZEIGER).TEXT;
      RELEASE LEEREPLAETZE;               /* Platz geleert         */
      CALL MELDUNGSAUSGABE(MELDUNG);
      AUSZEIGER:=AUSZEIGER+1;             /* naechster Platz       */
      IF AUSZEIGER GT 1 UPB PUFFER THEN/* am Anfang?              */
        AUSZEIGER:=1;
      FIN;
    END; /* endlos oft */
  END; /* Task AUSGABE */
MODEND;
```

<u>Beisp. 6.37:</u> Modul für Zwischenspeicherung von Meldungen in einem
            Umlaufpuffer

Die besprochenen und die abgetippten Bänder zählen wir mit je
einem Semaphor; zu Beginn gibt es nur abgetippte Bänder und die
Schreibdame wartet mit einer Request-Anweisung für den Semaphor,
der die besprochenen Bänder zählt. Falls hingegen die Zahl der
abgetippten Bänder Null wird, wartet der Betriebsleiter auf der
entsprechendem Request-Anweisung. Außerdem müssen wir die Be-
zeichnungen "Schreibdame", "Band" usw. noch durch diejenigen
unseres ursprünglichen Problems ersetzen. Beisp. 6.37 zeigt den
fertigen Modul.

Um den Modul in seinen Anfangszustand zu versetzen, müssen wir
vor Aufruf der Prozedur MELDUNGMACHEN die Prozedur ULPUINIT aufrufen. Wir haben ja schon in einigen anderen Beispielen gelernt,
daß derartige PEARL-Module eine "Einschalt"-Prozedur besitzen.
Wir sehen hier wieder eine Analogie zwischen Moduln und elektronischen Geräten; auch letztere müssen vor Benutzung eingeschaltet
werden.

Es gibt übrigens einen triftigen Grund, weshalb der Semaphor
LEEREPLAETZE zunächst die Voreinstellung 0 bekommt und dann in
der Prozedur ULPUINIT entsprechend der Pufferlänge mehrmals freigegeben wird, anstatt ihm gleich die Voreinstellung 20 zu geben:

Die Länge des Puffers muß den Besonderheiten der jeweiligen
Aufgabe angepaßt werden. Wir haben die Zwischenspeicherung im
Puffer ja eingeführt, um den Tasks, die eine Meldung machen
wollen, Zeit zu ersparen; wenn der Puffer aber voll ist, muß jede
später kommende so lange warten, bis wieder ein Platz frei ist.
(Wir nützen dann allerdings immer noch aus, daß Zentraleinheit
und Ausgabegerät gleichzeitig und nicht nacheinander arbeiten.)

Ein Umlaufpuffer dient deshalb in erster Linie dazu, momentane
Belastungsspitzen auszugleichen. Wenn wir wirklich sicher sein
wollen, daß keine Task auf einen freien Platz im Puffer warten
muß, müssen wir ihm so viele Plätze geben, wie Tasks möglicherweise gleichzeitig Meldungen machen wollen. Wir müssen deshalb
die "richtige" Länge des Puffers eventuell in Belastungstests
ausprobieren und seine Vereinbarung ändern. So, wie der Modul
jetzt geschrieben ist, ändert sich bei einer Änderung der Pufferlänge automatisch auch der Höchstwert des Semaphors LEEREPLAETZE.
Vorsichtshalber ist die Prozedur ULPUINIT so geschrieben, daß der
Modul auch funktioniert, wenn sie irrtümlich zweimal aufgerufen
wird.

Der Modul enthält noch keine Test-Task; wenn wir ihn testen
wollen, sollten wir "mit Volldampf" mit einem Wiederholungs-Block
so schnell wie möglich mehr als 20 Meldungen durch Aufruf von
MELDUNGMACHEN hineinzuschreiben versuchen; die Prozedur MELDUNGS-
AUSGABE sollten wir so simulieren, daß sie etwa eine Sekunde
dauert, sodaß die Task AUSGABE nicht nachkommt. Wir müßten dann
den Uhrzeit-Angaben in den Meldungen ansehen können, daß die
ersten 20 Meldungen praktisch gleichzeitig gemacht werden, während die übrigen im Sekundenabstand nachkleckern.

6.4.5 <u>Wechselpuffer</u>

Bei der Prozeßdatenverarbeitung kommt es nicht selten vor, daß
erst größere Mengen Daten gesammelt werden müssen, bevor sie
ausgewertet werden können. In solchen Fällen wollen wir in Zukunft schon den nächsten Satz Daten in den Rechner holen, während
er den vorigen Satz bearbeitet; wir wissen ja, daß er beides echt

gleichzeitig machen kann.

```
MODULE (WEPU);                        /* evtl. Klammern streichen */
/**********************************************************************
 * Der Modul enthaelt einen Wechselpuffer fuer Protokollmeldun-*
 * gen, die zu je 60 zusammen ausgedruckt werden sollen.      *
 * Schnittstellen ach aussen sind die Prozeduren PROTOKOLLIERE *
 * und WEPUINIT (zur Initialisierung)                          *
 * Version 1.1 / 24. 7. 84 / Frevert                           *
 **********************************************************************/
PROBLEM;
  TYPE PROTOKOLLMELDUNG STRUCT(/UHRZEIT CLOCK,TEXT CHAR(60)/);
  SPC DRUCKER DATION OUT ALPHIC DIM(,,) TFU MAX FORWARD
                                   CONTROL(ALL) GLOBAL;
  DCL WECHSELPUFFER (2,60) PROTOKOLLMELDUNG,
      (EINHAELFTE,EINZEIGER,AUSHAELFTE,AUSZEIGER) FIXED
      INIT ( 1 ,      1 ,     1           1   ),
      (EINZELZUGRIFF,LEEREHAELFTE,VOLLEHAELFTE) SEMA
      PRESET(        1 ,     1   ,        0      );
  PROTOKOLLIERE:PROC(MELDUNG INV PROTOKOLLMELDUNG IDENT)
                                   RESIDENT REENT GLOBAL;
    /**********************************************************
     * Die Prozedur bewirkt die Ausgabe einer Protokollmeldung *
     * mit Zwischenspeicherung in einem Wechselpuffer          *
     * Version 1.1 / 24. 7. 84 / Frevert                       *
     **********************************************************/
    REQUEST EINZELZUGRIFF;                /* REENT-Prozedur mit   */
                                          /* modulglob. Variable  */
    WECHSELPUFFER(EINHAELFTE,EINZEIGER).UHRZEIT:=MELDUNG.UHRZEIT;
    WECHSELPUFFER(EINHAELFTE,EINZEIGER).TEXT:=MELDUNG.TEXT;
    EINZEIGER:=EINZEIGER+1;               /* naechster frei Platz */
    IF EINZEIGER GT 2 UPB WECHSELPUFFER THEN
      RELEASE VOLLEHAELFTE;               /* Haelfte voll         */
      REQUEST LEEREHAELFTE;               /* andere leer?         */
      EINHAELFTE:=3-EINHAELFTE;           /* Umschalten           */
      EINZEIGER:=1;                       /* auf Anfang zurueck   */
    FIN;
    RELEASE EINZELZUGRIFF;
  END; /* Prozedur PROTOKOLLIERE */
  DRUCKEN: PROC;                          /* Laden bei Aufruf     */
    /**********************************************************
     * Die Prozedur wird von der Drucktask aufgerufen und      *
     * druckt die jeweilige Wechselpufferhaelfte aus           *
     * Version 1.1 / 24. 7. 84 / Frevert                       *
     **********************************************************/
    OPEN DRUCKER;                         /* evtl. Format ergaenz.*/
    PUT TO DRUCKER BY PAGE;               /* neue Seite           */
    FOR I TO 2 UPB WECHSELPUFFER REPEAT
      PUT WECHSELPUFFER(AUSHAELFTE,I).UHRZEIT,
        WECHSELPUFFER(AUSHAELFTE,I).TEXT TO DRUCKER BY T,X,A,SKIP;
    END; /* Puffer ausgedruckt */
    RELEASE LEEREHAELFTE;                 /* Frei-Botschaft       */
    AUSHAELFTE:=3-AUSHAELFTE;             /* umschalten           */
    CLOSE DRUCKER;
  END; /* Prozedur DRUCKEN */
```

Beisp. 6.38 Teil 1: Wesentlicher Teil des Wechselpuffer-Moduls

```
DRUCKTASK:TASK;
  /**********************************************************
   * Die Drucktask druckt die Pufferhaelften durch Aufruf   *
   * der nichtresidenten Druckprozedur                      *
   * Version 1.1 / 24. 7. 84 / Frevert                      *
   **********************************************************/
  REPEAT
    REQUEST VOLLEHAELFTE;
    CALL DRUCKEN;
  END;
END; /* Task DRUCKTASK */
WEPUINIT: PROC GLOBAL;
  /**********************************************************
   * Initialisiert durch Aktivierung der Drucktask.         *
   * Version 1.1/ 24. 7. 84 / Frevert                       *
   **********************************************************/
  ACTIVATE DRUCKTASK;
  END; /* Prozedur WEPUINIT */
MODEND;
```

<u>Beisp. 6.38:</u> Modul zum Drucken von Meldungen mit Zwischenspei-
                cherung im Wechselpuffer.

Als Beispiel wollen wir einen Fall betrachten, bei dem jeweils 60
Protokoll-Meldungen in einem Puffer gesammelt und dann gedruckt
werden sollen, sodaß immer eine Drucker-Seite voll wird. Das
Drucken wird mit einem langsamen Drucker immerhin etwa eine
Minute dauern, und eine Task, die eine Protokollmeldung machen
möchte, muß unter Umständen so lange warten, bevor sie ihre
Meldung loswerden kann, wenn gerade gedruckt wird. Deshalb nehmen
wir einen zweiten Puffer, in den geschrieben werden kann, während
der erste leergedruckt wird. Wenn dann der zweite auch voll ist,
wird der ausgedruckt und der erste wieder fürs Einschreiben
benutzt; das darf allerdings nur geschehen, wenn sein voriger
Inhalt inzwischen gedruckt ist.

Wir können die Aufgabe mit einem Umlaufpuffer lösen, der aus zwei
Abteilungen mit je 60 Plätzen besteht. Weil das Leeren dieser
Abteilungen aber ziemlich selten erfolgt (gemessen an den Milli-
onstel-Sekunden, die ein moderner Rechner für eine einfache An-
weisung braucht), wollen wir die eigentliche Ausgabe mit einer
Prozedur machen, die nicht immer im Hauptspeicher ist und nur
nachgeladen wird, wenn sie durch die kurze, residente Ausgabe-
Task aufgerufen wird, damit ihr Platz zwischenzeitlich für andere
selten arbeitende Tasks oder Prozeduren verwendet werden kann.
Beisp. 6.38 zeigt den fertigen Modul.

6.4.6 <u>Halbdynamisches Warten</u>

In der normalen Datenverarbeitung, bei der ein einziges Hauptprogramm auf einem Rechner läuft, kann man das Warten auf ein
äußeres Ereignis nur so programmieren, daß der Rechner eine
Abfrage, ob das Ereignis inzwischen eingetroffen ist, so lange
dauernd wiederholt, bis die Abfrage mit ja beantwortet wird. Bei
der Echtzeit-Programmierung ist das natürlich Unsinn, weil durch
diese Art des Wartens das Rechenwerk durch eine einzige Task
blockiert würde. Wir wissen ja inzwischen auch, daß sich bei
PEARL-Systemen äußere Ereignisse durch Programmunterbrechungen
bemerkbar machen, und daß wir durch Einplanungen darauf reagieren
können. Trotzdem ist es manchmal ratsam, mehrere Task wenigstens
von Zeit zu Zeit eine Abfrage wiederholen zu lassen, weil sich
dadurch Koordinationsmöglichkeiten ergeben, die unabhängig von
der Anzahl der zu koordinierenden Tasks sind.

Als Beispiel könnten wir die Bearbeitung von Meldungen von Hard-
ware-Fehlern in einem Programm mit vielen Tasks nehmen. Wenn eine
von ihnen ihre Arbeit nicht fortsetzen kann, weil irgendein Gerät
im technischen Prozeß oder ein Peripheriegerät des Rechners de-
fekt ist oder eine Fehlbedienung vorliegt, wird der Fehler auf
einem Bedien-Terminal gemeldet, damit das Gerät durch einen Tech-
niker repariert werden kann. Normalerweise wird nach der Repara-
tur der Fehler durch eine Eingabe auf dem Bedien-Terminal quittiert, damit die Task, die den Fehler gemeldet hatte, ihre Operation mit dem Gerät wiederholen und dann weiterlaufen kann.

Nehmen wir beispielsweise den Fall, daß eine Diskette gelesen
werden soll, aber falsch in das Laufwerk geschoben ist. Der
Rechner meldet das dem Maschinenbediener; der legt die Diskette
richtig ein, gibt die vorgeschriebene Antwort auf die Meldung des
Rechners auf dem Terminal ein, und das Lesen kann beginnen. Bei
der Bedienung eines Rechnersystems sind Meldung und Quittung ein
einfacher Dialog; es wird immer nur eine Meldung gegeben und auf
deren Quittung gewartet; wenn inzwischen dem Drucker das Papier
ausgeht, wird das erst gemeldet, nachdem der Diskettenfehler
quittiert ist.

Bei der Bedienung eines Rechners kann man sich dieses simple
Vorgehen leisten, weil normalerweise nur ein Maschinenbediener da
ist, sodaß zwei gleichzeitig auftretende Fehler sowieso nur nacheinander behoben werden können. Bei größeren Prozessen ist das
aber unmöglich, denn dort dauert die Fehlerbehebung schon allein
dadurch länger, daß sich jemand zum fehlerhaften Gerät auf den
Weg machen muß. Deshalb dürfen wir dort nicht einen einfachen
Dialog für die Meldungs-Quittung programmieren, sondern wir müssen irgendwie dafür sorgen, daß mehrere Fehlermeldungen gemacht
werden können, auch wenn die erste noch nicht quittiert worden
ist. Deshalb dürfen die Tasks nicht in einen Wartezustand gehen,
indem sie auf eine Terminal-Eingabe warten und damit das Terminal
für andere Tasks blockieren.

In der Regel werden wir die Behandlung von Fehlermeldungen nicht
über ein großes Programm mit vielen Moduln verstreuen, sondern
einen speziellen Modul mit einer Prozedur schreiben, durch deren
Aufruf alle Tasks Fehler melden können. Wenn sie das getan haben,
müssen sie warten; sobald ihr Fehler quittiert worden ist, können
sie ihre Arbeit fortsetzen. Beisp. 6.39 zeigt den Entwurf für
eine derartige Prozedur.

```
FEHLERMELDUNG:PROC(MELDUNG INV FEHLERMELDUNG IDENT) REENT GLOBAL;
  /*****************************************************************
   * Die Prozedur dient zur zentralen Erfassung und Ausgabe      *
   * von Fehlermeldungen. Tasks, die diese Prozedur aufrufen,    *
   * verlassen sie erst, wenn ihre Meldung quittiert ist         *
   * Version 1.1 / 24. 7. 84 / Frevert                           *
   *****************************************************************/
  /* Veranlasse Ausgabe der Meldung */
  /* Warte, bis Meldung quittiert ist */
END; /* Prozedur FEHLERMELDUNG */
```

<u>Beisp. 6.39:</u> Entwurf einer Prozedur zur zentralen Behandlung von
          Fehlermeldungen.

Das Warten in dieser Prozedur müssen wir uns jetzt genauer überlegen. Beisp. 6.40 zeigt, daß wir die anonyme Task, die unsere
Prozedur aufgerufen hat, durch Anforderung eines Semaphors warten
lassen. Dieser Semaphor wird freigegeben, wenn eine Meldung quittiert worden ist; dann muß die Task feststellen, ob es genau ihre
Meldung war, die quittiert worden ist (Es können ja noch weitere
unquittierte Meldungen von anderen Tasks vorliegen.); falls ja,

kann die Task die Prozedur verlassen. Andernfalls muß sie weiter warten.

Eine Task, die die Prozedur FEHLERMELDUNG aufgerufen hat, wiederholt also einen Programmabschnitt so oft, bis das erwartete Ereignis - die Quittierung - eingetreten ist. Im Programmabschnitt ist aber außerdem noch eine Operation, die die Task immer wieder in einen Wartezustand bringt. Wir wollen diese Art des Wartens halbdynamisches Warten nennen, weil sich wiederholtes Nachprüfen, ob es weitergehen kann, und wirkliches Warten abwechseln.

```
/* Warte, bis Meldung quittiert ist, bedeutet: */
  /* Speichere Meldung in einen Puffer */
  WHILE NOT MELDUNGGESTRICHEN REPEAT
    REQUEST WARTEN;
  END;
```

Beisp. 6.40: Halbdynamisches Warten auf eine Meldungsquittung.
            Wir nehmen an, daß infolge einer Quittung die von
            der Task in den Puffer gespeicherte Meldung gestrichen und der Semaphor WARTEN freigegeben wird.

Unser Programmentwurf kann so allerdings noch nicht funktionieren; wir setzen ja voraus, daß mehrere Tasks auf REQUEST WARTEN festhängen, und deshalb müssen wir dafür sorgen, daß alle Tasks nachprüfen können, ob ihre Meldung im Puffer gestrichen ist.

Um diese offenen Fragen zu klären, wollen wir lieber ein schon vorhandenes Programm umbauen, als hier eins völlig neu zu entwickeln. Wir haben ja ein ähnlich gelagertes Problem schon angetroffen, als wir das Problem der 5 Philosophen in Kapitel 6.4.2 betrachtet haben. Bei ihm besteht sicher die prinzipiell beste Lösung darin, daß jeder der Philosophen beide Gabeln auf einmal nimmt und weglegt; das bedeutet aber auch, daß jeder hungrige Philosoph, der nicht sofort beide Gabeln bekommt, immer wieder nachschauen muß, ob er jetzt eine Chance hat, wenn zwei Gabeln hingelegt worden ist. Deshalb legen wir fest, daß jeder Philosoph in der PHILOSOPHENPROZEDUR (Beisp. 6.33) eine Prozedur GABELNEHMEN aufruft, wenn er Hunger hat, und eine Prozedur GABELWEGLEGEN aufruft, um die beiden Gabeln wieder hinzulegen. In der Prozedur GABELNEHMEN muß dann nachgesehen werden, ob beide Gabeln frei

sind (statt zu prüfen, ob eine Meldung gestrichen ist); in GABEL-
WEGLEGEN muß notiert werden, daß die Gabeln frei geworden sind
(statt eine Meldung zu streichen); sonst entspricht das Philoso-
phenproblem im Prinzip unserem Fehlermeldungs-Problem. Beisp.
6.41 zeigt den entsprechend geänderten Entwurf für GABELNEHMEN.

```
GABELNEHMEN:PROC(PHILOSOPHENNR FIXED)   REENT;
   /***************************************************************
    * Die Prozedur dient zur Koordinierung der Philosophen. Sie *
    * verschafft dem aufrufenden Philosophen Gabeln              *
    * Version 1.1 / 24. 7. 84 / Frevert                         *
    ***************************************************************/
   /* Warte, bis Gabeln frei sind, bedeutet: */
   WHILE GABELN(LINKEGABEL)/=FREI
      OR GABELN(RECHTEGABEL)/=FREI REPEAT
     REQUEST WARTEN;
   END;
   /* Nimm die Gabeln */
END; /* Prozedur GABELNEHMEN */
```

Beisp. 6.41: 1. Entwurf für GABELNEHMEN


```
GABELNEHMEN:PROC(PHILOSOPHENNR FIXED)   REENT;
   /***************************************************************
    * Die Prozedur dient zur Koordinierung der Philosophen. Sie *
    * verschafft dem aufrufenden Philosophen Gabeln              *
    * Version 1.1 / 24. 7. 84 / Frevert                         *
    ***************************************************************/
   /* Warte, bis Gabeln frei sind, bedeutet: */
   WHILE GABELN(LINKEGABEL)/=FREI
      OR GABELN(RECHTEGABEL)/=FREI REPEAT
     WARTENDE:=WARTENDE+1;                /* Wartende zaehlen    */
     REQUEST WARTEN;
     WARTENDE:=WARTENDE-1;
     IF WARTENDE /= 0 THEN                /* damit naechster auch */
       RELEASE WARTEN;                    /* nachsehen kann       */
     FIN;
   END;
   /* Nimm die Gabeln */
END; /* Prozedur GABELNEHMEN */
```

Beisp. 6.42: 2. Entwurf für GABELNEHMEN

Wir wollen uns jetzt vorstellen, daß zwei Philosophen gleichzeitig unter Benutzung von 4 Gabeln essen und daß die anderen in der
Prozedur warten. Wenn einer der Esser fertig ist, teilt er durch
RELEASE WARTEN mit, daß einer der Wartenden nachsehen darf, ob
jetzt Gabeln rechts und links von seinem Teller liegen. Dann muß
er dafür sorgen, daß auch der nächste wartende Philosoph nachsehen kann, denn eventuell hat der ja auch (oder mehr) Glück. Dann

kommt wieder der nächste, bis alle mit Nachsehen durch sind. Um
das zu organisieren, muß das Programm die wartenden Philosophen
gezählt haben. Beisp. 6.42 zeigt den entsprechend vervollstän-
digten Entwurf.

```
GABELNEHMEN:PROC(PHILOSOPHENNR FIXED)   REENT;
  /***********************************************************
   * Die Prozedur dient zur Koordinierung der Philosophen. Sie *
   * verschafft dem aufrufenden Philosophen Gabeln              *
   * Version 1.1 / 24. 7. 84 / Frevert                         *
   ***********************************************************/

  /* Warte, bis Gabeln frei sind, bedeutet: */
  WHILE GABELN(LINKEGABEL)/=FREI
    OR GABELN(RECHTEGABEL)/=FREI REPEAT
    WARTENDE:=WARTENDE+1;                /* Wartende zaehlen     */
    REQUEST WARTEN;
    WARTENDE:=WARTENDE-1;
    IF WARTENDE /= 0 THEN                /* damit naechster auch */
      RELEASE WARTEN;                    /* nachsehen kann       */
    FIN;
    HIERWARTENDE:=HIERWARTENDE+1;        /* zaehlen, wer hier    */
    REQUEST HIERWARTEN;                  /* nochmal wartet       */
  END;
  /* Nimm die Gabeln */
END; /* Prozedur GABELNEHMEN */
```

<u>Beisp. 6.43:</u> 3. Entwurf für GABELNEHMEN

Wenn wir das jetzt ansehen, stellen wir fest, daß der Entwurf
grob fehlerhaft ist. Die Philosophen, die keine Gabeln erwischt
haben, sausen nämlich jetzt dauernd in dem REPEAT-Block im Kreis
herum. Die Sache verhält sich ähnlich wie in einem Supermarkt,
der ein ganz besonders billiges Lockangebot an Schnaps hat und
dazu schreibt: "Höchstabgabemenge 3 Flaschen". Schlaue Kunden
können sich trotz aller Kontrollen an der Kasse dadurch mit
beliebigen Mengen eindecken, indem sie ihre eben gekauften 3
Flaschen schnell ins Auto packen und wieder in den Supermarkt
zurückgehen, um weitere 3 zu holen. Um das ohne Namenskontrolle
zu verhindern, gibt es nur eine Möglichkeit: Kunden, die 3 Flaschen ergattert haben, müssen hinter der Kasse so lange warten,
bis alle Flaschen verkauft sind, falls sie das Gelände nicht für
immer verlassen. Beisp. 6.43 zeigt den entsprechend ergänzten
Entwurf.

Jetzt müssen wir allerdings dafür sorgen, daß die auf REQUEST

AUFALLEWARTEN festsitzenden Philosophen wieder in den Anfang des
REPEAT-Blockes zurückkehren. Dazu muß der letzte diesen Semaphor
freigeben, und dann geht es weiter wie oben schon einmal. Beisp.
6.44 zeigt uns das.

```
GABELNEHMEN:PROC(PHILOSOPHENNR FIXED)  REENT;
   /*****************************************************************
    * Die Prozedur dient zur Koordinierung der Philosophen. Sie *
    * verschafft dem aufrufenden Philosophen Gabeln              *
    * Version 1.1 / 24. 7. 84 / Frevert                          *
    ****************************************************************/
   /* Warte, bis Gabeln frei sind, bedeutet: */
   WHILE GABELN(LINKEGABEL)/=FREI
      OR GABELN(RECHTEGABEL)/=FREI REPEAT
      WARTENDE:=WARTENDE+1;                  /* Wartende zaehlen      */
      REQUEST WARTEN;
      WARTENDE:=WARTENDE-1;
      IF WARTENDE /= 0 THEN                  /* damit naechster auch */
        RELEASE WARTEN;                      /* nachsehen kann        */
       ELSE                                  /* Der letzte sagt,      */
        RELEASE HIERWARTEN;                  /* dass es weitergeht    */
      FIN;
      HIERWARTENDE:=HIERWARTENDE+1;          /* zaehlen, wer hier     */
      REQUEST HIERWARTEN;                    /* nochmal wartet        */
      HIERWARTENDE:=HIERWARTENDE-1;
      IF HIERWARTENDE /= 0 THEN              /* solange noch ein      */
        RELEASE HIERWARTEN;                  /* Nachzuegler fehlt     */
      FIN;
    END;
   /* Nimm die Gabeln */
END; /* Prozedur GABELNEHMEN */
```

Beisp. 6.44: 4. Entwurf für GABELNEHMEN


```
GABELWEGLEGEN:PROC(PHILOSOPHENNR FIXED)  REENT;
   /*****************************************************************
    * Die Prozedur dient zur Koordinierung der Philosophen. Sie *
    * dient zum Weglegen der Gabeln und zum Anstoss der darauf  *
    * wartenden Philosophen                                     *
    * Version 1.1 / 24. 7. 84 / Frevert                         *
    ****************************************************************/
   DCL (RECHTEGABEL,LINKEGABEL) FIXED;
   RECHTEGABEL:=PHILOSOPHENNR;               /* Berechnung der Gabel-*/
   LINKEGABEL:=PHILOSOPHENNR-1               /* nummern              */
   IF LINKEGABEL==0 THEN LINKEGABEL:=1 UPB GABELN; FIN;
   GABELN(RECHTEGABEL):=FREI;                /* Freigabe der Gabeln  */
   GABELN(LINKEGABEL):=FREI;
   IF WARTENDE/=0 OR HIERWARTENDE/=0 THEN /* wenn wer wartet    */
      RELEASE WARTEN;                        /* nachsehen lassen   */
   FIN;
END; /* Prozedur GABELWEGLEGEN */
```

Beisp. 6.45: Erste Version der Prozedur GABELWEGLEGEN

Beisp. 6.45 zeigt die erste Version der Prozedur GABELWEGLEGEN,
in der eventuell wartende Philosophen durch RELEASE-Anweisungen
dazu gebracht werden, in GABELNEHMEN nach einer Gabel zu suchen.
Bei genauer Überprüfung erkennen wir eine Fehlermöglichkeit: Wenn
zwei Philosophen kurz nacheinander ihre Gabeln weglegen, wird das
RELEASE WARTEN ebenfalls kurz hintereinander zweimal gemacht; das
müssen wir verhindern. Außerdem haben wir uns zwar noch nicht um
die Vereinbarung von Variablen gekümmert, aber einige von ihnen
müssen offensichtlich modulglobal deklariert werden. Deshalb
enthält unsere Prozedur einen kritischen Abschnitt. Beisp. 6.46
zeigt die endgültige Version der Prozedur. Sie berücksichtigt
jetzt auch, daß eventuell ein Philosoph seine Gabeln weglegt,
während die anderen schon prüfen, ob sie aus einem kurz davor
fertig werdenden Philosophen Nutzen ziehen können. In einem solchen Falle müßten nämlich alle Philosophen, die noch keine Gabeln
ergattert haben, noch einmal versuchen ihre beiden zu nehmen.

```
GABELWEGLEGEN:PROC(PHILOSOPHENNR FIXED)  REENT;
   /**************************************************************
    * Die Prozedur dient zur Koordinierung der Philosophen. Sie *
    * dient zum Weglegen der Gabeln und zum Anstoss der darauf   *
    * wartenden Philosophen                                      *
    * Version 2.1 / 24. 7. 84 / Frevert                          *
    **************************************************************/
   DCL (RECHTEGABEL,LINKEGABEL) FIXED;
   RECHTEGABEL:=PHILOSOPHENNR;               /* Berechnung der Gabel-*/
   LINKEGABEL:=PHILOSOPHENNR-1               /* nummern              */
   IF LINKEGABEL==0 THEN LINKEGABEL:=1 UPB GABELN; FIN;
   REQUEST EINZELZUGRIFF;                     /* Kritischer Abschnitt */
   GABELN(RECHTEGABEL):=FREI;                 /* Freigabe der Gabeln  */
   GABELN(LINKEGABEL):=FREI;
   IF WARTENDE/=0 OR HIERWARTENDE/=0 THEN  /* wenn wer wartet    */
     IF NOT SCHONUNTERWEGS THEN            /* und erstes Mal     */
       RELEASE WARTEN;                     /* nachsehen lassen   */
       SCHONUNTERWEGS:='1'B;
     ELSE
       NOCHMAL:='1'B;                        /* sonst wiederholen  */
   FIN;
  FIN;
  RELEASE EINZELZUGRIFF;
END; /* Prozedur GABELWEGLEGEN */
```

<u>Beisp. 6.46:</u> Endgültige Version der Prozedur GABELWEGLEGEN

```
DCL GABELN (5) BIT(1),                      /* anfängl. FREI setzen */
    FREI INV BIT(1) INIT('1'B),
    NOCHMAL BIT(1) INIT('0'B),
    (WARTENDE,HIERWARTENDE) FIXED INIT (0,0),
    (WARTEN,HIERWARTEN,EINZELZUGRIFF) SEMA PRESET
    (  0   ,   0   ,    1    );

GABELNEHMEN:PROC(PHILOSOPHENNR FIXED)  REENT;
  /***********************************************************************
   * Die Prozedur dient zur Koordinierung der Philosophen. Sie *
   * verschafft dem aufrufenden Philosophen Gabeln             *
   * Version 1.1 / 24. 7. 84 / Frevert                         *
   ***********************************************************************/
  DCL (RECHTEGABEL,LINKEGABEL) FIXED;
  RECHTEGABEL:=PHILOSOPHENNR;               /* Berechnung der Gabel-*/
  LINKEGABEL:=PHILOSOPHENNR-1,              /* nummern              */
  IF LINKEGABEL==0 THEN LINKEGABEL:=1 UPB GABELN; FIN;
  REQUEST EINZELZUGRIFF;                    /* Kritischer Abschnitt */
  WHILE GABELN(LINKEGABEL/=FREI
      OR GABELN(RECHTEGABEL)/=FREI REPEAT
    WARTENDE:=WARTENDE+1;                   /* Wartende zaehlen     */
    RELEASE EINZELZUGRIFF;                  /* Ende kr. Abschn.     */
    REQUEST WARTEN;
    REQUEST EINZELZUGRIFF;                  /* Kritischer Abschnitt */
    WARTENDE:=WARTENDE-1;
    IF WARTENDE /= 0 THEN                   /* damit naechster auch */
      RELEASE WARTEN;                       /* nachsehen kann       */
     ELSE                                   /* Der letzte sagt,     */
      RELEASE HIERWARTEN;                   /* dass es weitergeht   */
    FIN;
    HIERWARTENDE:=HIERWARTENDE+1;           /* zaehlen, wer hier    */
    RELEASE EINZELZUGRIFF;                  /* Ende kr. Abschn.     */
    REQUEST HIERWARTEN;                     /* nochmal wartet       */
    REQUEST EINZELZUGRIFF;                  /* Kritischer Abschnitt */
    HIERWARTENDE:=HIERWARTENDE-1;
    IF HIERWARTENDE /= 0 THEN               /* solange noch ein     */
      RELEASE HIERWARTEN;                   /* Nachzuegler fehlt    */
     ELSE                                   /* Der letzte ist da.   */
      IF NOCHMAL THEN                       /* Falls inzwischen Ga- */
        NOCHMAL:='0'B;                      /* beln frei geworden,  */
        RELEASE WARTEN;                     /* nochmal nachsehen.   */
       ELSE
        SCHONUNTERWEGS:='0'B;               /* sonst Schluss        */
      FIN;
    FIN;
  END;
  GABELN(LINKEGABEL):=NOT FREI;             /* Gabeln nehmen        */
  GABELN(RECHTEGABEL):= NOT FREI;
  RELEASE EINZELZUGRIFF;                    /* Ende kr. Abschn.     */
END; /* Prozedur GABELNEHMEN */
```

Beisp. 6.47: Endgültige Fassung von GABELNEHMEN. Darüber die neu
             zu vereinbarenden modulglobalen Variablen.

Wir können jetzt zu unserer Prozedur GABELNEHMEN zurückkehren und
auch in ihr die kritischen Abschnitte einführen, sowie die Mög-

lichkeit, zweimal kurz hintereinander Gabeln zu suchen. Beisp. 6.47 zeigt die endgültige Fassung und davor die Vereinbarungen der zusätzlichen Variablen, die wir für die Koordination der Philosophen durch unsere beiden Prozeduren benötigen. Dabei dürfen wir nicht vergessen, in der Task MAIN, die unsere Philosophen in Beisp. 6.33 einplant, die Gabeln zu Anfang frei zu setzen.

In dem alten Programm müssen wir auch die Gabel-Semaphore streichen und alle CASE-Anweisungen durch Aufrufe unserer neuen Prozeduren ersetzen. Die Task UEBERWACHUNG ist jetzt auch überflüssig, denn es kann jetzt nicht mehr zu Verklemmungen kommen.

Wenn wir jetzt die neue Fassung des Programmes ansehen, stellen wir fest, daß wir nur noch drei Semaphore brauchen und damit jede beliebige Anzahl Philosophen koordinieren können.

Sobald wir die beiden Prozeduren ausgetestet haben, sollten wir sie übrigens gut aufbewahren. Wir wissen ja, daß wir auf ähnliche Weise fehlermeldende Tasks und die Fehlerquittierung koordinieren können; wir werden dasselbe Verfahren wie bei den Philosophen aber auch anwenden können, wenn wir beispielsweise eine Bahnanlage automatisieren müssen. Dort benötigen wir für die Steuerung eines jeden Zuges eine Task, die die Weichen und Signale entsprechend stellt. Diese Tasks müssen außerdem prüfen, ob die zu befahrenden Gleisstücke frei sind, sie exklusiv für den Zug reservieren und sie hinterher wieder freigeben. Sie müssen dabei genau so vorgehen, wie die Philosophen beim Nehmen und Weglegen von Gabeln, sodaß wir in unseren beiden Prozeduren nur die Namen zu ändern brauchen, um sie auch für diese Aufgabe verwenden zu können.

6.5 Zuteilung von Prioritäten

Es ist schon mehrfach erwähnt worden, daß wir Task-Prioritäten nicht dazu benutzen können, um irgendwelche Dinge in einer bestimmten Reihenfolge ablaufen zu lassen. Prioritäten geben dem Rechner lediglich an, welche Task er bei der Zuteilung von Betriebsmitteln bevorzugen sollte, wenn sich mehrere Tasks um eines

bewerben. Deshalb haben wir in unseren Beispielen bisher auch nur
in einem einzigen darauf hingewiesen, daß die Priorität einer
Task eine wesentliche Rolle beim Funktionieren spielt; es handel-
te sich um Beispiel 6.33, bei dem die Verklemmung der Philoso-
phen-Tasks durch eine Überwachungstask aufgelöst wurde, indem die
eine Gabel durch eine RELEASE-Anweisung zusätzlich freigab und
sofort wieder zurückforderte. Semaphore sind sozusagen auch
Betriebsmittel für unsere Tasks, und in diesem Falle mußte die
Priorität der Überwachungstask niedriger sein, damit einer der
Philosophen bei der Zuteilung des zusätzlichen Betriebsmittels
bevorzugt wurde.

Ein PEARL-System muß sich übrigens nur bei der Freigabe von
Semaphoren unbedingt nach den Prioritäten der auf einem REQUEST
wartenden Tasks richten; bei den "echten" Betriebsmitteln Rechenwerk oder einem Ein/Ausgabegerät darf es unter Umständen Ausnah-
men von der Regel machen, daß Tasks mit höherer Priorität vorzu-
ziehen sind, wenn dadurch viel Verwaltungsaufwand gespart wird.

Fast alle Beispiele sind so geschrieben, als ob alle Tasks ihr
eigenes Rechenwerk, ihren eigenen Plattenspeicher usw. hätten und
alle gleichzeitig laufen würden, sodaß die Vergabe von Prioritäten unnötig ist. Da das natürlich bei großen Programmen mit
vielen Tasks nie der Fall ist, müssen wir uns einige Faustregeln
über die Vergabe von Prioritäten überlegen.

Zunächst ist einmal klar, daß irgendwelche sehr eiligen Reaktio-
nen, die innerhalb bestimmter kurzer Zeit erfolgen müssen, wie z.
B. Notreaktionen bei Grenzwert-Überschreitungen im Prozeß, hohe
Priorität (niedrige Zahl hinter PRIO) bekommen müssen. Auch in
unserem täglichen Leben hat ja beispielsweise die Behandlung von
Verletzungen Vorrang vor anderen Tätigkeiten.

Wenn wir diese Tasks mit hohen Prioritäten versehen haben, können
wir uns bei den restlichen überlegen, daß rechnerische Auswertun-
gen umso niedrigere Priorität bekommen sollten, je seltener sie
sind und je länger sie dauern. Wir geben damit dem Rechner die
Anleitung, immer dann an ihnen zu arbeiten, wenn er nichts anderes zu tun hat. Im täglichen Leben verfahren wir so, indem wir

dem Lesen von Lehrbüchern geringere Priorität als praktische Übungen geben. Gerade an diesem Beispiel sehen wir aber auch, daß alles Gerede über Prioritäten nur Sinn hat, wenn auch für die Dinge mit niedriger Priorität soviel Zeit zur Verfügung steht, daß sie auch erledigt werden können. Bei Rechnern, die technische Prozesse steuern, ist deshalb der Rechner im Normalfall nur zu 50-70% ausgelastet, damit er in Notfällen noch Zeit hat, alles rechtzeitig zu erledigen, denn sonst tritt irgendwann der Fall ein, daß eine Task mit hoher Priorität warten muß, weil eine mit niedriger Priorität noch nicht fertig ist.

Ganz allgemein werden wir einen höheren Durchsatz an Daten bekommen, wenn wir die Prioritäten von Einlese-Vorgängen hoch machen; alle Ein/Ausgaben laufen ja um viele Größenordnungen langsamer ab als Rechen-Anweisungen, und wir werden das Rechenwerk deshalb am besten auslasten, wenn es nicht auf neue Daten zu warten braucht. (Die Erfahrung lehrt, daß das Einkaufen wichtiger als das Kochen ist.)

Tasks, die sich hauptsächlich mit der Ausgabe von Daten beschäftigen, sollten ebenfalls mit höherer Priorität laufen als rechenintensive Tasks; für jede Ein/Ausgabe wird das Rechenwerk kurzzeitig für Organisations-Aufgaben benötigt; wenn die einmal erledigt sind, wird der Rest bei modernen Rechnern echt zeitparallel zu Rechentasks gemacht. (Deshalb ist der Betriebsleiter aus Kapitel 6.4.4 gut beraten, wenn er die Tätigkeit des Diktierens mit hoher Priorität versieht; dadurch hat die Schreibdame immer gleichmäßig zu tun, und der Schriftverkehr läuft besser, als wenn er die Diktate bis zuletzt hinausschiebt.)

Auch Dialogtasks dürfen fast immer hohe Priorität haben; gerade weil der antwortende Mensch so lange braucht, bis er sich überlegt hat, was er antworten will, belasten sie den Rechner fast gar nicht; wir machen dem Menschen aber eine Freude, wenn der Rechner schnell reagiert.

Literatur

DIN 66253 Teil 1
Programmiersprache PEARL (Basic PEARL)
Beuth Verlag GmbH., Berlin/Köln

DIN 66253 Teil 2
Programmiersprache PEARL (Full PEARL)
Beuth Verlag GmbH., Berlin/Köln

Brinkötter, H. / Nagel, K. / Nebel, H. / Rebensburg, K.
Systematisches Programmieren mit PEARL
Akademische Verlagsgesellschaft, Wiesbaden (1982)

Elzer, P. / Frevert, L.
PEARL - Ein Führer durch die Sprache der Prozessrechner
PEARL-Verein e.V., Stuttgart (1984)

Kappatsch, A. / Mittendorf, H. / Rieder, P.
PEARL - Systematische Darstellung für den Anwender
R. Oldenbourg Verlag München/Wien (1979)

Werum, W. / Windauer, H.
PEARL - Beschreibung mit Anwendungsbeispielen
Vieweg & Sohn Verlag GmbH. Braunschweig (1978)

Stichwörterliste der Syntax-Graphen

Die Nummer der Seite, auf der der betreffende Syntax-Graph zu finden ist, ist jeweils unterstrichen.

Liste der PEARL-Schlüsselwörter

Hinter den Schlüsselwörtern sind die Nummern der Seiten eingetragen, auf denen das betreffende Schlüsselwort in einem Syntaxgraphen erscheint. Schlüsselwörter aus Full PEARL stehen in Klammern.

Sonstige Wortsymbole in PEARL

Es handelt sich bei ihnen um Operatoren, Formatbezeichnungen und Zeichen aus Konstanten-Notationen.

Stichwortverzeichnis

Bei einigen sehr häufig vorkommenden Begriffen (Z. B. Anweisung)
ist nur der Ort der ersten Erklärung mit dem Zusatz ff aufgeführt; der Zusatz f hingegen kennzeichnet Fundorte auf den Folge-
seiten.

Verzeichnis der Tabellen

Verzeichnis der Beispiele

Leitfäden der angewandten Informatik

Fortsetzung

Singer: **Programmieren in der Praxis**
2. Aufl. 176 Seiten. Kart. DM 28,80

Specht: **APL-Praxis**
192 Seiten. Kart. DM 24,80

Vetter: **Aufbau betrieblicher Informationssysteme
mittels konzeptioneller Datenmodellierung**
4. Aufl. 455 Seiten. Kart. DM 48,–

Weck: **Datensicherheit**
326 Seiten. Geb. DM 44,–

Wingert: **Medizinische Informatik**
272 Seiten. Kart. DM 25,80

Wißkirchen et al.: **Informationstechnik und Bürosysteme**
255 Seiten. Kart. DM 28,80

Wolf/Unkelbach: **Informationsmanagement in Chemie und Pharma**
244 Seiten. Kart. DM 34,–

Zehnder: **Informationssysteme und Datenbanken**
4., neubearbeitete und erweiterte Auflage
276 Seiten. Kart. DM 36,–

Zehnder: **Informatik-Projektentwicklung**
223 Seiten. Kart. DM 32,–

Leitfäden und Monographien der Informatik

Brauer: **Automatentheorie**
493 Seiten. Geb. DM 58,–

Loeckx/Mehlhorn/Wilhelm: **Grundlagen der Programmiersprachen**
448 Seiten. Kart. DM 42,–

Mehlhorn: **Datenstrukturen und effiziente Algorithmen**
Band 1: Sortieren und Suchen
2. Aufl. 317 Seiten. Geb. DM 48,–

Messerschmidt: **Linguistische Datenverarbeitung mit Comskee**
207 Seiten. Kart. DM 36,–

Niemann/Bunke: **Künstliche Intelligenz in Bild- und Sprachanalyse**
256 Seiten. Kart. DM 38,–

Pflug: **Stochastische Modelle in der Informatik**
272 Seiten. Kart. DM 36,–

Richter: **Betriebssysteme**
2., neubearbeitete und erweiterte Auflage
303 Seiten. Kart. DM 36,–

Wirth: **Algorithmen und Datenstrukturen**
Pascal-Version
3., überarbeitete Auflage
320 Seiten. Kart. DM 38,–

Wirth: **Algorithmen und Datenstrukturen mit Modula - 2**
4., überarbeitete und erweiterte Auflage
299 Seiten. Kart. DM 38,–

Preisänderungen vorbehalten

 B. G. Teubner Stuttgart